Spring Boot

+

Vue

前后端分离项目
全栈开发实战

唐文
编著

中国铁道出版社有限公司

CHINA RAILWAY PUBLISHING HOUSE CO., LTD.

内 容 简 介

Spring Boot作为简化Spring应用初始搭建和开发过程的全新框架，与优秀的前端技术Vue是天然的拍档。本书重点介绍使用Spring Boot+Vue进行Web应用开发，并结合多种技术进行全栈实践，让读者了解如何整合数据库技术、模板技术、安全授权、缓存技术以及Vue技术等，并对Spring Boot+Vue全栈开发有更深入的了解。

本书内容翔实，案例丰富，文字通俗易懂，实践性强，特别适合想使用Spring Boot进行全栈开发的工程师和想系统学习Java Web开发的读者学习，也适合Java工程师等编程爱好者阅读。

图书在版编目（CIP）数据

Spring Boot+Vue前后端分离项目全栈开发实战/唐文编著. —北京：中国铁道出版社有限公司，2023.5
ISBN 978-7-113-28766-5

Ⅰ.①S… Ⅱ.①唐… Ⅲ.①网页制作工具-程序设计
Ⅳ.①TP393.092.2

中国版本图书馆CIP数据核字(2022)第008332号

书　　名：Spring Boot+Vue 前后端分离项目全栈开发实战
　　　　　Spring Boot+Vue QIANHOUDUAN FENLI XIANGMU QUANZHAN KAIFA SHIZHAN
作　　者：唐　文

责任编辑：张　丹　　　　编辑部电话：（010）51873028　　　　电子邮箱：232262382@qq.com
封面设计：MX DESIGN STUDIO
责任校对：刘　畅
责任印制：赵星辰

出版发行：中国铁道出版社有限公司（100054，北京市西城区右安门西街8号）
印　　刷：番茄云印刷（沧州）有限公司
版　　次：2023 年 5 月第 1 版　2023 年 5 月第 1 次印刷
开　　本：787 mm×1 092 mm 1/16　印张：19　字数：480 千
书　　号：ISBN 978-7-113-28766-5
定　　价：79.80 元

版权所有　侵权必究

凡购买铁道版图书，如有印制质量问题，请与本社读者服务部联系调换。电话：（010）51873174
打击盗版举报电话：（010）63549461

■ 这个技术有什么前途

Spring Boot 是一款强大的 Web 开发框架，可以让 Java Web 工程师快速开发出功能强大、性能优异的网站或者后端服务。越来越多的科技公司已经从传统的 SSH 框架转向拥抱 Spring Boot，相关岗位也大量激增，发展前景非常好。

如今一个 Java 后端工程师的必备技能就是熟练使用 Spring Boot，包括整合各种第三方服务和技术，以及对 Spring Boot 源码进行深入研究。所以深入学习和掌握这门框架显得尤为重要，而且它还是学习 Spring Cloud 的基础。

在前端技术中，以 Vue.js 在国内最为流行。Vue.js 是一种渐进式 JavaScript 框架，常用于构建用户界面。Vue.js 专注于视图层的开发，实现了数据双向绑定和事件处理，同时提供了丰富的 API，具有很高的学习价值。Vue.js 和 Spring Boot 技术结合使用，可以搭建出前后端分离、功能强大的 Web 应用。

而市面上具有系统性的资料不算多，很多技术博客都是对某个技术做了简单介绍，学习者很难真正地掌握技术。因此笔者打算编写这本书来系统地介绍 Spring Boot 的相关技术，让读者可以从中受益，深入学习以及融会贯通，通过实践案例，把理论知识变为开发能力。

■ 本书所使用技术的优势

笔者认为 Spring Boot 的编写非常优雅，功能极为强大。通过自动化默认配置，大大简化了构建一个 Spring 应用的难度，整合技术也非常方便，具体优点如下：

（1）独立运行：Spring Boot 提供了独立运行 Spring 项目的方式，能够以 jar 包的形式运行。内嵌 Tomcat、Jetty 容器，可以不再单独安装 Web 服务。

（2）简化依赖加载：提供了 starter 来简化 Maven 配置，这在全书中都有使用到，无论是 MySQL 驱动的依赖，还是 MongoDB 的依赖，都有对应的 starter 版本。

（3）丰富的整合技术：从持久层技术到安全鉴权，以及单元测试、模板引擎，都有非常多的整合技术可以使用，为开发者减少重复工作的时间。

（4）强大的监控服务：Spring Boot 提供了丰富的监控对运行时的项目进行监控，保证服务的正常运行。

（5）强大注解：通过强大的注解功能可以大量减少 xml 的使用，让开发更加快捷。

基于这些优点，笔者希望读者在认真学习本书后，能够全面掌握 Spring Boot 技术，可以基于 Spring Boot 独立开发出功能强大、性能优秀的 Web 应用。

■ 本书的特色

（1）实战性：从实际出发讲解技术，每一个小节知识点的讲解都配合实例，在最后章节展示一个完整的实战案例。

（2）可读性：循序渐进地讲解 Spring Boot 相关技术，图文并茂，对于重点代码段进行详细讲解。在重要的整合技术中编写大量案例代码，帮助读者快速入门和高效开发。

（3）系统性：对于 Spring Boot 技术进行系统介绍，包括数据库相关、安全相关、WebSocket 技术、缓存技术、详细中间件等。也介绍了前端技术，如 Vue.js。并且结合前后端技术最后完成一个权限管理系统。

■ 本书包括什么内容

本书共 13 章，第 1～12 章详尽地介绍了相关技术知识，第 13 章是实战章节。

章 节	内 容 介 绍
第 1 章	主要介绍了 Spring Boot 的概念和应用场景，对比指出和 UI 测试的不同点
第 2 章	针对 Spring Boot 框架中常用的基础功能进行封装，如 Web 服务配置、通用返回值、拦截器等，并举例编写了一个 RESTful API 接口
第 3 章	介绍了 Spring Boot 数据持久化技术整合方案，包括 MyBatis、jdbcTemplate、JPA、Redis、MongoDB 等持久化技术
第 4 章	学习使用 Spring Boot Test 进行单元测试，并以一个 MVC 的项目为例进行讲解
第 5 章	学习在 Spring Boot 项目中进行安全鉴权，分别介绍了 Spring Security、Shiro、Oauth 2.0 三种主流的授权验证方式的使用和整合到 Spring Boot 的方法
第 6 章	学习并了解 WebSocket 技术，并掌握 WebSocket 整合到 Spring Boot 的方法，通过一个聊天室案例来讲解具体如何进行 WebSocket 编程
第 7 章	介绍 Swagger 的相关知识，学习 Swagger 如何整合到 Spring Boot，并以之前的博客系统进行改造，学习如何为项目生成 Swagger 文档
第 8 章	介绍 Spring Boot 缓存技术 Ehcache 的使用，学习 MemCache 的搭建和使用，并讲解 Redis 单机服务和集群服务的搭建和使用
第 9 章	介绍消息队列概念和 JMS 规范，学习 ActiveMQ 和 RocketMQ 的搭建和整合，特别对 RocketMQ 的搭建进行了详细讲解
第 10 章	从 Vue.js 的基础知识开始讲解，然后基于组件开发进行案例讲解，并介绍进阶内容如自定义指令、Vuex 状态管理器等，最后介绍了 Vue.js 路由实现
第 11 章	介绍了 Thymeleaf 和 FreeMarker 的使用
第 12 章	介绍 Element-UI 的使用，学习 axios 的简单使用和二次封装，最后利用 Mock.js 进行模拟测试
第 13 章	通过需求分析、框架选择、架构设计、数据库设计等过程，基于 Novel 框架开发一个前后端分离的权限管理系统

■ 本书读者对象

- 想使用 Spring Boot 进行全栈开发的工程师；
- 想系统学习 Java Web 开发的读者；
- Java 培训机构和学员。

■ 附赠资源

为了方便不同网络环境的读者学习，也为了提升图书的附加价值，本书附赠源代码文件，请读者在电脑端打开链接下载获取。查看具体代码时可在根目录下搜索对应的文件名即可。

下载网址：http://www.m.crphdm.com/2023/0313/14557.shtml

唐 文

2023 年 1 月

目　录

## 第 1 章

Spring Boot 概述

Spring Boot 是 Java Web 开发中的"超级明星"，强大的库，可以帮助开发者快速搭建各种各样的 Web 应用，基于 Spring Framework，却大量简化了 Spring 的构建，非常值得认真学习。

本章主要涉及的知识点如下：

- 介绍 Spring Boot；
- 手动方式创建项目；
- 工具化方式创建项目；
- 在线方式创建项目。

1.1 Spring Boot 简介

Spring Boot 的诞生是 Java Web 发展到一定程度的产物。在 2000 年以前 J2EE 还是 Java EE 企业级应用的标配，例如 SSH 技术栈大行其道，EJB 也在其中风光无限。

由于 SSH 项目配置复杂，开发成本高，2003 年 Rod Johnson 在业余时间发明了 Spring 框架。后来为了进一步简化 Spring 的配置，由 Pivotal 团队开发的 Spring Boot 才算是真正诞生了。Spring Boot 并不是为了代替 Spring，而是更方便地使用 Spring 和库来进行开发。Spring Boot 是一个更加方便部署的 Spring 框架，在微服务方面的应用也更方便。

Spring Boot 有以下优点：

（1）快速搭建出独立的 Spring 项目。

（2）强大的整合解决方案，包括服务监控、安全权限、消息服务、数据库连接池等。

（3）部署方便，内置服务器，无须单独安装 Web 服务。

（4）从烦琐的配置中解脱出来，全部自动化。

（5）强大的注解功能，减少重复代码，让代码利用率更高。

（6）完全没有代码生成，也不需要 XML 配置。

目前 Spring Boot 仍然还在发展中，算是 Java Web 框架中的"后浪"，推荐使用 Maven 作为构建工具。

1.2 手动创建 Spring Boot 项目

首先手动创建一个简单的 Spring Boot 项目，就是使用 Maven 命令来创建 Spring Boot 项目。

如果没有安装 maven，请先到 maven 官网下载高版本的 maven 压缩包，然后进行解压处理并写入环境变量即可。

使用命令生成项目也非常简单，具体命令如下：

```
mvn archetype:generate -DgroupId=org.freeJava.springboottest1
-DartifactId=chapter001 -DarchetypeArtifactId=quick-start-project-by-maven-command
-DinteractiveMode=false
```

上述命令的参数含义如下：

- groupId：是组织 ID，也就是包的名字；
- artifactId：是项目名称或者模块的名称；
- artchetyeArtifactId：是项目骨架；
- interactiveMode：选择是否使用交互模式，这里选择 false；

然后再使用 IDE 打开相关项目即可。

1.3 使用工具创建 Spring Boot 项目

现在已经有很多方便的 IDE 可以帮助开发者直接创建 Spring Boot 项目，例如 Eclipse 或者 IntelliJ IDEA。"工欲善其事，必先利其器"，使用功能强大的智能 IDE 可以帮助开发者开发和处理复杂的项目，推荐有条件的读者一步到位，选择 IntelliJ IDEA 作为首选开发工具，后浪框架选择使用后浪系列 IDE。

有时候使用工具会避免很多不必要的麻烦，例如包的导入，手动操作有时候会遇到一些"奇怪"的问题，而通过 IDE 可以很好地解决这类问题。

下面使用 IntelliJ IDEA 创建项目，首先在创建新项目时选择 Maven 方式，如图 1.1 所示。

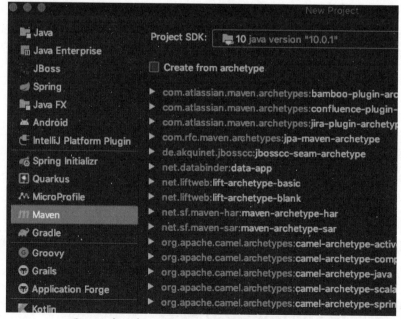

图 1.1　在创建 IntelliJ IDEA 项目时选择 Maven 方式

然后输入组织名称、模块名称、版本号信息和项目保存信息等，如图 1.2 所示。

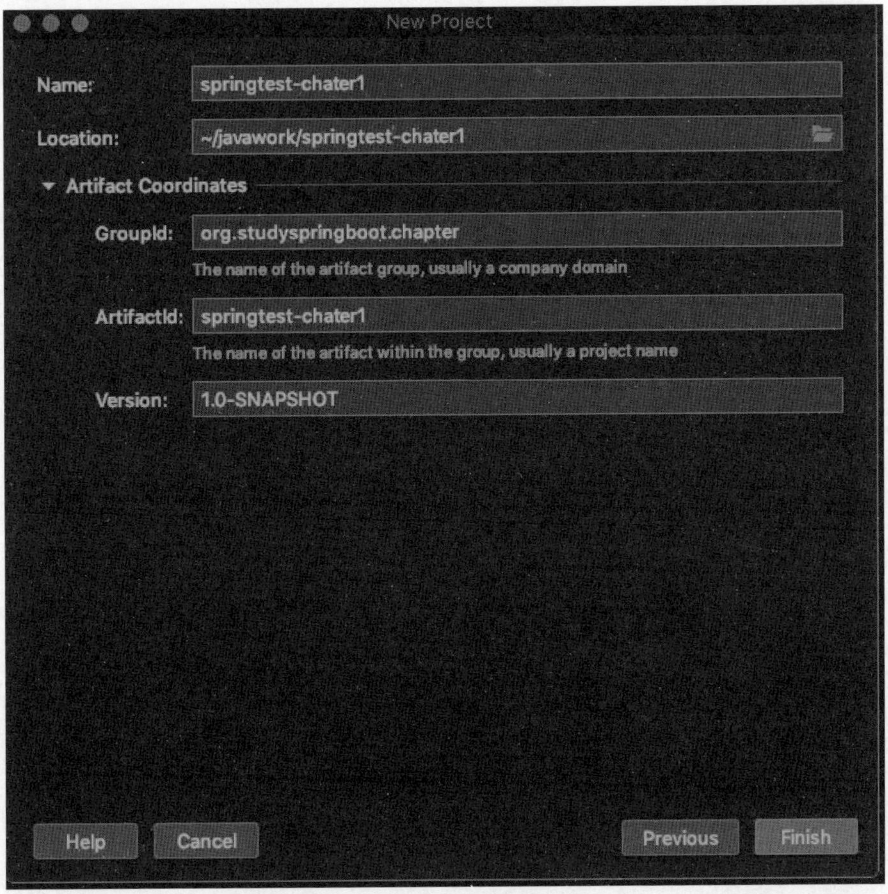

图 1.2　填写项目相关信息

单击 Finish 按钮后，自动创建好项目，在工具下创建项目就是如此简单便捷。

开始添加项目相关依赖，在 pom.xml 中添加启动库的依赖，需要添加的内容如下：

```xml
<?xml version="1.0" encoding="UTF-8"?>
<project xmlns="http://maven.apache.org/POM/4.0.0"
         xmlns:xsi="http://www.w3.org/2001/XMLSchema-instance"
         xsi:schemaLocation="http://maven.apache.org/POM/4.0.0 http://maven.
apache.org/xsd/maven-4.0.0.xsd">
    <modelVersion>4.0.0</modelVersion>
    <groupId>org.studyspringboot.chapter</groupId>
    <artifactId>springtest-chater1</artifactId>
    <version>1.0-SNAPSHOT</version>
<!--    新增 spring-boot-starter-parent-->
<parent>
    <groupId>org.springframework.boot</groupId>
    <artifactId>spring-boot-starter-parent</artifactId>
    <version>2.1.8.RELEASE</version>
    <relativePath/> <!-- lookup parent from repository -->
</parent>
<dependencies>
<!--  增加 web 部分包  -->
<dependency>
```

```
            <groupId>org.springframework.boot</groupId>
            <artifactId>spring-boot-starter-web</artifactId>
        </dependency>
    </dependencies>
</project>
```

然后可以编写项目启动文件，代码如下：

📖 **代码 1-1 src/main/java/com/firstspring/test/MyApp.java**

```
package com.firstspring.test;

import org.springframework.boot.SpringApplication;
import org.springframework.boot.autoconfigure.EnableAutoConfiguration;
import org.springframework.context.annotation.ComponentScan;


@EnableAutoConfiguration
@ComponentScan
public class MyApp {
    public static void main(String[] args) {
        SpringApplication.run(MyApp.class, args);
    }
}
```

创建一个控制器，代码如下：

📖 **代码 1-2 src/main/java/com/firstspring/test/FirstController .java**

```
package com.firstspring.test.controller;

import org.springframework.web.bind.annotation.GetMapping;

public class FirstController {
    @GetMapping("/hey")
    public String hey() {
        return "hey man";
    }
}
```

在 IDE 中运行该项目，可以在控制台看到输出，代码如下：

```
/Library/Java/JavaVirtualMachines/jdk-10.0.1.jdk/Contents/Home/bin/java -pring-
boot-starter-logging-2.3.2.RELEASE.jar:/Users/tony/.m2/repository/ch/qos/logback/
logback-
.......
    :: Spring Boot ::          (v2.1.8.RELEASE)

 2020-08-22 11:37:05.103  INFO 51232 --- [            main] com.firstspring.test.MyApp
: Starting MyApp on Tony-Mac-Pro.local with PID 51232 (/Users/tony/javawork/springtest-
chater1/target/classes started by tony in /Users/tony/javawork/springtest-chater1)
    o.s.b.w.embedded.tomcat.TomcatWebServer  : Tomcat started on port(s): 8080 (http)
with context path ''
 2020-08-22 11:37:06.662  INFO 51232 --- [            main] com.firstspring.test.MyApp
: Started MyApp in 1.999 seconds (JVM running for 3.316)
```

当然也可以改写 MyApp.java 文件，使用 @Spring BootApplication 更加方便，结果也是一样的。之后可以在浏览器中访问，如图 1.3 所示。

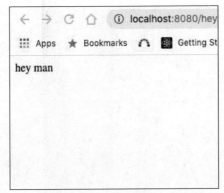

图 1.3　hey 页面

1.4　在线创建 Spring Boot 项目

除了手动 maven 和使用 IDE 创建 Spring Boot 项目外，还可以使用官网提供的在线方式创建项目。下面以 IntelliJ IDEA 为例，创建步骤如下：

（1）选择 New→New Project→Spring Initializr 选项，如图 1.4 所示。

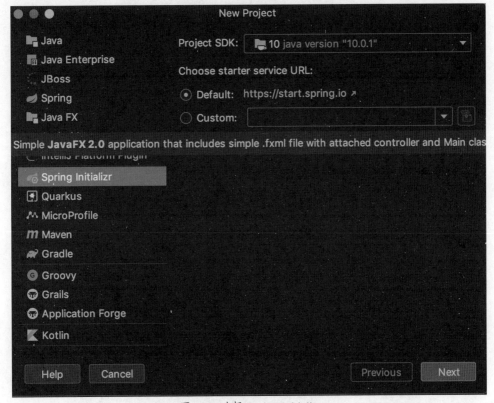

图 1.4　选择 Spring Initializr

（2）单击 Next 按钮后，进入如图 1.5 所示的界面，可以填写项目名称、使用 Java 版本、项目版本、项目描述等信息，填好后单击 Next 按钮即可。

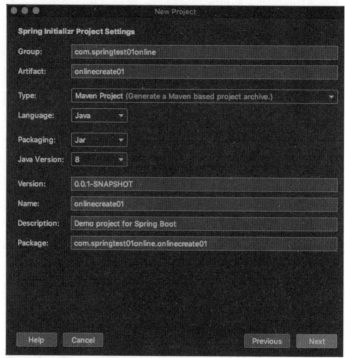

图 1.5　填写项目相关信息

（3）进入如图 1.6 所示的界面，建议勾选图中所示的三个包，都是在实际开发工作中可以用到的。这里选择 Spring Boot 版本为默认的 2.3.3，单击 Next 按钮即可。

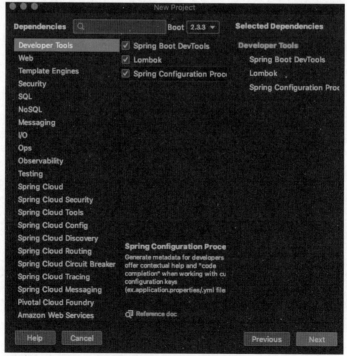

图 1.6　初始化安装包和依赖

（4）填写项目名称和保存地址，然后单击 Finish 按钮完成在线方式创建项目。

1.5　小结

本章主要介绍了 Spring Boot 的由来和生态情况，也介绍了三种创建 Spring Boot 项目的常见方式，用一个简单的 Web 接口项目作为实际案例讲解了基础编程。后续章节还会深入介绍 Spring Boot 在实际开发中要用到的各种整合服务和技术。

万丈高楼平地起，让我们继续下一章的学习吧！

第 2 章

Spring Boot 封装基础类

在日常开发中，开发者常常会遇到一些重复性的功能，例如项目的配置、请求的拦截器、文件上传等功能。如果每一次都重复开发，会让代码冗余和增加不必要的工作量。下面就这些常规需求，进行抽象封装，作为项目中的基础类来开发，提高代码复用性。

Java 本身就完全支持面向对象，封装的好处在于解耦合方便外部调用，包括后面要介绍的数据库连接池 Druid，我们不必去了解它实现的细节（当然进阶学习也是可以的），只需熟悉相关配置和 API，开箱即用。这样就为开发者针对 Spring Boot 项目的开发提速不少，可以更专注于业务逻辑。

本章主要涉及的知识点如下：

● 介绍 Spring Boot 项目的配置，包括 Web 容器和 YAML；
● 返回通用数据格式的封装，例如 json 数据返回；
● 单文件和多文件上传；
● 拦截器的编写；
● RESTful API 案例讲解。

2.1 基础配置

Spring Boot 虽然简化了项目的配置，但是仍需要针对不同需求来配置不同的配置文件，例如在 pom.xml 中添加需要的包和依赖。

基础配置应该包括如下内容：

（1）Web 容器配置，如 Tomcat、Jetty；
（2）包依赖 pom.xml；
（3）项目启动文件配置；
（4）YAML 配置；
（5）使用 Profile 在不同环境进行配置文件切换。

2.1.1 Web 服务配置

流行的 Web 服务有 Tomcat（IDE 默认内置服务器），还有高性能的 Jetty、Netty 以及 RedHat 公司开发的开源服务器：Undertow。

首先介绍 Tomcat 的配置部分，主要配置代码如下：

```
server.port=8081
server.error.path=/log
server.servlet.session.timeout=30m
server.servlet.context-path=/testc002
server.tomcat.uri-encoding=UTF-8
server.tomcat.max-threads=500
```

Tomcat 默认的运行端口号是 8080，在上面的配置文件中改为了 8081，还可以配置错误输出日志地址和会话管理相关配置。

随着 HTTPS 协议的普及，开发者也要对 Web 服务器增加 HTTPS 的支持。如果要申请商用的 HTTPS 证书需要一定的费用，作为个人开发者可以考虑使用自认证的证书作为开发工具使用。

创建一个自认证的证书，可以使用 keytool 工具来生成，具体代码如下：

```
Keytool -genkey -alias tomcathttpstest  -keyalg RSA -keysize 2048 -keystore
safehttp.p -validity 365
```

关于上面的参数，详细讲解如下：

- -genkey：表示创建秘钥；
- -alias：保存时的别名；
- -keyalg：加密算法选择，这里使用 RSA；
- -keystore：秘钥存放位置；
- -validity：有效时间，单位是天。

在执行过程中会要求输入一个密码，记住就好，笔者输入的是 12345678，该命令执行成功后会在当前目录下生成一个名为 safehttp.p 的文件，还需要修改 application.properties 中的配置，具体代码如下：

```
server.sll.key-store=safehttp.p
Server.sll.key-alias=tomcathttpstest
Server.sll.key-store-password=12345678
```

配置好后，再访问该站点就会提示不是私密连接，但是也会允许点击继续操作，毕竟这个证书是开发者自己通过命令生成的。

这时如果再访问 http 的网址，则会报错，显示 Bad Request。如果想解决这个问题，可以考虑从代码方面来兼容两种请求，做一个重定向即可。

编写一个专门处理 Tomcat 请求的配置类，具体代码如下：

📖 代码 2-1 /src/main/java/com/firstspring/test/TomcatConfig.java

```java
package com.firstspring.test;

import org.apache.catalina.Context;
import org.apache.catalina.connector.Connector;
import org.apache.tomcat.util.descriptor.web.SecurityCollection;
import org.apache.tomcat.util.descriptor.web.SecurityConstraint;
import org.springframework.boot.web.embedded.tomcat.TomcatServletWebServerFactory;
import org.springframework.context.annotation.Configuration;

@Configuration
public class TomcatConfig {
    /**
     *  设置 Tomcat 的 Server 配置
     * @return
     */
```

```
                    TomcatServletWebServerFactory tomcatServletWebServerFactory() {
                        TomcatServletWebServerFactory myFactory = new
TomcatServletWebServerFactory() {
                    protected void postProcessContext(Context context) {
                        // 创建一个安全约束对象
                        SecurityConstraint my_constraint = new SecurityConstraint();
                        my_constraint.setUserConstraint("CONFIDENTIAL"); // 设置为机密级别
                        SecurityCollection my_connection = new SecurityCollection(); // 创
建一个安全连接对象

                        // 作用到所有路由上
                        my_connection.addPattern("/*");
                        // 加入 connection 对象到安全约束对象中
                        my_constraint.addCollection(my_connection);
                        context.addConstraint(my_constraint);
                    }
                };

                myFactory.addAdditionalTomcatConnectors(createConnector());
                return myFactory;
            }

            /**
             * 创建一个连接，兼容 http 请求
             * @return
             */
            private Connector createConnector() {
                Connector connector = new Connector("org.apache.coyote.http11.
HttpNioProtocol");
                connector.setScheme("http");
                connector.setPort(8080);
                connector.setSecure(false); // 关闭 ssl 检查
                //设置跳转到 8081 的端口
                connector.setRedirectPort(8081);
                return connector;
            }
        }
```

Jetty 配置方式类似，也需要增加配置依赖，具体代码如下：

```
<dependency>
<groupId>org.springframework.boot</groupId>
<artifactId>spring-boot-starter-jetty</artifactId>
</dependency>
```

将这段代码还是放在项目根目录下的 pom.xml 文件中，然后重新运行项目，就会看到如下代码：

```
2020-08-23 10:10:17.118  INFO 54942 --- [          main] o.e.jetty.server.
AbstractConnector     : Started ServerConnector@1f38957{HTTP/1.1,[http/1.1]}{0.0.0.0:8080}
2020-08-23 10:10:17.121  INFO 54942 --- [          main] o.s.b.web.embedded.
jetty.JettyWebServer : Jetty started on port(s) 8080 (http/1.1) with context path '/'
2020-08-23 10:10:17.124  INFO 54942 --- [          main] com.firstspring.test.
MyApp                 : Started MyApp in 1.629 seconds (JVM running for 2.195)
```

其他 Web 服务器如 Undertow 和 Netty 的配置类似，这里不再赘述，请读者自行查阅相关文档，只需在 pom.xml 中增加相应的服务器依赖，然后再重启项目服务即可。

2.1.2　YAML 配置

YAML 是一种简便、强大、灵活的配置文件格式，算是 json 的超集。之前笔者使用的

application.properties 可以改为 application.yml。这种写法更加具有可读性，拥有清晰的层次结构。

在项目的 resources 文件夹下创建 application.yml，添加如下代码：

```
server:
  port:8082
  servlet:
    context-path:   /mychater
  tomcat:
    uri-encoding: UTF-8
    accept-count: 100
```

上面的配置就是让服务器通过 8082 端口运行并设置 servlet 和 Tomcat 的一些配置，结构非常清晰。也可以写成如下代码形式：

```
server.port=8082
server.servlet.context-path=/mychater
server.tomcat.uri-encoding=utf-8
server.tomcat。Accept-count=100
```

YAML 除了可以用于这些简单配置外，还可以具有更加复杂的结构，并通过 @ConfigurationProperties 注解让其他 Bean 文件直接读取配置项。这里简单介绍一下 Java Bean，它本质是一个平平无奇的 Java 类，但是一般是作为持久层中用于封装数据库操作或者数据的类。

首先编写 YAML 配置，增加代码如下：

```
our:
  book_name: SpringBoot 探秘
  price: 55.50
  author: freePHP
```

再创建对应的 Bean 文件到 Bean 目录下，代码如下：

📖 代码 2-2 springtest-chater1/src/main/java/com/firstspring/test/bean/MyBook.java

```
package com.firstspring.test.bean;

import org.springframework.boot.context.properties.ConfigurationProperties;
import org.springframework.stereotype.Component;

@Component
@ConfigurationProperties(prefix = "our")
public class MyBook {
    private String bookName;
    private Float price;
    private String author;
}
```

YAML 还可以是列表形式的，配置代码如下：

```
superman:
  base_info:
    - name: Frank
      age: unknow
      skills:
        - fly
        - fight
        - lift
        - throw
```

根据上面的配置，可以创建对应的 Bean 文件 BaseInfos.java，代码如下。

```java
package com.firstspring.test.bean;

import org.springframework.boot.context.properties.ConfigurationProperties;
import org.springframework.stereotype.Component;

import java.util.List;

@Component
@ConfigurationProperties("superman")
public class BaseInfos {
    public void setBaseInfos(List<BaseInfo> baseInfos) {
        this.baseInfos = baseInfos;
    }

    public List<BaseInfo> getBaseInfos() {
        return baseInfos;
    }

    private List<BaseInfo> baseInfos;
}
```

在同一目录下再创建 BaseInfo.java 文件，代码如下：

```java
package com.firstspring.test.bean;
import java.util.List;

public class BaseInfo {
    private String name;
    private String age;
    private List<String> skills;

    public String getName() {
        return name;
    }

    public void setName(String name) {
        this.name = name;
    }

    public String getAge() {
        return age;
    }

    public void setAge(String age) {
        this.age = age;
    }

    public List<String> getSkills() {
        return skills;
    }

    public void setSkills(List<String> skills) {
        this.skills = skills;
    }
}
```

由此可见，如果嵌套程度越深，需要封装的 Bean 文件就越多，这也符合对应的层次结构。而 YAML 无法使用 @PropertySource 来加载，所以如果程序中需要使用该注解来引入则需要使用 Properties 格式的配置文件。

2.1.3　启动项配置

启动项目时需要用到 Spring-Boot-starter-parent，如果是用自己的 parent，还可以加上依赖版本的控制，就需要使用 dependencyManagement，添加代码如下：

```
<dependencyManagement>
        <dependencies>
            <dependency>
                <groupId>org.springframework.boot</groupId>
                <artifactId>spring-boot-dependencies</artifactId>
                <version>2.0.4.RELEASE</version>
                <type>pom</type>
                <scope>import</scope>
            </dependency>
        </dependencies>
</dependencyManagement>
```

如果用自己的配置，那么就可以用 plugin 方式，添加代码如下：

```
<build>
        <plugins>
            <plugin>
                <groupId>org.apache.maven.plugins</groupId>
                <artifactId>maven-compiler-plugin</artifactId>
                <version>3.1</version>
                <configuration>
                    <source>1.8</source>
                    <target>1.8</target>
                </configuration>
            </plugin>
        </plugins>
    </build>
```

2.1.4　Properties 相关配置

虽然 Spring Boot 把大多数的配置都进行了自动化配置，但是还是有很多需要手动配置的情况。那些需要改动的配置大部分都在项目根目录的 resources 目录下 application.properties 文件中，如果是使用 YAML 方式，那么应该是对应的 application.yml 文件。

如果要深入探讨，会发现其实这个 application.properties 配置文件可以在以下四个位置出现：

（1）项目根目录下；

（2）项目根目录下的 config 文件夹下；

（3）classpath 下；

（4）classpath 下的 config 文件夹下。

项目中加载的优先级分别为：首先是项目根目录下的 config，其次是项目根目录下，再次去读取 classpath 下的 config 文件夹下，最后去找 classpath 下的配置文件。

使用 application.yml 也是一样的加载顺序和保存位置，只是格式不同。

如果是自定义命名的配置文件，如 freejava.properties 文件，那么不会被 Spring Boot 自动加载，需要手动进行加载。

例如，编写 freejava.properties 文件，代码如下：

```
freejava.name=youngman
freejava.age=29
freejava,hobbit=drawing
```

自定义配置文件的读取需要使用注解 @PropertySource("classpath:xxx.properties") 和 @Configuration 配合使用。这种配置文件也需要编写一个对应的 Java Bean 文件。下面编写一个 FreeJava.java 文件，代码如下：

📖 代码 2-3 springtest-chater1/src/main/java/com/firstspring/test/bean/FreeJava.java

```java
package com.firstspring.test.bean;

import org.springframework.boot.context.properties.ConfigurationProperties;
import org.springframework.context.annotation.Configuration;
import org.springframework.context.annotation.PropertySource;

@Configuration
@PropertySource("classpath:freejava.properties")
@ConfigurationProperties(prefix="freejava")
public class FreeJava {
    private String name;
    private String age;
    private String hobbit;

    public String getName() {
        return name;
    }

    public void setName(String name) {
        this.name = name;
    }

    public String getAge() {
        return age;
    }

    public void setAge(String age) {
        this.age = age;
    }

    public String getHobbit() {
        return hobbit;
    }

    public void setHobbit(String hobbit) {
        this.hobbit = hobbit;
    }
}
```

2.1.5 XML 方式配置

对于稍早的开发者可能更喜欢使用 XML 格式的配置，这里只是作为了解即可。因为实际工作中因为历史原因，一些较早期的项目可能依赖了大量的 XML 格式配置。

引入方式也很简单，代码如下：

```
@ImportResource({"classpath:db.xml","classpath:upload.xml"})
```

随着时代的发展，Spring Boot 越来越高效简便，所以对于 XML 部分不再过多讲解，建议全部都改为 YAML 格式，书写更加方便。

2.2　整合返回数据

在开发中，特别是前后端分离的项目，后端服务会对前端的请求进行处理，并返回规范格式的数据。例如，对电商的卫衣单品进行查询请求的接口，会返回 json 数据，代码如下：

```
{
result: [
[
" 卫衣女 ",
"496977.8314901236"
],
[
" 卫衣男 ",
"963827.376613189"
],
[
" 卫衣女宽松韩版 ",
"970469.0682444496"
],
[
" 卫衣女春秋薄款 ",
"664378.9286746935"
],
[
" 卫衣男秋季 ",
"970766.2730212904"
]
],
status: "sucess",
code: 200
}
```

其中 result 中包含了商品的列表，status 代表请求是否成功，code 代表业务码，200 一般是成功标识，像这样具有一定结构规律的就是规范的返回数据。

还有一种情况是程序遇到错误时返回的，也需要比较规范的结构，代码如下：

```
{
message: "ok",
nu: "112323",
ischeck: "1",
com: "yuantong",
status: "200",
condition: "F00",
state: "3",
data: [
{
time: "2020-08-22 20:59:13",
context: " 查无结果 ",
ftime: "2020-08-22 20:59:13"
}
]
}
```

这是对于不存在的运单号进行的查询返回，可以看出有错误信息的返回，还有状态码等。

本小节将针对这两种情况的返回做具体介绍，首先实现 json 数据返回。

2.2.1　返回 json 数据

json 数据比较有可读性，通过键值对来排列。例如：

```
{prod_sn:'sn23234', price: '50.5', publish: '工业出版社'}
```

要实现这种返回有两种常见思路：第一种是自己来构造，也就是用一个对象来存储所有内容，在最后输出时将其 json 字符串化；第二种是使用 @RestController 注解来实现 json 数据返回。

首先新建一个项目，命名为 chapter2json，然后在 pom.xml 中增加解析 json 的依赖，代码如下：

```
<dependency>
    <groupId>org.springframework.boot</groupId>
    <artifactId>spring-boot-starter-json</artifactId>
    <version>2.0.3.RELEASE</version>
    <scope>compile</scope>
</dependency>
```

安装名为 Spring-Boot-starter-xxx 的依赖就是 Spring Boot 帮我们二次封装好的依赖，不用再单独使用更多包，实际开发中非常方便。

然后创建实体类，这里创建一个宠物 Pet 实体类，代码如下：

📖 代码 2-4　springtest-chater1/src/main/java/com/chapter2json/demo/pojo/Pet.java

```java
package com.chapter2json.demo.pojo;

public class Pet {
    private Long id;
    private String name;
    private int age;
    private String color;
private String description;
public Pet(Long id, String name, int age, String color, String description) {
        this.id = id;
        this.name = name;
        this.age = age;
        this.color = color;
        this.description = description;
}

    public Long getId() {
        return id;
    }

    public void setId(Long id) {
        this.id = id;
    }
    public String getName() {
        return name;
    }
    public void setName(String name) {
        this.name = name;
    }
    public int getAge() {
        return age;
    }
    public void setAge(int age) {
        this.age = age;
    }
    public String getColor() {
        return color;
    }
    public void setColor(String color) {
        this.color = color;
```

```
    }
    public String getDescription() {
        return description;
    }
    public void setDescription(String description) {
        this.description = description;
    }
}
```

之后创建一个 Controller，返回单个和多个 Pet 对象，代码如下：

📖 代码2-5 springtest-chater1/src/main/java/com/chapter2json/demo/controller/TestJson.java

```java
package com.chapter2json.demo.controller;

import com.chapter2json.demo.pojo.Pet;
import org.springframework.web.bind.annotation.RequestMapping;
import org.springframework.web.bind.annotation.RestController;

import java.util.ArrayList;
import java.util.List;

@RestController
@RequestMapping("/test_json")
public class TestJson {

    @RequestMapping("/pet")
    public Pet getPet() {
        return new Pet((long) 1, "团团", 2, "brown", " a cute puppy");
    }

    @RequestMapping("/petList")
    public List<Pet> getPetList() {
        List<Pet> petList = new ArrayList<>();
        Pet pet1 = new Pet((long) 2, "JackM", 1, "silver", " a cute cat of Silver gradient");
        Pet pet2 = new Pet((long) 3, "FatFat", 1, "silver", " a chubby cat");

        petList.add(pet1);
        petList.add(pet2);

        return petList;
    }
}
```

运行该项目，然后在浏览器中访问 http://localhost:8080/tojson/pet，返回数据如图 2.1 所示。

图 2.1　pet 接口返回

如果调用 /tojson/petList，则会显示如图 2.2 所示的结果。这次返回的是一个数组形式的多条数据，和 /pet 一样，都包含宠物的 id、name、age、color、description 等信息。

图 2.2   petList 接口

这就是利用 @RestController 来实现 json 数据返回，非常简单，而且也推荐这种写法。而另一种将对象进行 json 化输出的方法比较粗糙，一般也是利用第三方的 json 解析包来实现，例如使用阿里开源出的 faskjson，安装依赖配置代码如下：

```
<dependency>
          <groupId>com.alibaba</groupId>
          <artifactId>fastjson</artifactId>
          <version>1.2.73</version>
HOIIiiiiq111111</dependency>
```

先创建一个简单的实体类 User，代码如下：

📖 代码 2-6 springtest-chater1/src/main/java/com/chapter2json/demo/pojo/User.java

```java
package com.chapter2json.demo.pojo;

public class User {
    private String name;
    private String password;

    public User(String name, String password) {
        this.name = name;
        this.password = password;
    }

    public String getName() {
        return name;
    }

    public void setName(String name) {
        this.name = name;
    }

    public String getPassword() {
        return password;
    }

    public void setPassword(String password) {
        this.password = password;
    }
}
```

再编写对应的测试文件，代码如下：

```
package com.chapter2json.demo.test;
import com.chapter2json.demo.pojo.User;
import java.util.ArrayList;
import java.util.List;
import org.junit.Test;
import com.alibaba.fastjson.JSON;
public class TestJson {

    public void objectToJson() {
        // 单个 Java 对象
        User user = new User("tfboys", "2333");
        String userJsonStr = JSON.toJSONString(user);
        System.out.println("java 类转 json 字符串为 :"+ userJsonStr);
        // 多个 java 对象
        User user1 = new User("gameboy", "23234");
        User user2 = new User("steamboy", "23335");
        List<User> userList = new ArrayList<User>();
        userList.add(user1);
        userList.add(user2);

        String ListUserJson = JSON.toJSONString(userList);
        System.out.println("List<Object> 转 json 字符串是 :"+ListUserJson);
    }

    public void jsonToObject() {
        String jsonStr1 = "{'password':'123456','username':'dmego'}";
        User user = JSON.parseObject(jsonStr1, User.class);
        System.out.println("json 字符串转简单 java 对象 :"+user.toString());
    }
}
```

这里使用了 fastjson 中的两个重要方法：一个是把对象 json 化的 toJSONString 方法，另一个是把 json 对象化的 parseObject。可以看出 fastjson 封装得非常好，可以开箱即用，无须开发者重复写这种基础性的代码了。

更多 fastjson 的 api 用法请参考官网文档，这里就不一一列举了。

2.2.2　自定义通用型返回数据

在 2.2.1 节介绍了 json 数据的创建和使用，但这对规范的项目开发而言还远远不够。开发者需要将返回的 json 数据定义为一个规范的格式，例如包含状态码、操作码、返回结果、返回提示文案、错误提示等。

一个标准的返回结果的例子，代码如下：

```
{
  "code":200,
  "errorCode": 4003,
  "message":"not valid param",
  "data":[]
}
```

当时是正确结果返回时 data 字段里会有内容，否则就是空数组。下面通过代码来实现通用型返回数据结构。

首先定义一个业务异常类 BusinessException.java，代码如下：

```
package com.freejava.xxx.common;

import lombok.AllArgsConstructor;
import lombok.Data;

@Data
@AllArgsConstructor
public class BusinessException extends RuntimeException {

    private String errorCode;

    private String errorMsg;

}
```

这里定义了两个属性，一个是 errorCode 错误码，另一个是 errorMsg 错误信息。使用了 lombok 依赖，所以不用写烦琐的 getter/setter，只需在类的最前面加上一个 @Data 注解即可。使用注解 @AllArgsConstructor 则可以自动生成所有可能性的构造函数，这也是 lombok 依赖的神奇之处。而这种 BusinessException 是继承自 RuntimeException 类，所以是一种异常，当程序执行到这个地方时会在后端输出页面显示异常的堆栈信息。注意在 debug 时与其他异常信息不要混为一谈。

由于这两个属性都需要传递进来，所以还需要设计一个错误枚举类，代码如下：

```
package com.freejava.xxx.common;

/**
 *     错误枚举类
 **/
public enum UnifiedResponseEnums {

    BAD_PARAM("1002", " 参数有错 "),
    NOT_FOUND( "1003", " 资源不存在 "),
    NO_PERMISSION( "1004", " 权限不足 "),
    BAD_INPUT_PARAM("1005", " 入参有问题 ");
BAD_EMAIL_PARAM("1006", "email 入参有问题 ");
BAD_ID_PARAM("1007", "id 入参有问题 ");
BAD_IP("1008", " 非法 IP ");
    INVALID_TOKEN("1009", " 无效令牌 ");
    TOO_MANY_PARAMS("1010", " 参数过载 ");

    private String errorMsg;

    private String errorCode;

    UnifiedResponseEnums(String errorMsg, String errorCode) {
        this.errorMsg = errorMsg;
        this.errorCode = errorCode;
    }

    public String getErrorMsg() {
        return errorMsg;
    }

    public String getErrorCode() {
        return errorCode;
    }

    public void setErrorMsg(String errorMsg) {
        this.errorMsg = errorMsg;
    }
```

```
        public void setErrorCode(String errorCode) {
            this.errorCode = errorCode;
        }
    }
```

在 Controller 中使用也非常简单，只需在调用的地方这样写即可，代码如下：

```
UnifiedResponseEnums enum1 = UnifiedResponseEnums.valueOf(UnifiedResponseEnums.
class, "BAD_PARAM");
    throw new BusinessException(enum1.getErrorCode(), enum1.getErrorMsg());
```

设置通用型返回结构，代码如下：

📖 代码 2-7 springtest-chater1/src/main/java/com/chapter2json/demo/tools/JsonResultObject.java

```
package com.chapter2json.demo.tools;

/**
 * 专门用于返回值的设定类
 */
public class JsonResultObject<T> {

    private T data;
    private String code;
    private String message;
    private String errorCode;
    private String errorMessage;

    public JsonResultObject(T data, String code, String message, String
errorCode, String errorMessage) {
        this.data = data;
        this.code = code;
        this.message = message;
        this.errorCode = errorCode;
        this.errorMessage = errorMessage;
    }

    public T getData() {
        return data;
    }

    public void setData(T data) {
        this.data = data;
    }

    public String getCode() {
        return code;
    }

    public void setCode(String code) {
        this.code = code;
    }

    public String getMessage() {
        return message;
    }

    public void setMessage(String message) {
        this.message = message;
    }

    public String getErrorCode() {
        return errorCode;
    }
```

```
        public void setErrorCode(String errorCode) {
            this.errorCode = errorCode;
        }

        public String getErrorMessage() {
            return errorMessage;
        }

        public void setErrorMessage(String errorMessage) {
            this.errorMessage = errorMessage;
        }
    }
```

这里设置了一个泛型 T，所以可以传入任意类型的数据到 data 属性中，其他的属性都是 String 类型，再配置之前的错误枚举类，就能很好地有机协作在一起。

2.2.3　错误返回定义

关于错误返回，其实和自定义通用类型类似，这里单独进行封装，不再使用 BusinessException 方式，而是单独编写，代码如下：

📖 代码 2-8　springtest-chater1/src/main/java/com/chapter2json/demo/tools/ErrorResult.java

```
package com.chapter2json.demo.tools;

public class ErrorResult<T> {

    private String errorMessage;
    private String errorCode;
    private T  data;

    public ErrorResult(String errorMessage, String errorCode, T data) {
        this.errorMessage = errorMessage;
        this.errorCode = errorCode;
        this.data = data;
    }

    public String getErrorMessage() {
        return errorMessage;
    }

    public void setErrorMessage(String errorMessage) {
        this.errorMessage = errorMessage;
    }

    public String getErrorCode() {
        return errorCode;
    }

    public void setErrorCode(String errorCode) {
        this.errorCode = errorCode;
    }

    public T getData() {
        return data;
    }

    public void setData(T data) {
        this.data = data;
    }
}
```

2.3　文件上传

开发者总是会遇到需要上传文件的功能，例如会员中心上传会员头像和照片等。该功能很常规，可以作为一个基础模块进行封装。

该功能目的明确，主要过程就是处理好文件上传的文件流，后端程序对文件类型进行有效性判断（一般会规定图片或者视频的格式），也可能对文件大小进行限制（防止大量文件占据过多的空间，特别是服务器本地存储的情况）。然后对上传的文件进行保存归档，后期提供展示和修改功能。

以上描述的业务流程，如图 2.3 所示。

图 2.3　文件上传流程

2.3.1　单个文件上传

单个文件上传十分简单，需要引入 Java 文件流的相关包，为了方便演示和使用，这里编写了一个简单的前端页面，核心上传文件部分的代码如下：

📖 代码 2-9　chapter2json/demo/views/uploadfile.html

```
            <div  class="m-auto row blue-div">
                <form  action="http://localhost:8080/v1/upload" method="POST"
enctype="multipart/form-data">
                    <div class="form-group">
                        <label for="upload_single_file">Upload your file</label>
                            <input type="file" name="single_file" id="upload_single_file"
class="form-control-file"/><br/>
                    </div>
                    <div class="form-group">
                        <input type="submit" value="submit" class="btn btn-primary"/>
                    <input type="reset" value="reset" class="btn btn-outline-secondary" />
                    </div>
                </form>
            </div>
</div>
.....
```

其中要特别注意的是，在 form 标签上要加入 enctype="multipart/form-data"属性设置，否则 Spring Boot 不容易解析到上传的文件流。如果有其他编程经验的读者可能会发现，php后端是不需要前端设置这样的属性的，这也是针对 Java 后端的特殊要求。

这里为了样式美观，引入了 bootstrap 框架。这是一款实用性的前端样式框架，封装了很多不错的样式，后端工程师或前端工程师不用再考虑差异化的审美问题，直接拿来即用，对这个框架感兴趣的读者可以去官网学习，有中文版网站可以参考。引入 bootstrap 有两种：一种是下载压缩包，然后本地引入文件即可；另一种是使用 cdn 的资源地址来引入，如果读者长期处于断网情况下，建议先行下载压缩包更好。用浏览器打开该html文件，可以看到如图2.4所示的页面，通过这个页面就可以进行文件上传的操作。

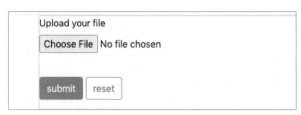

图 2.4　上传文件页面

在上面那个前端页面可以看出需要编写一个接收 POST 请求的接口，所以继续在 chapter2json 项目新建一个 controller，命名为 UploadController.java，代码如下：

📖 代码 2-10　chapter2json/demo/playload/UploadFileResponse.java

```java
package com.chapter2json.demo.playload;

public class UploadFileResponse {
    private String fileName;
    private String fileDownloadUri;
    private String fileType;
    private long size;

     public UploadFileResponse(String fileName, String fileDownloadUri, String
fileType, long size) {
        this.fileName = fileName;
        this.fileDownloadUri = fileDownloadUri;
        this.fileType = fileType;
        this.size = size;
    }

    public String getFileName() {
        return fileName;
    }

    public void setFileName(String fileName) {
        this.fileName = fileName;
    }

    public String getFileDownloadUri() {
        return fileDownloadUri;
    }

    public void setFileDownloadUri(String fileDownloadUri) {
        this.fileDownloadUri = fileDownloadUri;
    }

    public String getFileType() {
        return fileType;
    }

    public void setFileType(String fileType) {
        this.fileType = fileType;
    }

    public long getSize() {
        return size;
    }

    public void setSize(long size) {
        this.size = size;
    }
}
```

针对上传的文件进行属性封装，编写 FileStorageProperties 类，代码如下：

📖 代码 2-11　chapter2json/demo/properties/FileStorageProperties .java

```java
package com.chapter2json.demo.properties;

import org.springframework.boot.context.properties.ConfigurationProperties;

@ConfigurationProperties(prefix = "file")
public class FileStorageProperties {

    // 上传到服务器的文件路径
    private String uploadDir;

    // 获取上传路径
    public String getUploadDir() {
        return uploadDir;
    }

    // 设置上传路径
    public void setUploadDir(String uploadDir) {
        this.uploadDir = uploadDir;
    }

}
```

当保存一个文件遇到意外的异常时，需要抛出错误信息，所以笔者也封装了一个文件存储异常类 FileStorageException，代码如下：

📖 代码 2-12　chapter2json/src/main/java/com/chapter2json/demo/exception/FileStorage-Exception.java

```java
package com.chapter2json.demo.exception;

public class FileStorageException extends RuntimeException{
    // 只传入错误信息
    public FileStorageException(String message) {
        super(message);
    }
    // 传入错误原因和错误信息
    public FileStorageException(String message, Throwable cause) {
        super(message, cause);
    }
}
```

同样的还会出现找不到文件的异常情况，所以编写类似的异常类 FileNotFoundException.java，代码如下：

```java
package com.chapter2json.demo.exception;

public class FileNotFoundException extends RuntimeException {

    // 只传入错误信息
    public FileNotFoundException(String message) {
        super(message);
    }

    // 传入错误原因和错误信息
    public FileNotFoundException(String message, Throwable cause) {
        super(message, cause);
    }

}
```

这次由于采用 MVC 的方式，所以需要把业务逻辑处理都封装到 Service 层，让 controller 只作为服务调用的层级，代码如下：

📖 代码 2-13 chapter2json/demo/exception/FileStorageException.java

```java
package com.chapter2json.demo.service;

import com.chapter2json.demo.playload.UploadFileResponse;
import com.chapter2json.demo.properties.FileStorageProperties;
import com.chapter2json.demo.exception.*;
import org.springframework.beans.factory.annotation.Autowired;
import org.springframework.core.io.Resource;
import org.springframework.core.io.UrlResource;
import org.springframework.stereotype.Service;
import org.springframework.util.StringUtils;
import org.springframework.web.multipart.MultipartFile;
import java.io.IOException;
import java.net.MalformedURLException;
import java.nio.file.Files;
import java.nio.file.Path;
import java.nio.file.Paths;
import java.nio.file.StandardCopyOption;

@Service
public class FileStorageService {

    // 设置文件存储路径
    private final Path fileStorageLocation;

    @Autowired
    public FileStorageService(FileStorageProperties fileStorageProperties) {
        this.fileStorageLocation = Paths.get(fileStorageProperties.getUploadDir())
                .toAbsolutePath().normalize();

        try {
            // 创建路径
            Files.createDirectories(this.fileStorageLocation);
        } catch (Exception ex) {
                throw new FileStorageException("Could not create the directory
where the uploaded files will be stored.", ex);
        }
    }

    /**
     * 存储文件
     *
     * @param file 文件流对象
     * @return String 文件名 | Exception
     */
    public String storeFile(MultipartFile file) {
        // 规范化文件名
        String fileName = StringUtils.cleanPath(file.getOriginalFilename());

        try {
            // 检查文件名是否包含无效字符
            if(fileName.contains("..")) {
                throw new FileStorageException(" 抱歉，文件名里面有无效字符 " + fileName);
            }

            // 复制文件到目标路径
            Path targetLocation = this.fileStorageLocation.resolve(fileName);
            Files.copy(file.getInputStream(), targetLocation, StandardCopyOption.
REPLACE_EXISTING);

            return fileName;
        } catch (IOException ex) {
```

```
            throw new FileStorageException(" 不能保存文件 " + fileName + ". 请重新尝试 !", ex);
        }
    }

    /**
     * 加载文件资源
     *
     * @param fileName 文件名
     * @return Resource | Exception
     */
    public Resource loadFileResource(String fileName) {
        try {
            Path filePath = this.fileStorageLocation.resolve(fileName).normalize();
            Resource resource = new UrlResource(filePath.toUri());
            if(resource.exists()) {
                return resource;
            } else {
                throw new FileNotFoundException(" 文件没找到 " + fileName);
            }
        } catch (MalformedURLException ex) {
            throw new FileNotFoundException(" 文件没找到 " + fileName, ex);
        }
    }
}
```

然后编写 Controller 层，命名为 UploadController.java，代码如下：

📖 代码 2-14 /chapter2json/demo/controller/UploadController.java

```
package com.chapter2json.demo.controller;

import com.chapter2json.demo.playload.UploadFileResponse;
import org.springframework.beans.factory.annotation.Autowired;
import org.springframework.http.HttpHeaders;
import org.springframework.http.MediaType;
import org.springframework.http.ResponseEntity;
import org.springframework.web.bind.annotation.*;
import org.springframework.web.multipart.MultipartFile;
import org.springframework.web.servlet.support.ServletUriComponentsBuilder;
import com.chapter2json.demo.service.FileStorageService;

import org.springframework.core.io.Resource;
import javax.servlet.http.HttpServletRequest;
import java.io.IOException;

@RestController
@RequestMapping("/v1")
public class UploadController {

    @Autowired
    private FileStorageService fileStorageService;

    @PostMapping("/upload")
    public UploadFileResponse upload(@RequestParam("single_file") MultipartFile file) {

        String fileName = fileStorageService.storeFile(file);

        String fileDownloadUri = ServletUriComponentsBuilder.fromCurrentContextPath()
                .path("/downloadFile/")
                .path(fileName)
                .toUriString();

        return new UploadFileResponse(fileName, fileDownloadUri,
```

```
                    file.getContentType(), file.getSize());
        }

        @GetMapping("/downloadFile/{fileName:.+}")
         public ResponseEntity<Resource> downloadFile(@PathVariable String fileName,
HttpServletRequest request) {
            Resource resource = fileStorageService.loadFileResource(fileName);

            // Try to determine file's content type
            String contentType = null;
            try {
                    contentType = request.getServletContext().getMimeType(resource.
getFile().getAbsolutePath());
            } catch (IOException ex) {
                System.out.println("Could not determine file type.");
            }

            // Fallback to the default content type if type could not be determined
            if(contentType == null) {
                contentType = "application/octet-stream";
            }

            return ResponseEntity.ok()
                    .contentType(MediaType.parseMediaType(contentType))
                        .header(HttpHeaders.CONTENT_DISPOSITION, "attachment;
filename=\"" + resource.getFilename() + "\"")
                    .body(resource);
        }
    }
```

2.3.2 多个文件上传

多文件上传和单文件上传的处理类似，只是对多个文件进行循环处理，代码如下：

```
package com.chapter2json.demo.controller;

import com.chapter2json.demo.playload.UploadFileResponse;
import org.springframework.beans.factory.annotation.Autowired;
import org.springframework.http.HttpHeaders;
import org.springframework.http.MediaType;
import org.springframework.http.ResponseEntity;
import org.springframework.web.bind.annotation.*;
import org.springframework.web.multipart.MultipartFile;
import org.springframework.web.servlet.support.ServletUriComponentsBuilder;
import com.chapter2json.demo.service.FileStorageService;

import org.springframework.core.io.Resource;
import javax.servlet.http.HttpServletRequest;
import java.io.IOException;

@RestController
@RequestMapping("/v1")
public class UploadController {

    @Autowired
    private FileStorageService fileStorageService;

    @PostMapping("/upload")
    public UploadFileResponse upload(@RequestParam("single_file") MultipartFile file) {
        // 存储文件并获取保存后的文件名称
        String fileName = fileStorageService.storeFile(file);
      // 获取文件下载地址
```

```
                        String fileDownloadUri = ServletUriComponentsBuilder.
fromCurrentContextPath()
                    .path("/downloadFile/")
                    .path(fileName)
                    .toUriString();
        // 返回一个上传文件的响应对象，这里会返回下载地址、文件类型以及文件大小
            return new UploadFileResponse(fileName, fileDownloadUri,
                file.getContentType(), file.getSize());
    }
    // 根据文件名获取上传好的文件信息
    @GetMapping("/downloadFile/{fileName:.+}")
    public ResponseEntity<Resource> downloadFile(@PathVariable String fileName,
HttpServletRequest request) {
        // 根据文件名获取文件存储资源
        Resource resource = fileStorageService.loadFileResource(fileName);
        // Try to determine file's content type
        String contentType = null;
        try {
        // 根据资源对象获取文件流的类型
                contentType= request.getServletContext().getMimeType(resource.
getFile().getAbsolutePath());
        } catch (IOException ex) {
            System.out.println("Could not determine file type.");
        }

        // 如果流的类型为 null 则设置默认值
        if(contentType == null) {
            contentType = "application/octet-stream";
        }
        // 返回文件流
        return ResponseEntity.ok()
                .contentType(MediaType.parseMediaType(contentType))
                    .header(HttpHeaders.CONTENT_DISPOSITION, "attachment;
filename=\"" + resource.getFilename() + "\"")
                    .body(resource);
    }
}
```

2.3.3　文件上传限制和服务器限制

对于文件的类型和大小常常有限制，这一方面和业务有关也和服务器的安全有关，为了不被 shell 木马注入和提权，必须限制上传的文件类型，例如只能是 jpg 或者 png 格式的图片文件等。

首先编写一个文件类型枚举类，代码如下：

📖 代码 2-15 /src/main/java/com/chapter2json/demo/properties/ValidFileType .java

```
package com.chapter2json.demo.properties;

import java.util.ArrayList;
import java.util.List;

public class ValidFileType {

    private List<String> validType = new ArrayList<String>();

    public ValidFileType(List<String> validType) {
        if (validType.isEmpty()) {
            validType.add("png");
            validType.add("jpg");
```

```
        validType.add("jpeg");
    }
    this.validType = validType;
}

public List<String> getValidType() {
    return validType;
}
}
```

然后编写一个文件类型枚举类，代码如下：

它的使用也很简单，只需做简单的逻辑判断即可。

```
ValidFileType validType2 = new ValidFileType();

String testType = "pdf";
for (int i = 0; i < validType2.length; i++) {
    if (testType == validType2[i]) {
        return true;
    } else {
        return false;
    }
}
```

2.4 拦截器

拦截器有点类似于一种中间件，当请求从用户端发起，需要通过多种验证后再传入后端程序的接口中，这样可以将一些攻击和不规范的入参数据抵挡在实际接口逻辑之前。不仅提高了服务的稳定性和安全性，还起到了一定限流的作用。其逻辑如图 2.5 所示，可以看到犹如一层层中间服务，也像一环套一环的过滤网。

从图 2.5 中可以看出，后端程序会对拦截器放过的请求做进一步处理，完成整个业务逻辑的全过程。在这个流程中，拦截器起到了关键性的作用。

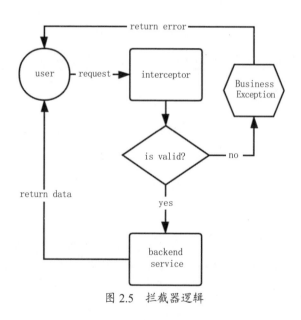

图 2.5 拦截器逻辑

2.4.1 拦截器介绍

拦截器是 AOP 编程的一种实践。简单介绍一下 AOP，也就是横切面编程思想，是横向扩展功能，区别于纵向的继承方式。拦截器和过滤器都是一种 AOP 的具体实现。拦截器更加优雅，而且依靠依赖注入和 IoC 容器来管理。

如果对 Spring 有深入了解，可以发现 Spring 在架构设计上使用了很多如依赖倒置原则、

IOC、DI、IOC 容器之类的组织方式。它们之间的关系非常紧密，如图 2.6 所示。

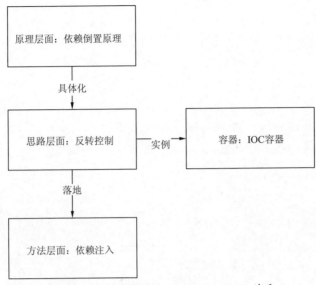

图 2.6　依赖倒置原则、IOC、DI、IOC 关系

2.4.2　拦截器的编写方法

拦截器的编写也比较简单，需要根据需求来继承不同的拦截器基类。大概分成两类：一类是基于业务判断服务的拦截器，比如日志服务、权限认证等，这种拦截器一般继承自 HandlerInterceptor 类；另一类是和配置有关的拦截器，一般继承自 WebMvcConfigurer 类。

其中第一类最多，需要重写 preHandle 和 postHandle 方法，其中 preHandle 方式用于请求执行前的时候，当 preHandle 返回 true 时才能进入下一个方法，而 postHandle 是作用于请求结束前。afterCompletion 是视图显示完成后才会执行。

三个可以被重写的方法的执行顺序依次为：preHandle→postHandle→afterCompletion。

下面先写一个基于 HandlerINterceptor 类的拦截器，用于日志服务，代码如下：

```
package com.chapter2json.demo.interceptors;
import com.chapter2json.demo.myannotation.LogAnnotation;
import org.slf4j.Logger;
import org.slf4j.LoggerFactory;
import org.springframework.web.method.HandlerMethod;
import org.springframework.web.servlet.ModelAndView;
import org.springframework.web.servlet.handler.HandlerInterceptorAdapter;

import javax.servlet.http.HttpServletRequest;
import javax.servlet.http.HttpServletResponse;
import java.lang.reflect.Method;

/**
 * @author tony
 * @version 1.0
 * @description Test self annotation
 */
public class LoggerInterceptor extends HandlerInterceptorAdapter {
// 生成日志类
```

```
        private Logger logger = LoggerFactory.getLogger(LoggerInterceptor.class);

        @Override
        public boolean preHandle(HttpServletRequest request, HttpServletResponse
response, Object handler) throws Exception {
            HandlerMethod handlerMethod = (HandlerMethod)handler;
            Method method = handlerMethod.getMethod();

            // 从当前方法获取一个日志注解对象
            LogAnnotation loggerAnnotation = method.getAnnotation(LogAnnotation.class);

            if (loggerAnnotation != null) {
                long startTime = System.currentTimeMillis();
                request.setAttribute("startTime", startTime);
                logger.info("enter" + method.getName() + " method cost time is:" +
startTime);
            }

            return true;
        }


        @Override
        public void postHandle(HttpServletRequest request, HttpServletResponse
response, Object handler, ModelAndView modelAndView) throws Exception {
            HandlerMethod handlerMethod = (HandlerMethod)handler;
            Method method = handlerMethod.getMethod();

            LogAnnotation loggerAnnotation = method.getAnnotation(LogAnnotation.class);

            if (loggerAnnotation != null) {
                long endTime = System.currentTimeMillis();
                long startTime = (long) request.getAttribute("startTime");
                long periodTime = endTime - startTime;
                logger.info("Leave " + method.getName() + "method time is:" + endTime);
                logger.info("On " + method.getName() + "method cost time is:" + periodTime);
            }
        }
    }
```

这段代码的核心在于要重写 preHandle 方法和 postHandle 方法，分别计算并输出进入某个方法和离开某个方法的时间。其中也用到了 org.slf4j.Logger 日志类，使用非常方便，推荐在开发中增加必要的日志输出。

第二类拦截器，以登录 Token 验证为例，后面会详细介绍。

根据上面的例子，已经大致了解了一个拦截器的常规写法。下面再举一个验证邮箱参数有效性的例子。

首先明确一个事情：什么样的邮箱地址是有效的？

我们常见的邮箱如 qq、网易邮箱，地址形如 xxx@qq.com，xxx@163.com，总结成正则表达式代码如下：

```
    "^([a-z0-9A-Z]+[-|\\.]?)+[a-z0-9A-Z]@([a-z0-9A-Z]+(-[a-z0-9A-Z]+)?\\.)+[a-
zA-Z]{2,}$"
```

用 Java 编写一个检查邮箱有效性的例子，代码如下：

```
public static void matchTest(String email) {
// TODO Auto-generated method stub
boolean a=email.matches("^([a-z0-9A-Z]+[-|\\.]?)+[a-z0-9A-Z]@([a-z0-9A-Z]+(-[a-
z0-9A-Z]+)?\\.)+[a-zA-Z]{2,}$");
```

```
        System.out.println(a);
    }
```

编写完整的拦截器，代码如下：

📖 代码 2-16 chapter2json/src/main/java/com/chapter2json/demo/interceptors/EmailInterceptor. java

```
package com.chapter2json.demo.interceptors;

import org.springframework.web.servlet.HandlerInterceptor;
import org.springframework.web.servlet.ModelAndView;

import javax.servlet.http.HttpServletRequest;
import javax.servlet.http.HttpServletResponse;

public class EmailInterceptor implements HandlerInterceptor {
    @Override
     public boolean preHandle(HttpServletRequest request, HttpServletResponse
response, Object handler) throws Exception {
         String email = request.getParameter("email");
          if (email.matches("^([a-z0-9A-Z]+[-|\\.]?)+[a-z0-9A-Z]@([a-z0-9A-Z]+(-
[a-z0-9A-Z]+)?\\.)+[a-zA-Z]{2,}$")) {
              return true;
          } else {
              return false;
          }
      }

    @Override
     public void postHandle(HttpServletRequest request, HttpServletResponse
response, Object handler, ModelAndView modelAndView) throws Exception {

      }

    @Override
    public void afterCompletion(HttpServletRequest request, HttpServletResponse
response, Object handler, Exception ex) throws Exception {

      }
}
```

这里只需重写 preHandle 方法即可，完成对有效性邮箱地址判断的效果。该案例最重要的是对正则表达式的书写，对相关知识薄弱的读者需要引起重视。

2.4.3　Token 检查拦截器实现

Token 检查是一个健全系统或者服务必须有的一项安全性功能，特别是基于 TESTful 的接口，需要检查 Token 来判断用户是否已经登录或验证身份，利用 Token 可以获取进一步的网络资源和权限。

一般来说我们会使用 JWT 验证方式，这是最近几年非常流行的一种认证方式。JSON Web Token 简称 JWT。它本质上是一段字符串，由以下三个部分构成：

● 头部：JWT 基本信息，包括算法。
● 荷载：自定义数据，包括用户标识，如 userid。
● 签名：前面两者通过一定加密算法后计算所得其签名字符串。

引入 JWT 依赖到 pom.xml 文件中，代码如下：

```
<dependency>
            <groupId>com.auth0</groupId>
            <artifactId>java-jwt</artifactId>
            <version>3.4.0</version>
        </dependency>
```

编写一个前端拦截器，处理所有请求，代码如下：

```
@Configuration
public class InterceptorConfig implements WebMvcConfigurer {

  @Override
  public void addInterceptors(InterceptorRegistry registry) {
    registry.addInterceptor(authenticationInterceptor())
      .addPathPatterns("/**");// 拦截所有请求
  }

  @Bean
  public AuthenticationInterceptor authenticationInterceptor() {
    return new AuthenticationInterceptor();
  }
}
```

新建两个注解，用于判断是否进行 Token 验证，首先编写需要登录验证的注解 UserLoginToken，代码如下：

```
package com.chapter2json.demo.annotation;

import java.lang.annotation.ElementType;
import java.lang.annotation.Retention;
import java.lang.annotation.RetentionPolicy;
import java.lang.annotation.Target;

/**
 * 需要登录才能进行操作的注解 UserLoginToken*/

@Target({ElementType.METHOD, ElementType.TYPE})
@Retention(RetentionPolicy.RUNTIME)
public @interface UserLoginToken {

    boolean required() default true;
}
```

用于跳过验证，编写 PassToken 注解，代码如下：

```
package com.chapter2json.demo.annotation;

import java.lang.annotation.ElementType;
import java.lang.annotation.Retention;
import java.lang.annotation.RetentionPolicy;
import java.lang.annotation.Target;

/**
 * 用来跳过验证的 PassToken*/
@Target({ElementType.METHOD, ElementType.TYPE})
@Retention(RetentionPolicy.RUNTIME)
public @interface PassToken {

    boolean required() default true;
}
```

笔者编写了一个检查 Token 的拦截器，利用 Redis 作为热数据读取，代码如下：

```
package com.tony.supertask.interceptor;
```

```
import com.auth0.jwt.JWT;
import com.auth0.jwt.JWTVerifier;
import com.auth0.jwt.algorithms.Algorithm;
import com.auth0.jwt.exceptions.JWTVerificationException;
import com.tony.supertask.config.UserContext;
import com.tony.supertask.pojo.LoginUser;
import com.tony.supertask.services.UserService;
import com.tony.supertask.common.BusinessException;
import com.tony.supertask.myannotation.PassToken;
import com.tony.supertask.myannotation.UserLoginToken;
import com.tony.supertask.pojo.User;
import com.tony.supertask.util.RedisUtil;
import org.springframework.beans.factory.annotation.Autowired;
import org.springframework.web.method.HandlerMethod;
import org.springframework.web.servlet.HandlerInterceptor;
import org.springframework.web.servlet.ModelAndView;

import javax.servlet.http.HttpServletRequest;
import javax.servlet.http.HttpServletResponse;
import java.lang.reflect.Method;

public class AuthInterceptor implements HandlerInterceptor {
    @Autowired
    UserService userService;
    @Autowired
    RedisUtil redisUtil;

    @Override
     public boolean preHandle(HttpServletRequest request, HttpServletResponse
response, Object handler) throws BusinessException {
        String token = request.getHeader("token");
        if (!(handler instanceof HandlerMethod)) {
            return true;
        }

        HandlerMethod handlerMethod = (HandlerMethod)handler;
        Method method = handlerMethod.getMethod();

        if (method.isAnnotationPresent(PassToken.class)) {
            PassToken passToken = method.getAnnotation(PassToken.class);
            if (passToken.requried()) {
                return true;
            }
        }

        if (method.isAnnotationPresent(UserLoginToken.class)) {
            UserLoginToken userLoginToken = method.getAnnotation(UserLoginToken.class);
            if (userLoginToken.required()) {
                if (token == null) {
                    throw new BusinessException("4001", "no token");
                }

                // todo Continue to check the user valid.
                String userId;
                try {
                    userId = JWT.decode(token).getAudience().get(0);

                } catch (Exception e) {
                    throw new BusinessException("4003", "decode token fails");
                }
                // Check the expire of token.
//                  String tokenKey = userId + ":" + token;
//                  boolean hasExisted = redisUtil.hasKey(tokenKey);
```

```
//              System.out.println("exist or not:" + hasExisted);
//              if (hasExisted == false) {
//                  throw new BusinessException("4005", "token expired!");
//              }
                int userID = Integer.parseInt(userId);
                System.out.println("usrId is:" + userID);
                User user = userService.findUserById(userID);
                if (user == null) {
                    throw new RuntimeException("user not exists");
                }
                try {
                    JWTVerifier jwtVerifier = JWT.require(Algorithm.HMAC256(user.
getPassword() + "MText!76&sQ^")).build();
                    jwtVerifier.verify(token);
                    // 设置当前登录用户
                    LoginUser loginUser = new LoginUser();
                    loginUser.setId((long) userID);
                    UserContext.setUser(loginUser);
                } catch (JWTVerificationException e) {
                    throw new BusinessException("4002", "invalid token!");
                }
            }
        }
        return true;
    }

    @Override
     public void postHandle(HttpServletRequest request, HttpServletResponse
response, Object handler, ModelAndView modelAndView) throws Exception {

    }

    @Override
     public void afterCompletion(HttpServletRequest request, HttpServletResponse
response, Object handler, Exception ex) throws Exception {

    }
}
```

使用时也很方便，在需要进行 Token 验证的接口前面增加 @UserLoginToken 即可，在不需要验证的接口上增加 @PassToken 注解，代码如下：

```
package com.chapter2json.demo.controller;

import com.chapter2json.demo.annotation.PassToken;
import com.chapter2json.demo.annotation.UserLoginToken;

public class TestAnnController {

    @PassToken
    public String testPass() {
        return "pass";
    }

    @UserLoginToken
    public String testToken() {
        return "token check";
    }
}
```

2.5　编写第一个 RESTful API 接口

RESTful API 是目前最流行的一种数据接口方式，通过对资源的操作来实现数据交换，返回数据也是 JSON 格式，非常适用于前后端分离的项目，对其他项目甚至外部使用者提供了便捷。

之前的案例中也有提到使用 @RestController 注解来实现 RESTful API，本小节将具体介绍一个完整的 RESTful API 的开发。

2.5.1　RESTful API 介绍

RESTful 准确来说是一种设计风格，它遵循的原则如下：

- 坚定使用 https 协议。
- URL 中包括版本号，如：/v1.2/users。
- 只返回 JSON 格式数据。
- 路径尽量使用名词，不使用动词。
- 每一个 URL 都是一个资源。
- 使用更为丰富的 HTTP 请求方法，如 GET、POST、PUT、DELETE 来操作资源。

不同的 HTTP 方法的含义不同，具体如下：

- GET：从服务器获取资源。
- POST：在服务器创建一个资源。
- PUT：在服务器更新资源，会传递全部数据。
- PATCH：在服务器更新资源，可能是部分数据，一般不是很常用。
- DELETE：从服务器删除资源。

2.5.2　POJO 模式编程介绍

POJO 是 Plain Ordinary Java Object 的缩写，翻译为简单 Java 对象。也就是说它是一个最简单的 Java 类，不继承，也不实现其他类的接口，也没有其他依赖，只有 getter/setter 相关实现。

它一般用于定义数据实体，来操作数据库的数据表对象，并被放入 POJO 包中。

而有人可能会想到 JavaBean，其实 JavaBean 也是一种特殊的 POJO 实践。许多开发者把 JavaBean 看作遵从特定命名约定的 POJO。当一个 POJO 是可序列化，有一个无参的构造函数，使用 getter 和 setter 方法来访问属性时，它就是一个 JavaBean。

而 POJO 模式编程，也就是把数据库中每一个数据表转变成一个 POJO 类，然后用对象操作的方式去操作数据记录。

2.5.3　编写 POJO 类

首先创建一个 Xbox 游戏表，然后来展示编写一个游戏的 POJO 类的过程。

假设使用 MySQL 来存储数据，而需要记录游戏名称、发行到号、游戏发行商、版本号、发行时间、价格，那么创建表的 SQL 语句，代码如下：

```sql
CREATE TABLE 'xbox_games' (
  'id' int(11) unsigned NOT NULL AUTO_INCREMENT COMMENT '主键',
  'name' varchar(80) COLLATE utf8mb4_bin NOT NULL COMMENT '游戏名称',
  'publisher' varchar(100) COLLATE utf8mb4_bin NOT NULL COMMENT '游戏发行商',
  'publish_no' varchar(80) COLLATE utf8mb4_bin NOT NULL COMMENT '发行刊号',
  'version' varchar(10) COLLATE utf8mb4_bin NOT NULL COMMENT '版本号',
  'price' decimal(11,2) NOT NULL COMMENT '价格',
  'publish_time' int(11) NOT NULL COMMENT '发行时间',
  PRIMARY KEY ('id')
) ENGINE=InnoDB DEFAULT CHARSET=utf8mb4 COLLATE=utf8mb4_bin
```

针对上面新建的 xbox_games 表，编写对应的 POJO 类，命名为 XboxGame.java，代码如下：

```java
package com.pojotest.pojotest.pojo;

public class XboxGame {
    private int id;
    private String name;
    private String publisher;
    private String publish_no;
    private String version;
    private float price; //?? in java should be matched with decimal
    private int publish_time;

    public XboxGame(int id, String name, String publisher, String publish_no,
String version, float price, int publish_time) {
        this.id = id;
        this.name = name;
        this.publisher = publisher;
        this.publish_no = publish_no;
        this.version = version;
        this.price = price;
        this.publish_time = publish_time;
    }

    public int getId() {
        return id;
    }

    public String getName() {
        return name;
    }

    public String getPublisher() {
        return publisher;
    }

    public String getPublish_no() {
        return publish_no;
    }

    public String getVersion() {
        return version;
    }

    public float getPrice() {
        return price;
    }

    public int getPublish_time() {
        return publish_time;
    }
```

```
    public void setId(int id) {
        this.id = id;
    }

    public void setName(String name) {
        this.name = name;
    }

    public void setPublisher(String publisher) {
        this.publisher = publisher;
    }

    public void setPublish_no(String publish_no) {
        this.publish_no = publish_no;
    }

    public void setVersion(String version) {
        this.version = version;
    }

    public void setPrice(float price) {
        this.price = price;
    }

    public void setPublish_time(int publish_time) {
        this.publish_time = publish_time;
    }
}
```

这时候也可以利用 Lombok 依赖来简化 getter/setter 和构造函数，于是上面的代码可以改为如下代码：

📖 **代码 2-17** pojotest/src/main/java/com/pojotest/pojotest/pojo/XboxGame.java

```
package com.pojotest.pojotest.pojo;

import lombok.AllArgsConstructor;
import lombok.Data;
import lombok.NoArgsConstructor;

@Data
@AllArgsConstructor
@NoArgsConstructor
public class XboxGame {
    private int id;
    private String name;
    private String publisher;
    private String publish_no;
    private String version;
    private float price; //?? in java should be matched with decimal
    private int publish_time;

}
```

2.5.4　编写 Mapper 类

笔者采用的项目是架构：如 controller → service → mapper → pojo，意思是 Controller 控制器调用对应的 Service，在 Service 里同样适用组合的方式调用 Mapper 来操作实际的 pojo 对象，达到操作数据库数据记录的效果。

Mapper 顾名思义，就是针对数据库表这一层级的业务封装逻辑块。需要注意的是，

Mapper 通常都是一个接口，一般会适用第三方包来完成，这里推荐使用 mybatis 来替代原生的 jdbc 烦琐的数据库请求过程。

先引入 mybatis 依赖到 pom.xml，代码如下：

```
<dependency>
            <groupId>org.mybatis</groupId>
            <artifactId>mybatis</artifactId>
            <version>3.5.5</version>
            <scope>test</scope>
</dependency>
```

然后编写 Mapper 类，命名为 XboxMapper.java，代码如下：

📖 代码 2-18 pojotest/src/main/java/com/pojotest/pojotest/mapper/XboxMapper.java

```java
package com.pojotest.pojotest.mapper;

import com.pojotest.pojotest.pojo.XboxGame;
import org.apache.ibatis.annotations.Delete;
import org.apache.ibatis.annotations.Insert;
import org.apache.ibatis.annotations.Mapper;
import org.apache.ibatis.annotations.Select;
import org.springframework.stereotype.Component;

import java.util.List;
@Mapper
public interface XboxMapper {
    @Select("SELECT * FROM xbox_games order by publish_time desc")
    List<XboxGame> findAll();

    @Select("SELECT * FROM xbox_games WHERE id =#{id}")
    XboxGame findById(int id);

    @Select("SELECT * FROM xbox_games WHERE publish_no = #{publish_no}")
    XboxGame findByPublishNo(String publish_no);

     @Insert("INSERT xbox_games(name, publisher, publish_no, version, price,
publish_time) values (#{name}, #{publisher}, #{publish_no}, #{version}, #{price},
#{publish_time})")
    boolean add(XboxGame xboxGame);
    @Delete("DELETE FROM xbox_games WHERE id =#{id}")
    public boolean deleteById(int id);
}
```

2.5.5　编写 Service 类

综上所述，Mapper 是提供给 Service 类进行调用的，下面继续编写 Service 类。

Service 类，顾名思义就是服务类，主要用于封装实际业务逻辑，包括数据库操作和后续处理逻辑。

笔者的原则是：让代码尽可能可读性更强，注释只是一种辅助，就像《灌篮高手》中说的左手只是辅助，注释同样只是辅助。代码的可读性和条理性更为重要。因为注释可能过时，而代码反映最为真实和实时的业务逻辑。

还是按照 XboxMapper 提供的数据库操作能力，分别编写对应的服务代码，代码如下：

📖 代码 2-19 pojotest/src/main/java/com/pojotest/pojotest/services/XboxService.java

```java
package com.pojotest.pojotest.services;
```

```
import com.pojotest.pojotest.mapper.XboxMapper;
import com.pojotest.pojotest.pojo.XboxGame;
import org.springframework.beans.factory.annotation.Autowired;
import org.springframework.stereotype.Service;

import java.util.ArrayList;
import java.util.List;

@Service
public class XboxService {

    @Autowired
    private XboxMapper xboxMapper;

    public List<XboxGame> getList() {
        return xboxMapper.findAll();
    }

    public XboxGame findById(int id) {
        return xboxMapper.findById(id);
    }

    public XboxGame findByPublishNo(String publish_no) {
        return xboxMapper.findByPublishNo(publish_no);
    }

    public boolean deleteById(int id) {
        return xboxMapper.deleteById(id);
    }

    /**
     * 获取游戏单价超过 500 的游戏列表
     *
     * @return List
     */
    public List<XboxGame> getHighPriceList() {
        List<XboxGame> xboxList = this.getList();
        List<XboxGame> resultList = new ArrayList<XboxGame>();
        for (int i = 0; i < xboxList.size(); i++) {
            if (xboxList.get(i).getPrice() > 500) {
                resultList.add(xboxList.get(i));
            }
        }

        return resultList;
    }

    // 新增游戏记录
    public boolean add(XboxGame xboxgame) {
        boolean addResult = xboxMapper.add(xboxgame);
        return addResult;
    }
}
```

　　这里由于不会对 Mapper 获取到的结果有更多的处理，所以才会直接 Return，例如还需要对返回的数据进行进一步过滤、聚合等操作，那么就可以在对应的方法中进行编程。

　　例如，只想要价格大于 500 的游戏被返回，则可以编写如下代码到上一个案例文件中：

```
/**
     * 获取游戏单价超过 500 的游戏列表
```

```
 *
 * @return List
 */
public List<XboxGame> getHighPriceList() {
    List<XboxGame> xboxList = this.getList();
    List<XboxGame> resultList = new ArrayList<XboxGame>();
    for (int i = 0; i < xboxList.size(); i++) {
        if (xboxList.get(i).getPrice() > 500) {
            resultList.add(xboxList.get(i));
        }
    }

    return resultList;
}
```

2.5.6　编写 Controller

MVC 中的 C 代表 Controller，也就是控制器。控制器的主要作用是接收到从路由过来的参数，做一些入参判断，然后去调用关联的 Service 方法，自己本身不会直接去处理和数据库相关的操作，最后返回结果或者去渲染页面。

通常意义上的 Controller 都应该是一个服务调用者，而不应该把所有的业务逻辑都放在一个 Controller 中去完成。笔者看过有部分开发者喜欢把一个 Controller 中的一个接口写成很长一段业务逻辑处理，甚至多达上千行，这样不仅过于耦合，不利于扩展，而且可读性也会不好，在多人合作中往往容易有出错的隐患。

继续上面的 Service 提供的功能，笔者开始编写对应的 Controller 文件，命名为 Xbox Controller.java，代码如下。

📖 代码 2-20　pojotest/src/main/java/com/pojotest/pojotest/controller/XboxController.java

```
package com.pojotest.pojotest.controller;

import com.pojotest.pojotest.pojo.XboxGame;
import com.pojotest.pojotest.services.XboxService;
import com.pojotest.pojotest.tools.JsonResultObject;
import org.springframework.beans.factory.annotation.Autowired;
import org.springframework.web.bind.annotation.*;

import java.util.List;

@RestController
@RequestMapping("/v1")
public class XboxController {
    @Autowired
    private XboxService xboxService;

    @RequestMapping("/xboxs")
    public List<XboxGame> getAll() {
        List<XboxGame> xboxGameList = xboxService.getList();

        return xboxGameList;
    }

    @RequestMapping("/xbox/{id}")
    public JsonResultObject getById(@PathVariable int id) {
        XboxGame xboxGame = xboxService.findById(id);
        return new JsonResultObject<XboxGame>(xboxGame, "200", "get the record",
"", "");
```

```
    }

    @PostMapping("/xbox")
    public JsonResultObject add(XboxGame xboxgame) {
        boolean addResult = xboxService.add(xboxgame);
        if (addResult) {
            return new JsonResultObject(null, "200", "Add successfully", "", "");
        } else {
            return new JsonResultObject(null, "200", "", "20001", "fail to add");
        }
    }

    @DeleteMapping("/xbox/{id}")
    public String removeById(@PathVariable int id) {
        boolean deleteResult = xboxService.deleteById(id);
        if (deleteResult) {
            return "delete it successfully";
        } else {
            return "failed, unable to delete it!";
        }
    }

}
```

如果这时直接运行项目，则会报错，代码如下：

```
java.lang.TypeNotPresentException: Type [unknown] not present site:blog.csdn.net
```

需要添加 Spring Boot 针对 MyBatis 的依赖以及 MySQL 驱动，代码如下：

```
<dependency>
            <groupId>org.mybatis.spring.boot</groupId>
            <artifactId>mybatis-spring-boot-starter</artifactId>
            <version>2.1.1</version>
</dependency>
<dependency>
            <groupId>mysql</groupId>
            <artifactId>mysql-connector-java</artifactId>
            <version>5.1.46</version>
</dependency>
```

可能读者运行代码时会遇到其他奇怪的报错，如找不到 Mapper 之类的，千万不要怀疑自己需要使用 @MapperScan，很大可能是依赖之间版本冲突。

建议修改 spring-boot-starter-parent 为以下版本，然后重新 Maven 安装即可，代码如下：

```
<parent>
        <groupId>org.springframework.boot</groupId>
        <artifactId>spring-boot-starter-parent</artifactId>
        <version>2.1.8.RELEASE</version>
        <relativePath/> <!-- lookup parent from repository -->
</parent>
```

2.5.7　错误处理和正常返回

错误处理，对于这个 Xbox 业务可能遇到查询 id 无效、新增数据中有无效字段、无法删除无效数据等。

把这些错误类型编写成错误枚举类，然后再封装一个 BusinessException 类即可。这里不再赘述。

把之前封装的 ResultObject 直接拿来使用，搭配 Lombok 依赖来调整代码，代码如下：

📖 代码 2-21 pojotest/src/main/java/com/pojotest/pojotest/tools/JsonResultObject.java

```java
package com.pojotest.pojotest.tools;

import lombok.AllArgsConstructor;
import lombok.Data;
import lombok.NoArgsConstructor;

/**
 * 专门用于返回值的设定类
 */

@Data
@NoArgsConstructor
@AllArgsConstructor
public class JsonResultObject<T> {

    private T data;
    private String code;
    private String message;
    private String errorCode;
    private String errorMessage;

}
```

将之前 Controller 中的 getById 方法改为封装好的 JsonResultObject 方式返回，代码如下：

```java
@RequestMapping("/xbox/{id}")
public JsonResultObject getById(@PathVariable int id) {
    XboxGame xboxGame = xboxService.findById(id);
    return new JsonResultObject<XboxGame>(xboxGame, "200", "get the record",
"", "");
}
```

访问 http://localhost:8080/v1/xbox/1，返回如下，因为目前数据库没有数据，所以虽然 code 为 200，但是 data 字段是 null，代码如下：

```
{
data: null,
code: "200",
message: "get the record",
errorCode: "",
errorMessage: ""
}
```

当利用新增接口插入一条数据后，可以得到返回，代码如下：

```
{

{
    "data": {
        "id": 1,
        "name": "使命召唤",
        "publisher": "GM",
        "publish_no": "232341GT",
        "version": "v1.2.34",
        "price": 200,
        "publish_time": 1598879749
    },
    "code": "200",
    "message": "get the record",
    "errorCode": "",
    "errorMessage": ""
}
```

2.5.8　Postman 使用和测试接口

对于接口的测试推荐使用 Postman 来完成，它是一款开源的功能强大的测试工具。它作为 Chrome 的一款扩展工具，安装和使用都很方便。

一般情况下可通过软件商店进行在线安装该插件，如图 2.7 所示。

图 2.7　Chrome 安装 Postman 页面

Postman 使用非常简单，可以模拟 GET、POST、DELETE、PUT 等请求，全部是可视化操作，只需把请求地址和相关参数填写好即可。

首先创建获取列表的测试用例，如图 2.8 所示。

图 2.8　查询列表接口

只需填好 URL 并选择 GET 方式即可，单击 Send 按钮，则会有图 2.8 所示的结果显示在下方面板中具体如下：

　　同样的，根据 ID 查询的接口也是使用 GET 方式，将 URL 填写好，运行结果如图 2.9 所示。

图 2.9　根据 ID 查询

　　新增接口稍有不同，选择 POST 请求，并在 body 中选择 x-www-form-urlencoded 方式填写好需要传递的字段，如图 2.10 所示。

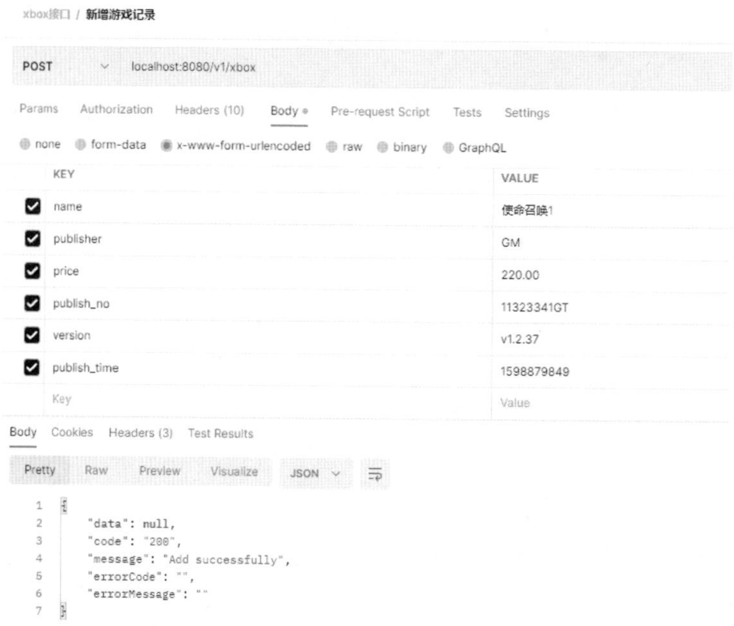

图 2.10　新增游戏接口

　　同样，删除也是一样的，使用 DELETE 请求方式，URL 填写好即可发送请求。由此看来，Postman 非常简单易用，只需编辑好请求参数和地址即可，不用多余的操作和设置，对于接口 API 的测试非常有效。

除此之外，Postman 还能自动生成不同编程语言发送请求的语句，单击右上角的 code 选项，如图 2.11 所示。其中包含几乎所有主流编程语言：Java、Golang、C#、PHP 等。

```
Code snippet

Java - OkHttp

1   OkHttpClient client = new OkHttpClient().newBuilder()
2     .build();
3   MediaType mediaType = MediaType.parse("application/x-www-form-urlencoded");
4   RequestBody body = RequestBody.create(mediaType, "name=使命召唤1&publisher=GM&price=220.00&publish_no=11323341GT&version=v1.2.37&
        publish_time=1598879849");
5   Request request = new Request.Builder()
6     .url("localhost:8080/v1/xbox")
7     .method("POST", body)
8     .addHeader("Content-Type", "application/x-www-form-urlencoded")
9     .build();
10  Response response = client.newCall(request).execute();
```

图 2.11　选择不同编程语言样例

2.6　JPA 方式实现 RESTful API

还有一种简单的方式实现 RESTful API，那就是用 JPA 方式。首先介绍一下 JPA，它是 Sun 公司推荐的 Java 持久化规范，为了简化 ORM 技术而产生。需要注意的是，它只是一套规范，不是一套具体的框架，只要符合这个规范的框架都可以被称为 JPA 框架。其中 Spring Boot 也有封装好的 spring-boot-starter-data-jpa。

新建项目 jpatest，对于 JPA 的安装也是在 pom.xml 中添加依赖，同时也加入数据库相关的依赖，代码如下：

```xml
<dependency>
        <groupId>org.springframework.boot</groupId>
        <artifactId>spring-boot-starter</artifactId>
</dependency>
<dependency>
        <groupId>org.springframework.boot</groupId>
        <artifactId>spring-boot-starter</artifactId>
</dependency>
<dependency>
        <groupId>org.springframework.boot</groupId>
        <artifactId>spring-boot-starter-data-jpa</artifactId>
</dependency>
<dependency>
        <groupId>org.springframework.boot</groupId>
        <artifactId>spring-boot-starter-data-rest</artifactId>
</dependency>
<dependency>
        <groupId>com.alibaba</groupId>
        <artifactId>druid</artifactId>
        <version>1.1.9</version>
</dependency>
<dependency>
        <groupId>mysql</groupId>
        <artifactId>mysql-connector-java</artifactId>
</dependency>
```

然后配置数据库配置和 druid 连接池配置，编写 application.yml 代码如下：

```
spring:
  datasource:
      url: jdbc:mysql://127.0.0.1: 3306/test_springboot?characterEncoding=UTF-
8&useSSL=false
      type: com.alibaba.druid.pool.DruidDataSource
      username: root
      password: 1234567qaz,TW
      driver-class-name: com.mysql.jdbc.Driver
  jpa:
      database: mysql
      show-sql: true # 打印 SQL, 只在测试阶段
      hibernate:
        ddl-auto: none
```

创建实体类，这里创建 Dao 层文件夹，编写 Book.java 作为实体类，代码如下：

📖 代码 2-22 jpatest/src/main/java/com/tony/jpatest/dao/Book.java

```java
package com.tony.jpatest.dao;

import jdk.jfr.DataAmount;

import javax.persistence.Entity;
import javax.persistence.GeneratedValue;
import javax.persistence.GenerationType;
import javax.persistence.Id;

@Entity(name = "my_comic_books")
public class Book {
    @Id
    @GeneratedValue(strategy = GenerationType.IDENTITY)
    private Integer int id;
    private String name;
    private String author;
    private float price;

    public int getId() {
        return id;
    }

    public void setId(int id) {
        this.id = id;
    }

    public String getName() {
        return name;
    }

    public void setName(String name) {
        this.name = name;
    }

    public String getAuthor() {
        return author;
    }

    public void setAuthor(String author) {
        this.author = author;
    }

    public float getPrice() {
        return price;
    }
```

```
    public void setPrice(float price) {
        this.price = price;
    }
}
```

然后创建一个接口 ComicBookRepository，代码如下：

📖 代码 2-23 jpatest/src/main/java/com/tony/jpatest/repositories/ComicBookRepository .java

```
package com.tony.jpatest.repositories;

import com.tony.jpatest.dao.Book;
import org.springframework.data.jpa.repository.JpaRepository;

public interface ComicBookRepository extends JpaRepository<Book, Integer> {
}
```

该接口默认继承 JpaRepository 中的方法，常用的方法，代码如下：

```
List<ComicBook> findAll() {
        return null;
    }

    @Override
    default List<ComicBook> findAll(Sort sort) {
        return null;
    }

    @Override
    default List<ComicBook> findAllById(Iterable<Integer> iterable) {
        return null;
    }

    @Override
    default <S extends ComicBook> List<S> saveAll(Iterable<S> iterable) {
        return null;
    }

    @Override
    default void flush() {

    }

    @Override
    default <S extends ComicBook> S saveAndFlush(S s) {
        return null;
    }

    @Override
    default void deleteInBatch(Iterable<ComicBook> iterable) {

    }

    @Override
    default void deleteAllInBatch() {

    }

    @Override
    default ComicBook getOne(Integer integer) {
        return null;
    }

    @Override
```

```
    default <S extends ComicBook> List<S> findAll(Example<S> example) {
        return null;
    }

    @Override
    default <S extends ComicBook> List<S> findAll(Example<S> example, Sort sort) {
        return null;
    }
}
```

当运行项目时，会有一个警告性报错，提示 com.mysql.jdbc.Driver 已经被废弃，代码如下：

```
Loading class 'com.mysql.jdbc.Driver'. This is deprecated. The new driver class
is 'com.mysql.cj.jdbc.Driver'. The driver is automatically registered via the SPI
and manual loading of the driver class is generally unnecessary.
```

根据上面的提示，把 application.yml 中的内容改为如下代码：

```
spring:
  datasource:
    url: jdbc:mysql://127.0.0.1:3306/test_springboot?characterEncoding=UTF-8&useSSL=false
    type: com.alibaba.druid.pool.DruidDataSource
    username: root
    password: 1234567qaz,TW
    # 驱动改为最新的
    driver-class-name: com.mysql.cj.jdbc.Driver
  jpa:
    show-sql: true # 打印 SQL，只在测试阶段
    hibernate:
      ddl-auto: create
```

当正常运行时，会有创建表的语句，该语句会被自动执行，且在数据库中创建了 my_comic_books 表。

```
Hibernate: drop table if exists my_comic_books
Hibernate: create table my_comic_books (id integer not null auto_increment,
author varchar(255), name varchar(255), price float not null, primary key (id))
engine=InnoDB
```

然后把配置中的 ddl-auto:create 改为 ddl-auto:none，以免被重复删表重建。JPA 生成的默认路由是实体类的名称小写的负数，如 books。

手动添加两条数据到数据库后，访问 http://localhost:8080/books，可以看到如图 2.12 所示的页面结果。并且会在控制后台看到 SQL 语句的输出，非常直观方便，debug 代码如下：

```
Hibernate: select book0_.id as id1_0_, book0_.author as author2_0_, book0_.name
as name3_0_, book0_.price as price4_0_ from my_comic_books book0_ limit ?
Hibernate: select count(book0_.id) as col_0_0_ from my_comic_books book0_
Hibernate: select book0_.id as id1_0_, book0_.author as author2_0_, book0_.name
as name3_0_, book0_.price as price4_0_ from my_comic_books book0_ limit ?
.....
```

需要注意的是当项目上线后，需要关闭这些 SQL 输出，只要把配置文件中的 show-sql 的值改为 false 即可。

同样，如果要根据 id 获取书籍信息，访问 http://localhost:8080/books/[id] 即可，如图 2.13 所示。

修改时默认使用 PUT 请求，所以请使用 Postman 完成该请求，在 Body 选项面板中选择 raw 方式即可，记得传参 id。

图 2.12　获取书籍列表

图 2.13　根据 ID 查询书籍

删除数据使用 DELTE 方式，在 Postman 中勾选该方法即可，还要传递要被删除的记录的 ID。

因为是自动化生成的，所以有许多其他的非数据本身的字段，如 _links 还有 page，都和资源有关。而且路由都是默认的规则，对 SEO 或者自定义路由不友好。其实也可以自定义路由，方法十分简单。对 ComicBookReposity 接口增加 @RepositoryRestResource 注解，这里设置 mybook 为路由名称，后面可以访问 http://localhost:8080/mybook 来替代原来的 http://localhost:8080/books。

```
@RepositoryRestResource(path = "mybook")
public interface ComicBookRepository extends JpaRepository<Book, Integer> {
}
```

除此之外，还可以增加其他配置，例如分页数、排序方式、是否增加请求前缀等，代码如下：

```
data:
    rest:
        # 设置每页记录数
        default-page-size: 2
        # 分页页码参数名
        page-param-name: page
        # 分页查询记录数参数名
        limit-param-name: size
        # 分页查询排序参数
        sort-param-name: sort
        # 请求路径前缀
        base-path: /v1/api
```

当重启项目后，访问路径增加了前缀 /v1/api，再次访问书籍列表接口需要访问这个链接：http://localhost:8080/v1/api/mybook。这些配置还可以写在代码中，只需编写一个类去实现 RepositoryRestConfigurer 接口，并重写 configureRepositoryRestConfiguration 方法，具体代码如下：

📖 代码 2-24 jpatest/src/main/java/com/tony/jpatest/configurations/MyRestConfig .java

```
package com.tony.jpatest.configurations;

import org.springframework.context.annotation.Configuration;
import org.springframework.data.rest.core.config.RepositoryRestConfiguration;
import org.springframework.data.rest.webmvc.config.RepositoryRestConfigurer;

@Configuration
public class MyRestConfig implements RepositoryRestConfigurer {
    @Override
    public void configureRepositoryRestConfiguration(RepositoryRestConfiguration config) {
        config.setPageParamName("page")
                .setLimitParamName("size")
                .setSortParamName("sort")
                .setDefaultPageSize(2)
                .setBasePath("/v1/api")
                .setReturnBodyOnCreate(true);
    }
}
```

代码的优先级高于配置文件，如果有这个文件，那么以这个文件的设置为准。

2.7　博客 RESTful API 接口开发

前面的案例一定让大家意犹未尽，穿插讲解了 POJO 模式下的 RESTful API 编程和使用 JPA 方式的 RESTful API 实践。其实 POJO 方式更为流行，因为可定制化开发更加容易，不想 JPA 接管太多细节和实现，不太方便二次开发或者深入开发。

开发者总是喜欢掌握一切的感觉，同样也热爱开源和分析，笔者打算用一个博客来做 RESTful API 开发，包含了文章管理和账号登录注册，由于只涉及接口 API，所以所有的前端请求都用 Postman 来进行模拟。

2.7.1　博客系统规划

首先需要规划一下有哪些接口，从博客文章角度来看，需要如下接口：
- 新增文章接口，传递参数有文章名称、作者名、分类、标签、内容、发布时间、修改时间字段。
- 修改文章接口，可以对上述的任意字段进行修改，当然逻辑上发布时间不能被修改。
- 查询文章列表接口，提供分页和不分页的两种数据返回。
- 查询文章详情接口，也就是根据文章 ID 来查询单篇文章接口。
- 删除文章接口，根据传递的文章 ID 删除文章，可以做成软删除，方便数据恢复，也就是有一个垃圾箱概念，建议不直接做物理删除。

由于 API 都是最基础的操作，所以不提供更复杂业务的接口，复杂业务可以在这些基础 API 的前提上自行定制化研发。

从用户登录管理角度，需要如下接口：
- 用户注册接口，需要填写用户名、密码、邮箱或手机、注册时间、账号状态、账号权限。
- 用户登录接口，通过密码和账号登录获取 Token。
- 用户退出接口，退出后注销相应的 Token。

简单整理一下，接口规划如图 2.14 所示。

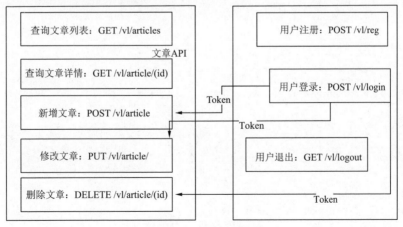

图 2.14　系统 API 设计

2.7.2 基础服务搭建

采用 Spring Boot +Druid+MyBatis+Redis+Tomcat 架构，首先安装相关依赖，如 pom. xml，代码如下：

```xml
<?xml version="1.0" encoding="UTF-8"?>
<project xmlns="http://maven.apache.org/POM/4.0.0" xmlns:xsi="http://www.
w3.org/2001/XMLSchema-instance"
         xsi:schemaLocation="http://maven.apache.org/POM/4.0.0 https://maven.
apache.org/xsd/maven-4.0.0.xsd">
    <modelVersion>4.0.0</modelVersion>
    <parent>
        <groupId>org.springframework.boot</groupId>
        <artifactId>spring-boot-starter-parent</artifactId>
        <version>2.3.3.RELEASE</version>
        <relativePath/> <!-- lookup parent from repository -->
    </parent>
    <groupId>com.freejava</groupId>
    <artifactId>myblog</artifactId>
    <version>0.0.1-SNAPSHOT</version>
    <name>myblog</name>
    <description>Demo project for Spring Boot</description>

    <properties>
        <java.version>1.8</java.version>
    </properties>

    <dependencies>
        <dependency>
            <groupId>org.springframework.boot</groupId>
            <artifactId>spring-boot-starter</artifactId>
        </dependency>

        <dependency>
            <groupId>org.springframework.boot</groupId>
            <artifactId>spring-boot-devtools</artifactId>
            <scope>runtime</scope>
            <optional>true</optional>
        </dependency>
        <dependency>
            <groupId>org.projectlombok</groupId>
            <artifactId>lombok</artifactId>
            <optional>true</optional>
        </dependency>
        <dependency>
            <groupId>com.auth0</groupId>
            <artifactId>java-jwt</artifactId>
            <version>3.4.0</version>
        </dependency>
        <!-- mybatis -->
        <dependency>
            <groupId>org.mybatis.spring.boot</groupId>
            <artifactId>mybatis-spring-boot-starter</artifactId>
            <version>1.1.1</version>
        </dependency>
        <!-- mysql -->
        <dependency>
            <groupId>mysql</groupId>
            <artifactId>mysql-connector-java</artifactId>
            <version>5.1.46</version>
        </dependency>
        <dependency>
```

```
            <groupId>org.springframework.boot</groupId>
            <artifactId>spring-boot-starter-test</artifactId>
            <scope>test</scope>
            <exclusions>
                <exclusion>
                    <groupId>org.junit.vintage</groupId>
                    <artifactId>junit-vintage-engine</artifactId>
                </exclusion>
            </exclusions>
        </dependency>
    </dependencies>

    <build>
        <plugins>
            <plugin>
                <groupId>org.springframework.boot</groupId>
                <artifactId>spring-boot-maven-plugin</artifactId>
            </plugin>
        </plugins>
    </build>
</project>
```

　　然后是数据库准备，单独创建一个 my_blogs 数据库，并创建 my_users 表和 my_articles 表、文章分类表 my_article_categories、权限表 my_roles。表的命名规则一般是"前缀 + 表名字复数形式"，要求语义明确，可读性强。

　　首先见表 2.1 创建 my_users 表。

表 2.1　my_users

字段	类型	长度	默认值	是否为空	索引	备注
id	int	11	无	否	主键，自增	主键 ID
name	varchar	80	无	否		账号名
password	varchar	100	无	否		密码
email	varchar	80	无	是		邮箱
role_id	int	11	无	否	外键	角色 ID
status	tinyint	2	无	否		状 态，1：正常，2：封禁
reg_time	int	11	无	否		注册时间

　　其中 role_id 是角色 ID，是对应的权限角色表 my_roles 中的主键，而 password 需要进行 md5 加密保存，所以把长度设置成 100 更为合理。

　　然后见表 2.2 创建文章表。

表 2.2　my_articles

字段	类型	长度	默认值	是否为空	索引	备注
id	int	11	无	否	主键，自增	主键 ID
title	varchar	80	无	否		标题
author	varchar	80	无	否		作者名
content	text		无	是		内容
category_id	int	11	无	否	外键	分类 ID
tags	varchar	3 00	无	否		标签，以逗号分隔
Is_deleted	tinyint	1	1			是否删除，1 表示未删除，2 表示删除
created	int	11	无	否		创建时间
modified	int	11	无	否		修改时间

其中 category_id 是外键，对应的是 my_article_cetegories 表中的主键。接下来见表 2.3 创建表 my_article_categories。

表 2.3 my_article_categories

字段	类型	长度	默认值	是否为空	索引	备注
id	int	11	无	否	主键，自增	主键 ID
name	varchar	80	无	否		分类名称
creator_id	int	11	无	否		创建人 ID
desc	varchar	500	无	是		分类描述
created	int	11	无	否		创建时间
modified	int	11	无	是		修改时间

creator_id 对应 my_users 表中的主键，也就是创建人的 ID。

最后见表 2.4 创建权限表 my_roles，为了简化，和文章分类表一样，这里不存在多级父子权限节点。

表 2.4 my_roles

字段	类型	长度	默认值	是否为空	索引	备注
id	int	11	无	否	主键，自增	主键 ID
name	varchar	80	无	否		分类名称
creator_id	int	11	无	否		创建人 ID
desc	varchar	500	无	是		分类描述
created	int	11	无	否		创建时间
modified	int	11	无	否		修改时间

根据上面的设计，在数据库中创建上面四个表即可。

然后开始创建 controller、pojo、mapper、services、interceptor 文件夹，分别存放控制器、POJO 类、Mapper 类、服务类、拦截器类。

如图 2.15 所示为本项目的目录结构。

图 2.15 项目结构

再创建 tools 文件夹，然后创建通用型 JSON 数据返回类，代码如下：

```
package com.freejava.myblog.tools;

import lombok.AllArgsConstructor;
```

```
import lombok.Data;
import lombok.NoArgsConstructor;

@Data
@NoArgsConstructor
@AllArgsConstructor
public class JsonResultObject<T> {
    private String code;
    private String message;
    private String errorMessage;
    private String errorCode;

    private T data;
}
```

保存登录密码在数据库也是 md5 加密的，而登录时会对明文传递的密码进行 md5 化，
所以需要创建 md5 工具类，代码如下：

```
package com.freejava.myblog.tools;
import org.springframework.stereotype.Component;

import java.math.BigInteger;
import java.security.MessageDigest;
import java.security.NoSuchAlgorithmException;

@Component
public class Md5Utils {
    /**
     * 将字符串 md5 化
     * @param plainText
     * @return
     */
    public static String stringToMD5(String plainText) {
        byte[] secretBytes = null;
        try {
            secretBytes = MessageDigest.getInstance("md5").digest(
                    plainText.getBytes());
        } catch (NoSuchAlgorithmException e) {
            throw new RuntimeException("没有这个 md5 算法！");
        }
        String md5code = new BigInteger(1, secretBytes).toString(16);
        for (int i = 0; i < 32 - md5code.length(); i++) {
            md5code = "0" + md5code;
        }
        return md5code;
    }
}
```

然后创建错误枚举类，代码如下：

```
package com.freejava.myblog.tools;

import lombok.AllArgsConstructor;

@AllArgsConstructor
public enum  ErrorEnum {
    BAD_PARAM("1002", "参数有错"),
    NOT_FOUND( "1003", "资源不存在"),
    NO_PERMISSION( "1004", "权限不足"),
    BAD_INPUT_PARAM("1005", "入参有问题");


    private String errorMsg;
    private String errorCode;
```

```java
    public String getErrorMsg() {
        return errorMsg;
    }

    public void setErrorMsg(String errorMsg) {
        this.errorMsg = errorMsg;
    }

    public String getErrorCode() {
        return errorCode;
    }

    public void setErrorCode(String errorCode) {
        this.errorCode = errorCode;
    }
}
```

数据库连接配置，代码如下：

```yaml
server:
  port: 8080
spring:
  redis:
    host: 127.0.0.1
    port: 6379
    database: 0
    jedis:
      pool:
        max-active: 50
        max-idle: 20
        max-wait: 3000
        min-idle: 2
    timeout: 5000
  datasource:
    url: jdbc:mysql://127.0.0.1:3306/test_myblog?characterEncoding=UTF-8&useSSL=false
    username: root
    password: 1234567qaz,TW
    driver-class-name: com.mysql.jdbc.Driver
    druid:
      initial-size: 5
      min-idle: 5
      max-active: 20
      test-while-idle: true
      test-on-borrow: false
      test-on-return: false
      pool-prepared-statements: true
      max-pool-prepared-statement-per-connection-size: 20
      max-wait: 60000
      time-between-eviction-runs-millis: 60000
      min-evictable-idle-time-millis: 30000
      filters: stat
      async-init: true
        connection-properties: druid.stat.mergeSql=true;druid.stat.SlowSqlMills=5000
      monitor:
        allow: 127.0.0.1
        loginUsername: admin
        loginPassword: admin
        resetEnable: false

  swagger:
    enable: true
```

```
mybatis:
  configuration:
    mapUnderscoreToCamelCase: true
#security:
#  basic:
#    enabled: false
```

除了数据库服务外，还需要 Redis 服务。Redis 是一款高性能的 Key/Value 数据库，安装方式很简单：从官网下载相应安装包即可。

Windows 环境下有 exe 的安装包，可以一键式完成安装。

而 Linux 或者 Mac OS 下就是 tar.gz 包，解压后，运行有关 .sh 文件即可。笔者编写了一个 shell 脚本用于安装，代码如下：

```
tar xvf redis-5.0.5.tar.gz
sudo mv redis-5.0.5 /usr/local/
cd /usr/local/redis-5.0.5/
sudo make test
sudo make install
```

运行 redis-server 命令，则可以看到如图 2.16 所示的界面，代表已经成功运行服务了。

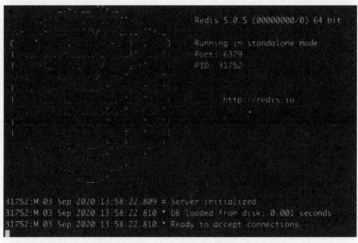

图 2.16　redis-server 运行

2.7.3　登录接口

登录接口主要是传递参数账号和密码，然后通过和数据的匹配，完成认证并返回 Token。这个 Token 有一定的有效时间限制，且用于发布文章等接口的权限操作。

由于登录参数可以对象化，所以创建 loginUser 类，代码如下：

📖 代码 2-25 /freejava/myblog/tools/LoginUser.java

```
package com.freejava.myblog.tools;

import lombok.AllArgsConstructor;
import lombok.Data;
import lombok.NoArgsConstructor;

/**
 * 登录接口参数类
 */
```

```
@Data
@AllArgsConstructor
@NoArgsConstructor
public class LoginUser {
    // 登录账号
    private String username;
    // 登录密码
    private String password;
}
```

创建 my_users 表对应的 POJO 类，具体代码如下：

📖 代码 2-26 myblog/src/main/java/com/freejava/myblog/pojo/MyUser.java

```
package com.freejava.myblog.pojo;

import lomrolebok.AllArgsConstructor;
import lombok.Data;
import lombok.NoArgsConstructor;

@Data
@NoArgsConstructor
@AllArgsConstructor
public class MyUser {
    private int id;
    private String name;
    private String password;
    private String email;
    private int roleId;
    private String status;
    private int regTime;
}
```

创建 my_users 表对应的 Mapper 类，具体代码如下：

📖 代码 2-27 myblog/src/main/java/com/freejava/myblog/mapper/MyUserMapper.java

```
package com.freejava.myblog.mapper;

import com.freejava.myblog.pojo.MyUser;
import com.freejava.myblog.tools.LoginUser;
import org.apache.ibatis.annotations.Insert;
import org.apache.ibatis.annotations.Mapper;
import org.apache.ibatis.annotations.Select;

import java.util.List;

@Mapper
public interface MyUserMapper {
    @Select("SELECT * FROM my_users order by reg_time desc")
    List<MyUser> findAll();

    @Select("SELECT * FROM my_users WHERE id = #{id}")
    MyUser findById(int id);

    @Select("SELECT * FROM my_users WHERE name = #{name}")
    MyUser findByName(String name);

    @Select("UPDATE my_users set status = 2 WHERE id= #{id}")
    MyUser deleteUser(int id);

    @Insert("INSERT my_users(name, password, email, role_id, status, reg_time)
values(#{name}, #{password}, #{email}, #{roleId}, #{status}, #{regTime})")
    boolean add(MyUser myUser);
```

```
        @Select("SELECT id FROM my_users WHERE name=#{name} and password
=#{password}")
        Integer doLogin(LoginUser loginUser);
    }
```

编写对应的 Service 文件，代码如下：

📖 代码 2-28　/myblog/services/LoginService.java

```java
package com.freejava.myblog.services;

import com.freejava.myblog.mapper.MyUserMapper;
import com.freejava.myblog.pojo.MyUser;
import com.freejava.myblog.tools.ErrorEnum;
import com.freejava.myblog.tools.JsonResultObject;
import com.freejava.myblog.tools.LoginUser;
import org.springframework.beans.factory.annotation.Autowired;
import org.springframework.stereotype.Service;

@Service
public class LoginService {

    @Autowired
    MyUserMapper myUserMapper;

    public JsonResultObject doLogin(LoginUser loginUser) {
        JsonResultObject result = new JsonResultObject();
        ErrorEnum enum1 = ErrorEnum.valueOf(ErrorEnum.class, "PASSWORD_OR_
USERNAME_WRONG");

        result.setCode("200");
        result.setMessage("");
        result.setErrorCode("");
        result.setErrorMessage("");
        try {
            Integer userId = myUserMapper.doLogin(loginUser);
            if (userId == null) {
                result.setErrorMessage("用户名或者密码错误");
                result.setErrorCode(enum1.getErrorCode());
                result.setErrorMessage(enum1.getErrorMsg());
            } else {
                result.setMessage("登录成功");
            }
        } catch (Exception e) {
            result.setCode("500");
            result.setErrorCode("100211");
            result.setErrorMessage(e.getMessage());
        }

        return result;
    }

}
```

登录完成后生成 Token，于是编写一个用于 Token 生成的 Service 类，代码如下：

📖 代码 2-29　/myblog/services/TokenService.java

```java
package com.freejava.myblog.services;

import com.auth0.jwt.JWT;
import com.auth0.jwt.algorithms.Algorithm;
import com.freejava.myblog.pojo.MyUser;
import org.springframework.stereotype.Service;
```

```
import java.util.Date;

@Service
public class TokenService {
    public String getToken(MyUser user) {
        String token = "";
        // Only 1 hour is valid period
        Date start = new Date();
        long currentTime = System.currentTimeMillis() + 60*60*1000;
        Date end = new Date(currentTime);
        token = JWT.create()
.withAudience(String.valueOf(user.getId()))
.withIssuedAt(start).withExpiresAt(end)
.sign(Algorithm.HMAC256(user.getPassword() + "MText!76&sQ^"));

        return token;
    }
}
```

下面继续编写处理注册和登录功能的 Controller，由于操作的实体类都和 my_users 表有关，所以命名为 UserController，代码如下：

📖 代码 2-30 /myblog/controller/UserController .java

```
package com.freejava.myblog.controller;

import com.alibaba.fastjson.JSONObject;
import com.freejava.myblog.pojo.MyUser;
import com.freejava.myblog.services.TokenService;
import com.freejava.myblog.services.UserService;
import com.freejava.myblog.tools.JsonResultObject;
import com.freejava.myblog.tools.LoginUser;
import org.omg.Messaging.SYNC_WITH_TRANSPORT;
import org.springframework.beans.factory.annotation.Autowired;
import org.springframework.web.bind.annotation.PostMapping;
import org.springframework.web.bind.annotation.RequestBody;
import org.springframework.web.bind.annotation.RequestMapping;
import org.springframework.web.bind.annotation.RestController;

@RestController
@RequestMapping("/v1")
public class UserController {

    @Autowired
    UserService userService;
    @Autowired
    TokenService tokenService;

    @PostMapping("/register")
    public JsonResultObject register(@RequestBody MyUser user) {
        return userService.register(user);
    }

    @PostMapping("/login")
    public JsonResultObject login(@RequestBody LoginUser loginUser) {

        JsonResultObject result = userService.login(loginUser);

        if (result.getErrorMessage() != "") {
            return result;
        } else {
            String token = tokenService.getToken((MyUser) result.getData());
            JSONObject returnOject = new JSONObject();
```

```
                returnObject.put("token", token); // {token: "sdfdsfewaefraera2332343dc"}
                result.setData(returnObject); // 把 token 放入返回的 json 对象中的 data 部分
                return result;
            }
        }
    }
```

在 UserController 中定义了注册接口 /register 和登录接口 /login，把更多的业务逻辑封装在 UserService 中，而让 Controller 中只做服务调用操作，以达到业务解耦的作用。而 UserService 中的代码也很清晰。

📖 代码 2-31 /src/main/java/com/freejava/myblog/services/UserService.java

```java
package com.freejava.myblog.services;

import com.freejava.myblog.mapper.MyUserMapper;
import com.freejava.myblog.pojo.MyUser;
import com.freejava.myblog.tools.ErrorEnum;
import com.freejava.myblog.tools.JsonResultObject;
import com.freejava.myblog.tools.LoginUser;
import com.freejava.myblog.tools.Md5Utils;
import org.springframework.beans.factory.annotation.Autowired;
import org.springframework.stereotype.Service;

@Service
public class UserService {

    @Autowired
    MyUserMapper myUserMapper;

    /**
     * 注册
     * @param myUser 传递的用户数据
     * @return JsonResultObject
     */
    public JsonResultObject register(MyUser myUser) {
        // md5 处理密码
        String password = Md5Utils.stringToMD5(myUser.getPassword());
        myUser.setPassword(password);
        long unixTime = System.currentTimeMillis() / 1000L;
        int nowUnixTime = (int) unixTime;
        myUser.setRegTime(nowUnixTime);

        boolean addResult = myUserMapper.add(myUser);


        // 初始化 Json 返回对象
        JsonResultObject jsonResult = this.initJsonResultObject();

        if (addResult) {
            jsonResult.setMessage("新建用户成功");
        } else {
            jsonResult.setErrorMessage("创建用户失败，请稍后重试");
            jsonResult.setErrorCode("202323");
        }

        return jsonResult;

    }
    public JsonResultObject login(LoginUser loginUser) {


        JsonResultObject result = this.initJsonResultObject();
```

```
        ErrorEnum enum1 = ErrorEnum.valueOf(ErrorEnum.class, "PASSWORD_OR_
USERNAME_WRONG");

        try {
            // md5 处理密码
            String password = Md5Utils.stringToMD5(loginUser.getPassword());
            loginUser.setPassword(password);
            Integer userId = myUserMapper.doLogin(loginUser);
            if (userId == null) {
                result.setErrorMessage("用户名或者密码错误");
                result.setErrorCode(enum1.getErrorCode());
                result.setErrorMessage(enum1.getErrorMsg());
            } else {
                // 创建一个 MyUser 对象
                MyUser currentUser =  new MyUser();
                currentUser.setId(userId);
                currentUser.setPassword(password);
                currentUser.setName(loginUser.getName());
                result.setData(currentUser);
                result.setMessage("登录成功");
            }
        } catch (Exception e) {
            result.setCode("500");
            result.setErrorCode("100211");
            result.setErrorMessage(e.getMessage());
        }

        return result;
    }

    public JsonResultObject initJsonResultObject() {
        JsonResultObject result = new JsonResultObject();
        result.setCode("200");
        result.setMessage("");
        result.setErrorCode("");
        result.setErrorMessage("");
        return result;
    }

}
```

Service 中就具体针对注册和登录的业务进行实现，在注册时会将传递过来的明文密码进行 md5 加密，然后组装完成 MyUser 对象后写入数据库。如果注册成功，则会返回如下内容：

```
{
    "code": "200",
    "message": "新建用户成功",
    "errorMessage": "",
    "errorCode": "",
    "data": null
}
```

而在登录时也会对传递的明文密码进行加密，去数据库中根据账号和密码进行匹配，如果通过验证，则会生成一个 Token，并返回 Json 数据，代码如下：

```
{
    "code": "200",
    "message": "登录成功",
    "errorMessage": "",
    "errorCode": "",
    "data": {
```

```
        "token": "eyJ0eXAiOiJKV1QiLCJhbGciOiJIUzI1NiJ9.eyJhdWQiOiIyIiwiZXhwIjox
NTk5MzYyMjA4LCJpYXQiOjE1OTkzNTg2MDh9.6GE3e3QlUqVa6pqBmnnrdUvoqKT-C5E_HJuiHWU_0fc"
    }
}
```

2.7.4　新增文章接口

完成了登录注册功能后，可以动手编写文章相关的接口，先从新增文章开始。还没有忘记本章开头的接口交互图吧，所谓：没有规矩，不成方圆。在编写具体逻辑之前，还需要考虑一个前提条件：必须是登录的用户才能进行发布文章，所以该接口需要进行 Token 验证，毕竟不是谁都能直接发布文章的，不然乱套了。

有人可能会想在接口逻辑中对 Header 中的 Token 进行检查，把判断写在 Controller 中，这相当于hard code，恕我直言，处理得不够优雅。这时，在2.4节讲过的拦截器就可以派上用场。分别编写 UserLoginToken 和 PassToken 以及相关拦截器，由于写法类似，参考 2.4.4 节即可，这里不再赘述。

从现实的角度上来编程，应该先从 POJO 开始编写，创建 my_articles 对应的 MyArticle.java 文件，代码如下：

📖 代码 2-32　/src/main/java/com/freejava/myblog/pojo/MyArticle.java

```java
package com.freejava.myblog.pojo;

import lombok.AllArgsConstructor;
import lombok.Data;
import lombok.NoArgsConstructor;

@Data
@NoArgsConstructor
@AllArgsConstructor
public class MyArticle {
    // 文章ID
    private int id;
    // 文章标题
    private String title;
    // 文章作者
    private String author;
    // 文章内容
    private  String content;
    // 文章分类ID
    private int categoryId;
    // 标签 以逗号分隔
private String tags;
// 是否删除 1表示未删除，2表示已删除
private int is_deleted;
    // 创建时间
    private int created;
    // 修改时间
    private int modified;
}
```

然后在 MyArticleMapper.java 编写新建文章方法，代码如下：

```java
package com.freejava.myblog.mapper;

import com.freejava.myblog.pojo.MyArticle;
import org.apache.ibatis.annotations.Insert;
import org.apache.ibatis.annotations.Mapper;
```

```
@Mapper
public interface MyArticleMapper {
    // 新建文章
    @Insert("INSERT my_articles(title, author, content, category_id,
tags, created) values(#{title}, #{author}, #{content}, #{categoryId}, #{tags},
#{created})")
    boolean add(MyArticle myArticle);
}
```

下一步创建对应的 ArticleService.java，增加 add 方法，代码如下：

```
package com.freejava.myblog.services;

import com.freejava.myblog.mapper.MyArticleMapper;
import com.freejava.myblog.pojo.MyArticle;
import org.springframework.beans.factory.annotation.Autowired;
import org.springframework.stereotype.Service;

@Service
public class ArticleService {

    @Autowired
    MyArticleMapper myArticleMapper;
    // 创建文章
    public boolean add(MyArticle myArticle) {
        long unixTime = System.currentTimeMillis() / 1000L;
        int nowUnixTime = (int) unixTime;
        myArticle.setCreated(nowUnixTime);
        return myArticleMapper.add(myArticle);
    }

}
```

最后创建 Controller，只写一个创建文章的接口，代码如下：

```
package com.freejava.myblog.controller;

import com.freejava.myblog.pojo.MyArticle;
import com.freejava.myblog.services.ArticleService;
import com.freejava.myblog.tools.ErrorEnum;
import com.freejava.myblog.tools.JsonResultObject;
import org.springframework.beans.factory.annotation.Autowired;
import org.springframework.web.bind.annotation.PostMapping;
import org.springframework.web.bind.annotation.RequestBody;
import org.springframework.web.bind.annotation.RequestMapping;
import org.springframework.web.bind.annotation.RestController;

@RestController
@RequestMapping("/v1")
public class ArticleController {
    @Autowired
    ArticleService articleService;

    @PostMapping("/article")
    public JsonResultObject add(@RequestBody MyArticle myArticle) {
        boolean addResult = articleService.add(myArticle);
        if (addResult) {
            return new JsonResultObject("200", "新发布文章成功！", "", "", null);
        } else {
            ErrorEnum enum1 = ErrorEnum.valueOf(ErrorEnum.class, "BAD_PARAM");
            return new JsonResultObject("200", "新发布文章失败！", enum1.
getErrorMsg(), enum1.getErrorCode(), null);
        }
    }
}
```

运行项目，然后使用 Postman 进行测试，使用 raw 方式，并在 header 头中设置 Content-Type:application/json，结果如图 2.17 所示。

图 2.17　新增文章接口

其实仔细思考一下，上面在处理入库的数据时没有做一些必要的检查，比如文章标题和作者名不能为空，还有分类的话也是必需的。为了实现这些字段检查，可以使用一些好用的注解，如 @NotNull 和 @NotBlank，完整的 POJO 对象 MyArticle.java 代码如下：

```java
package com.freejava.myblog.pojo;

import lombok.AllArgsConstructor;
import lombok.Data;
import lombok.NoArgsConstructor;

import javax.validation.constraints.NotBlank;
import javax.validation.constraints.NotNull;

@Data
@NoArgsConstructor
@AllArgsConstructor
public class MyArticle {
    // 文章 ID
    private int id;
    // 文章标题
    @NotBlank(message = "文章标题不能是空")
    private String title;
    // 文章作者
    @NotBlank(message = "作者名不能是空")
    private String author;
    // 文章内容
```

```
        @NotBlank(message = "文章内容不能是空")
    private  String content;
    // 文章分类 ID
    @NotNull(message = "分类 ID 不能为空")
    private int categoryId;
    // 标签 以逗号分隔
private String tags;
// 是否删除 1 表示未删除, 2 表示已删除
private int is_deleted;
    // 创建时间
    private int created;
    // 修改时间
    private int modified;
}
```

然后在 ArticleController 中的接口入参增加 @Validated 注解，并引入对应依赖，代码如下：

```
@PostMapping("/article")
public JsonResultObject add(@Validated  @RequestBody MyArticle myArticle) {
    // other codes
}
```

由于我们使用的版本的 Spring Boot 2.3.3.RELEASE，所以需要手动加入依赖包，代码如下：

```
<dependency>
        <groupId>org.hibernate.validator</groupId>
        <artifactId>hibernate-validator</artifactId>
        <version>6.0.17.Final</version>
        <scope>compile</scope>
</dependency>
```

安装好依赖后，再对 Controller 的接口增加验证接口的判断，默认会把处理结果传给 BindingResult 对象，最后将错误信息赋值给最终的 JsonResultObject 对象中，代码如下：

```
    @PostMapping("/article")
        public JsonResultObject add(@Validated  @RequestBody MyArticle myArticle,
BindingResult bindingResult) {
            try {
                if (bindingResult.hasErrors()) {
                        return new JsonResultObject("400", "新发布文章失败！",
bindingResult.getFieldError().getDefaultMessage(), "Bad Params", null);
                }
                boolean addResult = articleService.add(myArticle);
                if (addResult) {
                    return new JsonResultObject("200", "新发布文章成功！", "", "", null);
                } else {
                    ErrorEnum enum1 = ErrorEnum.valueOf(ErrorEnum.class, "BAD_PARAM");
                        return new JsonResultObject("200", "新发布文章失败！", enum1.
getErrorMsg(), enum1.getErrorCode(), null);
                }
            } catch (Exception e) {
                return new JsonResultObject("400", "新发布文章失败！", e.getMessage(),
"Bad Params", null);
            }
        }
```

重启服务后，再尝试不填写 author 字段来请求该新增文章接口，会看到如图 2.18 所示的报错返回。

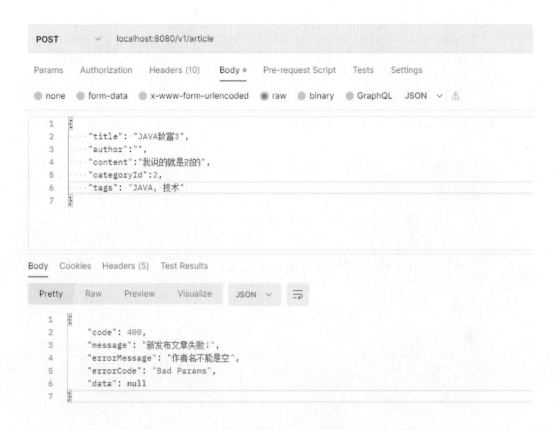

图 2.18　Validate 失败报错

可见 @NotBlank 注解在 author 字段上生效，没有设置文章作者名会报错提示："作者名不能是空"。更多的验证标签，请读者自行查阅文档。

这时再添加 @UserLoginToken 到接口上就可以实现 Token 验证，这个小节的重点是在新建文章和数据验证上，所以先实现最重要的功能，最后加上 Token 验证即可。

2.7.5　查询文章接口

相比新增文章接口，查询文章接口就比较简单，不用进行 Token 验证。查询分为两种：一种是查询文章列表，另一种是查询文章详情。

先在 Controller 文件中编写获取文章列表的接口，具体代码如下：

```
// 获取文章列表 不分页
@RequestMapping("/articles")
public JsonResultObject getAll() {

    List<MyArticle> articles = articleService.findAll();
    JsonResultObject result = new JsonResultObject("200", "get  articles",
"" , "", articles);

    return result;
}

// 获取文章列表 不分页
@RequestMapping("/articles/{pageNum}")
```

```
public JsonResultObject getListByPageNum(@PathVariable int pageNum) {
    List<MyArticle> articles = articleService.getListByPageNum(pageNum);
    JsonResultObject result = new JsonResultObject("200", "get articles",
"" , "", articles);

    return result;
}
```

相比新增文章接口，查询文章接口就比较简单，不用进行 Token 验证，先编写一个不分页的接口，代码如下：

```
// 获取文章列表 不分页
@RequestMapping("/articles")
public JsonResultObject getAll() {

    List<MyArticle> articles = articleService.findAll();
    JsonResultObject result = new JsonResultObject("200", "get articles",
"" , "", articles);

    return result;
}

// 获取文章列表 不分页
@RequestMapping("/articles/{pageNum}")
public JsonResultObject getListByPageNum(@PathVariable int pageNum) {
    List<MyArticle> articles = articleService.getListByPageNum(pageNum);
    JsonResultObject result = new JsonResultObject("200", "get articles",
"" , "", articles);

    return result;
}
```

然后在对应的 Service 文件中增加对应方法，代码如下：

```
// 获取文章列表 不分页
public List<MyArticle> findAll() {
    return myArticleMapper.findAll();
}

// 获取文章列表 分页
public List<MyArticle> getListByPageNum(int pageNum) {
    if (pageNum <= 0) {
        pageNum = 1;
    }
    int offset = (pageNum - 1) * 30;
    return myArticleMapper.getListByPageNum(offset);
}
```

最后在对应的 Mapper 文件中增加对应方法，代码如下：

```
// 查询文章列表 不分页
@Select("SELECT * FROM my_articles WHERE is_deleted = 1")
List<MyArticle> findAll();

// 查询文章列表 分页
@Select("SELECT * FROM my_articles WHERE is_deleted = 1 limit #{offset}, 30")
List<MyArticle> getListByPageNum(int offset);
```

重启项目后，访问 http://localhost:8080/v1/articles，显示界面如图 2.19 所示。

图 2.19　不分页查询

如果要进行分页查询，则访问 http://localhost:8080/v1/articles/3 即可。

然后在编写获取文章详情的接口。

```
@RequestMapping("/article/{id}")
    public JsonResultObject detail(@PathVariable int id) {
        MyArticle article = articleService.detail(id);
        JsonResultObject result = new JsonResultObject("200", "get  articles",
"" , "", article);

        return result;
    }
```

对应的 Service 中代码如下：

```
// 文章详情
    public MyArticle detail(int id) {
        return myArticleMapper.detail(id);
    }
}
```

对应的 Mapper 中代码如下：

```
// 获取文章详情
    @Select("SELECT * FROM my_articles WHERE id=#{id}")
MyArticle detail(int id);
```

用 Postman 测试一下，效果如图 2.20 所示。

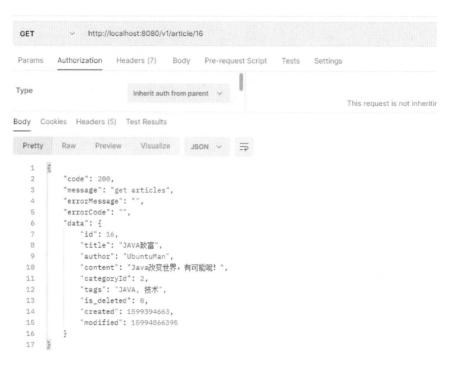

图 2.20　文章详情

2.7.6　修改文章接口

修改文章需要传递包含 id 在内的文章数据，先编写 POJO 的修改文章。

```
// 更新文章
    @Update("UPDATE my_articles set author=#{author}, content=#{content},
category_id=#{categoryId}, tags = #{tags}, modified=#{modifeid} WHERE id=#{id}")
    public boolean update(MyArticle myArticle);
```

Service 文件中只需添加如下代码调用即可。

```
// 修改文章
    public boolean update(MyArticle myArticle) {
        return myArticleMapper.update(myArticle);
    }
```

在 Controller 中完成业务判断和调用，和 add 方法类似，只是使用的注解是 @PutMapping，说明必须用 PUT 请求来访问这个接口。

```
    @PutMapping("/article")
    @UserLoginToken
    public JsonResultObject update(@Validated @RequestBody MyArticle myArticle,
BindingResult bindingResult) {
        if (bindingResult.hasErrors()) {
            return new JsonResultObject("400", "修改文章失败！", bindingResult.
getFieldError().getDefaultMessage(), "40002", null);
        } else {
            if (myArticle.getId() == 0) {
                return new JsonResultObject("400", "修改文章失败！", "no Id",
"40003", null);
            } else {
                boolean updateResult = articleService.update(myArticle);
```

```
                    if (updateResult) {
                     return new JsonResultObject("200", "修改文章成功！", "", "", null);
                    } else {
                            ErrorEnum enum1 = ErrorEnum.valueOf(ErrorEnum.class, "BAD_
PARAM");
                            return new JsonResultObject("200", "修改文章失败！", enum1.
getErrorMsg(), enum1.getErrorCode(), null);
                    }
                }
            }
        }
```

由于是 PUT 请求，所以还是使用 Postman 来测试更方便，记得在 Header 中带上 Token 参数，请求结果如图 2.21 所示。

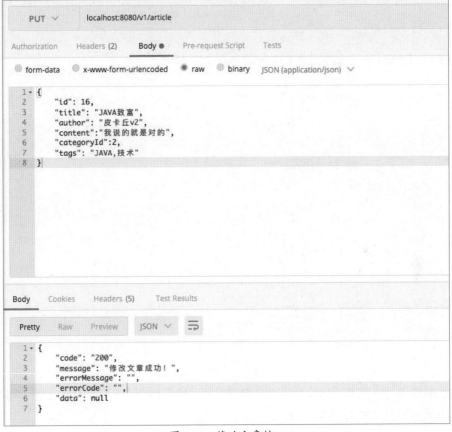

图 2.21　修改文章接口

2.7.7　删除文章接口

删除文章实际上是修改 is_deleted 字段为 2，是一种软删除，还是先在 Mapper 文件中编写删除的映射方法，代码如下：

```
// 删除文章 软删除
    @Update("UPDATE my_articles set is_deleted = 2 WHERE id=#{id}")
public boolean delete(int id);
```

然后在 Service 文件中增加调用的方法，代码如下：

```
// 删除
    public boolean delete(int id){
        return myArticleMapper.delete(id);
}
```

最后在 Controller 文件中增加删除的路由和调用代码。

```
@DeleteMapping("/article/{id}")
    public JsonResultObject delete(@PathVariable int id) {
        boolean deleteResult = articleService.delete(id);
        if (deleteResult) {
            return new JsonResultObject("200", "删除文章成功！", "", "", null);
        } else {
            ErrorEnum enum1 = ErrorEnum.valueOf(ErrorEnum.class, "BAD_PARAM");
                return new JsonResultObject("200", "删除文章失败！", enum1.
getErrorMsg(), enum1.getErrorCode(), null);
            }
```

还是使用 Postman 来测试该接口，结果如图 2.22 所示。

图 2.22　删除文章

由于篇幅所限以及为了展示开发过程中的迭代，所以没有把完整的代码全部写出来，完整代码请参考章节的配套代码。

2.8　小结

本章以一个较为完整的博客系统为案例，详细介绍了一个 RESTful API 是如何搭建的过程。在鉴权方面使用了流行的 JWT Token 验证方式，自行封装通用返回数据和拦截器。学习 MVC 规范化编程，将更多的业务封装在 Service 层，利用 MyBatis 做数据持久层，在后续章节会更加详细地介绍相关技术，这里只做使用上的简单介绍。这些技术都是和 Spring Boot 进行集成的效果，可以在后面的章节中系统学习。

对于这个项目还有很多可以思考的问题，下面来梳理一下：

（1）可以考虑把权限设计得更为精细，比如一些文章可以给付费用户看，一些文章可以免费提供给任何人看。一部分文章可以被管理员修改，而一部分文章只能被超级管理员修改。

（2）文章的状态可以更多样，比如待发布、已发布、审核中等。

（3）对于错误返回可以封装成单独的工具类，不用所有情况都使用 JsonResultObject。

（4）在本章开头引入了 Redis，但最终没有使用到，可以思考在一些数据上增加 Redis 缓存来提高接口性能。

## 第 3 章

Spring Boot 数据持久化技术

数据持久化，也就是通过数据库技术来保存数据。对应的 Java Web 开发中也有持久层的概念，通过持久层框架和库来操作数据库，通过简单的配置就能进行查询、修改、删除等操作，完成相关业务数据的存储。如果读者以前开发过 SSH 的项目一定用过 Hibernate 作为持久层的技术解决方案，如图 3.1 所示。

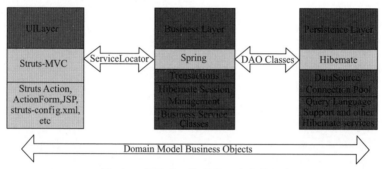

图 3.1　表现层、持久层、业务层示意

而其他常见的持久层框架有 MyBatis、jdbcTemplate、JPA 等，其中 MyBatis 是比较流行的持久化框架。关于 Spring Boot 持久层操作数据库的过程如图 3.2 所示，其中也包括对 no-sql 的使用。关系型数据和非关系型数据在实际工作中大概率都会遇到，特别是互联网企业，在热数据方面会使用 no-sql 技术来存储，例如电商中的秒杀、快速变化的积分、库存数量、微博的热门点击数据等。可以使用的技术有 MongoDB、Redis、Memcache 等，特别是 MongoDB 的文档化数据更有利于做分布式存储数据。

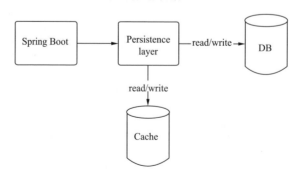

图 3.2　持久层操作数据库和缓存服务

本章主要涉及的知识点如下：
● MyBatis 基本用法，包括动态 SQL、注解方式以及复杂查询。
● jdbcTemplate 基础使用和复杂查询用法。
● JPA 从基础使用到实战案例。
● 多数据源搭建，针对 Druid 整合到项目。
● Redis 缓存服务搭建，从基本用法到项目实践。
● MongoDB 基础用法以及复杂管道和聚合查询实例。

3.1　MyBatis 整合

MyBatis 是一款功能强大的持久层框架，于 2010 年由 apache software foundation 发起，后迁移到 github。它可以替代几乎所有烦琐的 jdbc 操作，通过 XML 或者注解方式来配置和完成 SQL 操作，简单到开箱即用，支持从简单到复杂的 SQL 查询以及更高级的使用。

3.1.1　MyBatis 介绍和安装

和在 SSM 框架中的使用不同，在 Spring Boot 中做了一系列自动化配置的优化方案。笔者根据使用的经验，总结 MyBatis 的特点如下：
● 开源、免费。
● 利用磁盘存储数据文件，例如 MySQL。
● 使用方便，容易入门。
● 对 JDBC 操作完全封装，使用灵活，且可以自定义 SQL。
● 专注于业务和 SQL，不用关心其他数据操作过程细节。

推荐使用 maven 方式安装 mybatis-springboot-starter 依赖，封装更加完美。安装方式也非常简单，可以通过 maven 方式在创建好的 Spring Boot 项目中，添加依赖，包括 MyBatis 和 MySQL，代码如下：

　📖 代码 3-1　3.1/dataopt/pom.xml

```
<dependency>
    <groupId>org.mybatis.spring.boot</groupId>
    <artifactId>mybatis-spring-boot-starter</artifactId>
    <version>1.3.2</version>
</dependency>
<dependency>
    <groupId>mysql</groupId>
    <artifactId>mysql-connector-java</artifactId>
    <version>5.1.46</version>
</dependency>
```

笔者使用的是 IntelliJ IDEA 开发编辑器，可以很方便地通过 GUI 去安装依赖，如果使用的 Eclipse 或者其他编辑器，方法类似，或者使用 mvn 命令也可以完成。

3.1.2 XML 方式映射

MyBatis 可以通过 XML 进行配置，完成 CURD 相关操作的语句映射，还包括 Dao 层数据属性的映射配置等。假设新建一个用户表 spring_users，代码如下：

```
create database my_spring;
#使用数据库
use my_spring;
#创建表,
create table spring_user (
  ID INT(11) PRIMARY KEY AUTO_INCREMENT,
  USERNAME VARCHAR(18) DEFAULT NULL,
  RANK TINYINT(2) DEFAULT NULL,
  CREATED INT(11) NOT NULL
)
```

然后编写对应的 POJO 对象，代码如下：

📖 代码 3-2　3.1/dataopt/pojo/User.java

```java
package com.practicespringboot.dataopt.pojo;

public class User {
    private int id;
    private String username;
    private short rank;
  private int created;

    // 构造函数
    public User(int id, String username, short rank, int created) {
        this.id = id;
        this.username = username;
        this.rank = rank;
        this.created = created;
    }

    public int getId() {
        return id;
    }

    public String getUsername() {
        return username;
    }

    public short getRank() {
        return rank;
    }

    public int getCreated() {
        return created;
    }

    public void setUsername(String username) {
        this.username = username;
    }

    public void setRank(short rank) {
        this.rank = rank;
    }

    public void setCreated(int created) {
        this.created = created;
    }
```

```
    public void setId(int id) {
        this.id = id;
    }
}
```

然后配置对应的映射文件，保存为 User.xml，代码如下：

```xml
<?xml version="1.0" encoding="UTF-8"?>
<!DOCTYPE mapper PUBLIC "-//mybatis.org//DTD Mapper 3.0//EN"
        "http://mybatis.org/dtd/mybatis-3-mapper.dtd">
<mapper namespace=".com.practicespringboot.dataopt.pojo.User">

  <select id="GetByID" parameterType="int" resultType="com.practicespringboot.
dataopt.pojUser">
        select * from `spring_user` where id = #{id}
</select>

<!-- 这里的 username 不是 int 类型，所以不需要设置 paramType-->
<select
id="GetByUserName"  " resultType="com.practicespringboot.dataopt.pojo.User">
        select * from `spring_user` where username= #{username}
</select>

    <insert
            id="saver" parameterType="com.practicespringboot.dataopt.pojo.User"
            useGeneratedKeys="true">
            insert into spring_user(username, rank ,created) values
(#{username},#{rank}, #{created})
    </insert>
</mapper>
```

其中 namespace 就是命名空间，是为这个 Mapper 设置的唯一标识，按照惯例一般命名为包名加映射文件名，而 id 也就是操作语句的 id，parameterType 为参数的数据类型，如 int。

除了上面列举的 select 查询语句、insert 插入语句外，还有 update 映射更新语句，delete 映射删除语句。假如要对某个查询结果进行缓存，只需在 select 语句块上加 useCache="true" 这个属性即可。

如果是多个 Mapper 配置，则可以用 Mappers 映射器来编写，代码如下：

```xml
<mappers>
  <mapper resource="org/mybatis/builder/AuthorMapper.xml"/>
  <mapper resource="org/mybatis/builder/BlogMapper.xml"/>
  <mapper resource="org/mybatis/builder/PostMapper.xml"/>
</mappers>
```

针对不同的浏览器需要安装对应版本的驱动包，以此实现 Selenium 调用浏览器进行模拟测试。

还可以通过编写全局配置来设置好 MyBatis 的一系列连接参数，代码如下：

```xml
<properties resource="mysql.properties">

<property name="jdbc.driverClassName" value="com.mysql.jdbc.Driver"/>

<property name="jdbc.url" value="jdbc:mysql://localhost:3306/my_springr"/>
<property name="username" value="root"/>

<property name="password" value="freeMan"/>

</properties>
```

如果在这里配置好了，则会覆盖 .properties 中的对应配置项，这是全局的配置，并且优先级也很高。

还有更为复杂的 SQL 嵌套语句，代码如下：

```
<select id="selectBlog" resultMap="blogResult">
  select
  B.id as blog_id,
  B.title as blog_title,
  B.author_id as blog_author_id,
  P.id as post_id,
  P.subject as post_subject,
  P.body as post_body,
  from Blog B
  left outer join Post P on B.id = P.blog_id
  where B.id = #{id}
</select>
```

还可以对查询结果进行缓存，使用 <cache/> 即可。更多的用法可以参考 MyBatis 的官网文档，这里不一一列举了。

3.1.3 动态 SQL

所谓动态 SQL 就是根据不同的条件拼接出不同的 SQL 语句，MyBatis 简化了这种拼接难度，并提供了下面这些逻辑判断语句选项：

- if；
- choose(when, otherwise)；
- trim(where,set)；
- foreach。

if 语句是最简单的，和 where 搭配使用，例如下面语句：

```
<select id="findPersonWIthNameLike"
    resultType="User">
  SELECT * FROM USER
  WHERE state = 'ALIVE'
  <if test="username  != null">
    AND usernamelike #{username}
  </if>
</select>
```

这条语句查询了满足"ALIVE"状态下的 USER，并且如果传递了 username，则会对 username 进行模糊匹配查询结果。

MyBatis 还提供了类似 switch 效果的 choose 语句，举一个具体的例子，代码如下：

```
<select id="findPersonWIthNameLike"
    resultType="User">
  SELECT * FROM USER WHERE state = 'ACTIVE'
  <choose>
    <when test="username != null">
      AND title like #{username}
    </when>
    <when test="author != null and nickname != null">
      AND nickname like #{nickname}
    </when>
    <otherwise>
      AND rank = 1
    </otherwise>
```

```
  </choose>
</select>
```

MyBatis 可以编写动态更新语句，使用的解决方案是 set，代码如下：

```
<update id="updateAuthorIfNecessary">
  update Author
    <set>
      <if test="username != null">username=#{username},</if>
      <if test="password != null">password=#{password},</if>
      <if test="email != null">email=#{email},</if>
      <if test="bio != null">bio=#{bio}</if>
    </set>
  where id=#{id}
</update>
```

在处理 in 子句时可以对集合进行遍历，可以用到 foreach 来实现拼接。通过迭代，代码如下：

```
<select id="selectPostIn" resultType="domain.blog.Post">
  SELECT *
  FROM POST P
  WHERE ID in
  <foreach item="item" index="index" collection="list"
      open="(" separator="," close=")">
        #{item}
  </foreach>
</select>
```

在注解中也可以使用这种 set，只要使用 script 元素即可。

```
@Update({"<script>",
      "update Author",
      "  <set>",
      "    <if test='username != null'>username=#{username},</if>",
      "    <if test='password != null'>password=#{password},</if>",
      "    <if test='email != null'>email=#{email},</if>",
      "    <if test='bio != null'>bio=#{bio}</if>",
      "  </set>",
      "where id=#{id}",
      "</script>"})
void updateAuthorValues(Author author);
```

学到这里很多读者可能会觉得写法非常烦琐，其实完全可以使用 @Lang 注解来实现 SQL 语句，这种非常直观简单。

```
public interface Mapper {
  @Lang(MyLanguageDriver.class)
  @Select("SELECT * FROM BLOG")
  List<Blog> selectBlog();
}
```

3.1.4　注解方式

注解其实就是自定义的一些映射，对于 SQL 的处理是非常方便的，可以不用再编写 XML 形式的。

首先创建一个日志表，SQL 语句如下：

```
CREATE TABLE 'request_logs' (
  'id' int(11) NOT NULL COMMENT '日志主键',
  'url' varchar(150) COLLATE utf8mb4_bin NOT NULL COMMENT '调用地址',
  'func_name' varchar(150) COLLATE utf8mb4_bin NOT NULL COMMENT '调用函数名',
  'ip' char(15) COLLATE utf8mb4_bin NOT NULL COMMENT '调用IP地址',
```

```
'created' int(11) NOT NULL COMMENT '创建时间',
PRIMARY KEY ('id')
) ENGINE=InnoDB DEFAULT CHARSET=utf8mb4 COLLATE=utf8mb4_bin
```

这个表结构比较简单，主要是记录用户调用 api 接口的记录，记录了调用地址、函数名、调用 ip、创建时间字段。针对这个表笔者开始讲解纯注解方式来编写查询。

（1）查询语句，语法代码如下：

```
@Select(查询语句 sql)
```

而针对日志表查询可以编写如下内容在 mapper 文件中。

```
// 查询日志列表不分页
@Select("select * from request_logs order by created desc")
List<MyLog> findAll();

// 通过日志 ID 获取详情数据
@Select("select * from request_logs where id = #{id}")
MyLog findById(int id);
```

可以看到两个查询都是纯原生 SQL，非常方便，只是用了 #{ 变量名 } 的字符串拼接，变量名就是传递的入参，可以是单独的一个变量，也可以是一个 pojo 对象。

假设编写的 pojo 对象代码如下：

```
import lombok.AllArgsConstructor;
import lombok.Data;
import lombok.NoArgsConstructor;

@Data
@NoArgsConstructor
@AllArgsConstructor
public class MyLog {
    // 主键 ID
    private int id;
    // 调用地址
    private String url;
    // 调用函数名称
    private String funcName;
    // 调用 ip
    private String ip;
    // 创建时间
    private int created;
}
```

（2）插入语句，语法代码如下：

```
@Insert(insert_sql 语句 )
```

而针对日志表插入新记录可以编写如下内容在 mapper 文件中：

```
@Insert"insert request_logs (url, func_name, ip, created) values(#{url}; #{func_
name}, #{ip}, #{created})")
public boolean add(MyLog mylog);
```

（3）更新语句，语法代码如下：

```
@Update(更新语句 sql)
```

和新增类似，针对日志更新可以编写如下内容在 mapper 文件中，也是传递完整的 MyLog 对象作为入参：

```
@Update("update request_logs set url = #{url}, func_name=#{func_name}, ip=#{ip}
where id=#{id}")
public boolean update(MyLog mylog);
```

（4）删除语句，语法代码如下：

```
@Delete( 删除语句 sql)
```

而针对日志删除记录可以编写如下内容在 mapper 文件中，只需传递记录 id 作为入参即可：

```
@Delete("delete from request_logs where id=#{id}")
public boolean delete(int id);
```

当然这种删除是物理删除，也就是直接删除该记录。之前也提到过可以根据具体需求使用软删除的方式，软删除就是一个特殊的更新语句。

笔者推荐使用这种注解方式来开发程序，因为完全可以不用编写 XML。

3.1.5　构建 SQL 和 SQL 类封装

在 Java 中拼接复杂的 SQL 很麻烦，有时候需要编写如下 SQL 语句：

```
tring sql = "SELECT P.ID, P.USERNAME, P.PASSWORD, P.FULL_NAME, "
"P.LAST_NAME,P.CREATED_ON, P.UPDATED_ON " +
"FROM PERSON P, ACCOUNT A " +
"INNER JOIN DEPARTMENT D on D.ID = P.DEPARTMENT_ID " +
"INNER JOIN COMPANY C on D.COMPANY_ID = C.ID " +
"WHERE (P.ID = A.ID AND P.FIRST_NAME like ?) " +
"OR (P.LAST_NAME like ?) " +
"GROUP BY P.ID " +
"HAVING (P.LAST_NAME like ?) " +
"OR (P.FIRST_NAME like ?) " +
"ORDER BY P.ID, P.FULL_NAME";
```

可以编写 SQL 类来完成上面的复杂 SQL 拼接，代码如下：

```
private String selectPersonSql() {
  return new SQL() {{
    SELECT("P.ID, P.USERNAME, P.PASSWORD, P.FULL_NAME");
    SELECT("P.LAST_NAME, P.CREATED_ON, P.UPDATED_ON");
    FROM("PERSON P");
    FROM("ACCOUNT A");
    INNER_JOIN("DEPARTMENT D on D.ID = P.DEPARTMENT_ID");
    INNER_JOIN("COMPANY C on D.COMPANY_ID = C.ID");
    WHERE("P.ID = A.ID");
    WHERE("P.FIRST_NAME like ?");
    OR();
    WHERE("P.LAST_NAME like ?");
    GROUP_BY("P.ID");
    HAVING("P.LAST_NAME like ?");
    OR();
    HAVING("P.FIRST_NAME like ?");
    ORDER_BY("P.ID");
    ORDER_BY("P.FULL_NAME");
  }}.toString();
}
```

可以编写 builder 风格的链式调用 SQL 类，代码如下：

```
// 查询记录
public String selectPersonSql() {
  return new SQL()
    .SELECT("P.ID", "A.USERNAME", "A.PASSWORD", "P.FULL_NAME", "D.DEPARTMENT_
NAME", "C.COMPANY_NAME")
    .FROM("PERSON P", "ACCOUNT A")
    .INNER_JOIN("DEPARTMENT D on D.ID = P.DEPARTMENT_ID", "COMPANY C on
D.COMPANY_ID = C.ID")
```

```
    .WHERE("P.ID = A.ID", "P.FULL_NAME like #{name}")
    .ORDER_BY("P.ID", "P.FULL_NAME")
    .toString();
}

// 插入新记录
public String insertPersonSql() {
  String sql = new SQL()
    .INSERT_INTO("PERSON")
    .VALUES("ID, FIRST_NAME", "#{id}, #{firstName}")
    .VALUES("LAST_NAME", "#{lastName}")
    .toString();
  return sql;
}

// 更新一条记录
public String updatePersonSql() {
  String sql = new SQL()
    .UPDATE("PERSON");
    .SET("FIRST_NAME = #{firstName}")
    .WHERE("ID = #{id}");
     .toString();
  Return sql;
}
```

这些代码都是通过生成 SQL 语句来提供不同的查询或修改 SQL，比起直接字符串拼接显得更有可读性、除了 builder 风格的代码，还有匿名内部类的写法，代码如下：

```
// 匿名内部类风格
public String deletePersonSql() {
  return new SQL() {{
    DELETE_FROM("PERSON");
    WHERE("ID = #{id}");
  }}.toString();
}
```

3.2　jdbcTemplate 整合

比起 ORM 框架，jdbcTemplate 算是一种较为简单的封装，作为一种简化持久层操作的解决方案是非常不错的。

如果 ORM 是一把多功能瑞士军刀，那么 jdbcTemplate 更像是一把简单锋利的水果刀。管中窥豹，值得学习。

3.2.1　jdbcTemplate 介绍

jdbcTemplate 是 Spring MVC 内置的 jdbc 封装，所以也算是 Spring 的一部分。对数据库的操作 jdbc 进行了更深入的封装，简化了 jdbc 的常规操作。开发者不必再自己进行烦琐的 jdbc 的操作，如获取 PreparedStatement 的建立和执行、拼接 SQL 和设置参数、关闭连接等操作。

3.2.2　jdbcTemplate 安装

为了演示 jdbcTemplate 相关操作，笔者创建了一个新的 Spring Boot 项目 jdbctest。而 jdbcTemplate 的安装非常简单，只需在依赖中加入如下配置，包括 MySQL 驱动在内。

```xml
<!-- jdbc -->
    <dependency>
        <groupId>org.springframework.boot</groupId>
        <artifactId>spring-boot-starter-jdbc</artifactId>
    </dependency>
    <!-- mysql -->
    <dependency>
        <groupId>mysql</groupId>
        <artifactId>mysql-connector-java</artifactId>
    </dependency>
```

安装依赖后，需要配置 MySQL 数据库连接配置，把 application.properties 改为 application.
yml，配置语句如下：

```yaml
server:
  port: 8080
spring:
  datasource:
    driverClassName: com.mysql.cj.jdbc.Driver
      url: mysql://127.0.0.1:3306/test_my_blog?characterEncoding=UTF-
8&useSSL=false
    username: root
    password: 1234567qaz,TW
```

创建用于测试的 books 表，建表语句如下：

```sql
CREATE TABLE `books` (
  `id` int(11) unsigned NOT NULL AUTO_INCREMENT COMMENT '主键ID',
  `title` varchar(100) COLLATE utf8mb4_bin NOT NULL COMMENT '书名',
  `price` double NOT NULL COMMENT '价格',
  `created` int(11) NOT NULL COMMENT '创建时间',
  PRIMARY KEY (`id`)
) ENGINE=InnoDB DEFAULT CHARSET=utf8mb4 COLLATE=utf8mb4_bin
```

3.2.3　jdbcTemplate 基础用法

jdbcTemplate 主要有以下五个常规方法：

- excute：用于执行任何 SQL 语句，算是通用的方法。
- update：用于更新操作，包括软删除。
- batchupdate：批量处理更新操作。
- query：用于查询操作。
- call：调用存储过程和函数语句。

下面分别列举更新操作的使用方法，例如通过 update 修改数据，代码如下：

```
String sql="update books  set title=?,price=? where id=?";
jdbcTemplate.update(sql,new Object[]{"Spring Boot 入门",59.5, 2});
```

删除操作的使用，代码如下：

```
String sql="delete from books  where id=?";
jdbcTemplate.update(sql,2);
```

批量插入就需要自己创建多个 Obejct，也就是插入数据，然后再调用 batchUpdate 方法
即可，代码如下：

```
String sql="insert into user (title,price) values (?,?)";
// 创建多条数据
List<Object[]> batchArgs=new ArrayList<Object[]>();
batchArgs.add(new Object[]{"Python 自动化测试",65.00});
```

```
batchArgs.add(new Object[]{"PHP7 内核研究 ",48.90});
batchArgs.add(new Object[]{"JVM 调优 ",89.50});

// 批量插入操作
jdbcTemplate.batchUpdate(sql, batchArgs);
```

查询请求也很直观，只需写好查询语句，传递给 query 方法，代码如下：

```
// 查询 sql
String sql="select id,title, price from books";

RowMapper<Book> rowMapper=new BeanPropertyRowMapper<Book>(Book.class);
List<Book> books = jdbcTemplate.query(sql, rowMapper);
for (Book book: : books) {
    System.out.println(book);
}
```

笔者编写了一个完整的增删改查的案例，首先还是编写一个实体类，代码如下：

📖 代码 3-3 src/main/java/com/freejava/jdbctest/entities/Book.java

```java
package com.freejava.jdbctest.entities;

import lombok.AllArgsConstructor;
import lombok.Data;
import lombok.NoArgsConstructor;

@Data
@AllArgsConstructor
@NoArgsConstructor
public class Book {
    private Integer id;
    private String title;
    private double price;
    private int created;
}

package com.freejava.jdbctest.dao;

import com.freejava.jdbctest.entities.Book;
import org.springframework.beans.factory.annotation.Autowired;
import org.springframework.jdbc.core.BeanPropertyRowMapper;
import org.springframework.jdbc.core.JdbcTemplate;
import org.springframework.stereotype.Repository;
```

继续编写对应的 Dao 类，代码如下：

📖 代码 3-4 src/main/java/com/freejava/jdbctest/dao/BookDao.java

```java
package com.freejava.jdbctest.dao;

import com.freejava.jdbctest.entities.Book;
import org.springframework.beans.factory.annotation.Autowired;
import org.springframework.jdbc.core.BatchPreparedStatementSetter;
import org.springframework.jdbc.core.BeanPropertyRowMapper;
import org.springframework.jdbc.core.JdbcTemplate;
import org.springframework.stereotype.Repository;

import java.sql.PreparedStatement;
import java.sql.SQLException;
import java.util.List;

@Repository
public class BookDao {
    @Autowired
    JdbcTemplate jdbcTemplate;
```

```
    // 获取所有书
    public List<Book> getAll() {
            return jdbcTemplate.query("select * from books", new
BeanPropertyRowMapper<>(Book.class));
    }

    // 新增一本书
    public int addBook(Book book) {
            return jdbcTemplate.update("INSERT INTO books (title, price, created)
values(?, ?, ?)", book.getTitle(), book.getPrice(), book.getCreated());
    }

    // 获取单本书的数据
    public Book getBookById(int id) {
            return jdbcTemplate.queryForObject("select * from books where id=?",
new BeanPropertyRowMapper<>(Book.class), id);
    }

    // 更新书籍信息
    public int update(Book book) {
            return jdbcTemplate.update("UPDATE books set title=?, price=? WHERE
id=?", book.getTitle(), book.getPrice(), book.getId());
    }

    // 删除书籍信息
    public int delete(int id) {
        return jdbcTemplate.update("DELETE FROM books WHERE id=?", id);
    }

    // 批量更新书籍
    public int[] updateBatch(List<Book> books) {
            return jdbcTemplate.batchUpdate("UPDATE books set title=?, price=?
WHERE id =?", new BatchPreparedStatementSetter() {
                @Override
                public void setValues(PreparedStatement ps, int i) throws
SQLException {
                    Book book = books.get(i);
                    ps.setString(1, book.getTitle());
                    ps.setDouble(2, book.getPrice());
                    ps.setInt(3, book.getId());

                }

                @Override
                public int getBatchSize() {
                    return books.size();
                }
            });
    }

}
```

继续编写 Service 文件，分别调用对应的 Dao 方法。

📖 代码 3-5 /jdbctest/services/BookService.java

```
package com.freejava.jdbctest.services;

import com.freejava.jdbctest.dao.BookDao;
import com.freejava.jdbctest.entities.Book;
import org.springframework.beans.factory.annotation.Autowired;

import java.util.List;
```

```
@Servicen
public class BookService {

    @Autowired
    BookDao bookDao;

    // 新增书籍
    public int add(Book book) {
        return bookDao.addBook(book);
    }

    // 通过 ID 获取单个书籍记录
    public Book getBookById(int id) {
        return bookDao.getBookById(id);
    }

    // 更新书籍信息
    public int update(Book book) {
        return bookDao.update(book);
    }

    // 删除单个书籍信息
    public int delete(int id) {
        return bookDao.delete(id);
    }

    // 获取所有书籍信息
    public List<Book> getAll() {
        return bookDao.getAll();
    }

    // 批量更新数据信息
    public int[] updateBatch(List<Book> books) {
        return bookDao.updateBatch(books);
    }

}
```

继续编写 Controller 文件，分别调用对应的 Dao 方法。

📖 代码 3-6 /jdbctest/controller/BookController.java

```
package com.freejava.jdbctest.controller;

import com.freejava.jdbctest.entities.Book;
import com.freejava.jdbctest.services.BookService;
import org.springframework.beans.factory.annotation.Autowired;
import org.springframework.web.bind.annotation.RequestMapping;
import org.springframework.web.bind.annotation.RestController;

import java.util.List;

@RestController
public class BookController {
    @Autowired
    BookService bookService;

    @RequestMapping("/testJdbc")
    public void test() {
        // 测试插入
        Book book1 = new Book();
        book1.setTitle("Python 爬虫 ");
```

```
        book1.setPrice(50.50);
        long unixTime = System.currentTimeMillis() / 1000L;
        int nowUnixTime = (int) unixTime;
        book1.setCreated(nowUnixTime);
        int addRes = bookService.add(book1);
        System.out.println("add result is:" + addRes);

        // 查询所有
        List<Book> books = bookService.getAll();
        System.out.println(books);

    }
}
```

运行项目，并访问 http://localhost:8080/testJdbc，控制台输出代码如下：

```
add result is:1
[Book(id=1, title=Python 爬虫 , price=50.5, created=1600058447)]
```

检查数据库中已录入一条数据，如图 3.3 所示，表示已经成功。

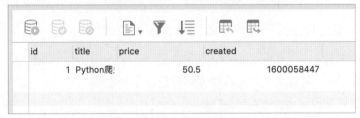

图 3.3　录入成功

3.2.4　jdbcTemplate 查询结果处理

在上面的例子中返回值都是单条实体类或者 int，对于多条数据返回，jdbcTemplate 还提供了 SqlRowSet 返回，需要使用 queryForRowSet 方法，代码如下：

```
public void myQueryForRowSet() {
    String sql = "select * from users where id > 1 limit 2";
    SqlRowSet result = jdbcTemplate.queryForRowSet(sql);
    while (result.next()) {
        User user = new User();
user.setId(result.getInt("id"));
   user.setUserName(result.getString("username"));

        System.out.println(" 获取结果是 " + user);
    }
}
```

还可以对 queryForRowSet 使用占位符来拼接 SQL，代码如下：

```
String sql = "Select* from ts_notice where id > ?  limit ?";
SqlRowSet result = jdbcTemplate.queryForRowSet(sql, 3, 6);
while(result.next()) {
// other codes
}
```

对于单行数据返回的是 RowMapper 对象，可以将数据中的每一行数据封装成用户定义的类。如果只是使用一次，那么可以考虑用匿名类，代码如下：

```
public List<Task> getTaskByName(String name) {
        String sql = "select * from ts_task where name = ?";
        Object[] params = new Object[] { name };
```

```
            List<Task> tasks = null;

            /**
             * 使用匿名内部类
             */
            tasks = jdbcTemplate.query(sql, params,
                    new RowMapper<Task>() {
                        @Override
                        public Task mapRow(ResultSet rs, int rowNum) throws
SQLException {
                            Task task = new Task();
                            task.setId(rs.getInt("id"));
                            task.setName(rs.getString("name"));
                            task.setContent(rs.getString("content"));
                            return user;
                        }
                    });
            return tasks;
        }
    }
```

3.2.5 改写 RESTful API 为 jdbcTemplate 模式

把之前的博客系统改为 jdbcTemplate 方式，这里只做 mapper 层的改动，因为其他文件都是调用对应服务的，只对底层操作数据库部分进行改动即可。

📖 代码 3-7 /jdbctest/dao/ArticleDao.java

```
package com.freejava.jdbctest.dao;

import com.freejava.jdbctest.entities.Article;
import com.freejava.jdbctest.entities.Book;
import org.springframework.beans.factory.annotation.Autowired;
import org.springframework.jdbc.core.BatchPreparedStatementSetter;
import org.springframework.jdbc.core.BeanPropertyRowMapper;
import org.springframework.jdbc.core.JdbcTemplate;
import org.springframework.stereotype.Repository;

import java.sql.PreparedStatement;
import java.sql.SQLException;
import java.util.List;

@Repository
public class ArticleDao {
    @Autowired
    JdbcTemplate jdbcTemplate;

    // 获取文章
    public List<Article> getAll() {
            return jdbcTemplate.query("select * from my_articles", new
BeanPropertyRowMapper<>(Article.class));
    }

    // 新增一篇文章
    public int add(Article article) {
            return jdbcTemplate.update("INSERT INTO my_articles (title, author,
content, category_id, tags, is_deleted, created) values(?, ?, ?, ?, ?, ?,
?)", article.getTitle(), article.getAuthor(), article.getContent(), article.
getCategoryId(), article.getTags(),article.getCreated());
    }

    // 获取单篇文章的数据
```

```
        public Article getArticleById(int id) {
            return jdbcTemplate.queryForObject("select * from my_articles where
id=?", new BeanPropertyRowMapper<>(Article.class), id);
        }

        // 更新文章信息
        public int update(Article article) {
            return jdbcTemplate.update("UPDATE my_articles set title=?, author=?
WHERE id=?", article.getTitle(), article.getAuthor(), article.getId());
        }


        // 批量更新书籍
        public int[] updateBatch(List<Article> articles) {
            return jdbcTemplate.batchUpdate("UPDATE books set title=?, price=?
WHERE id =?", new BatchPreparedStatementSetter() {
            @Override
             public void setValues(PreparedStatement ps, int i) throws
SQLException {
                Article article = articles.get(i);
                ps.setString(1, article.getTitle());
                ps.setString(2, article.getAuthor());
                ps.setInt(3, article.getId());

            }

            @Override
            public int getBatchSize() {
                return articles.size();
            }
        });
        }

    }
```

这里只处理了 Article 的 Dao 文件，User 的 Dao 文件也是类似的，把 CURD 的操作改成 jdbcTemplate 形式即可，这里不再赘述。

jdbcTemplate 通过封装 jdbc 的基本操作，达到了简化操作数据库的目的，对于一般的常规 SQL 来说，使用 jdbcTemplate 非常方便。在实际工作中笔者更推荐使用 MyBatis 之类的 ORM 框架，更能提高工作效率。

根据自身业务需要使用不同的持久层技术，没有一个标准答案，只是 MyBatis 更加流行和具有更好的技术支持，生态也比 jdbcTemplate 更强大。

本节只对 jdbcTemplate 最常规的 API 进行了案例介绍，更多的 API 使用请参考官方文档，以备进一步的学习。

3.3　Spring Data JPA 整合

JPA 全称是 Java Persistence API，意思是 Java 持久层 API 接口。而 Spring Data JPA 是一套 ORM 标准，关于这套标准的实现 ORM 框架很多，如大名鼎鼎的 Hibernate。实际上是先有 Hibernate，再有的 JPA 标准。而笔者想推荐的是 Spring Boot 的实现，也就是 Spirng Data。

3.3.1 Spring Data JPA 介绍

Spring Data 算是 Spring 官配项目，用于简化数据库相关操作，通过封装来减少冗余的代码，让数据库访问和操作变得非常简单。

Spring Data JPA 能很好地整合到 Spring Boot 中，并且可以不用再写一句 SQL 语句，开发非常方便快捷。

3.3.2 Spring Data JPA 导入项目和配置

首先创建用于测试的数据库，SQL 代码如下：

```
CREATE DATABASE 'test_jpa' DEFAULT CHARACTER SET utf8;
```

添加 MySQL 和 Spring Data JPA 相关依赖包，pom.xml 代码如下：

```
<!-- 阿里数据库连接池 -->
    <dependency>
        <groupId>com.alibaba</groupId>
        <artifactId>druid</artifactId>
        <version>1.1.10</version>
    </dependency>
    <!-- mysql 驱动 -->
    <dependency>
        <groupId>mysql</groupId>
        <artifactId>mysql-connector-java</artifactId>
        <scope>runtime</scope>
    </dependency>
```

然后设置好数据库的配置，修改 applicaiton.properties 为 application.yml，代码如下：

```
druid:
        # 初始化时建立物理连接的个数
        initial-size: 5
        # 最小连接数量
        min-idle: 5
        # 最大活跃连接池数量
        max-active: 20
        # 请求连接池在分配连接时，先检查该连接是否有效，建议设置成 true。
        test-while-idle: true
        # 程序申请连接的时候，是否进行连接有效性检查，建议设置成 false。
        test-on-borrow: false
        # 程序返回连接的时候，是否进行连接有效性检查，建议设置成 false。
        test-on-return: false
        # 是否使用 PSCache，对于 mysql 的性能提升不明显，对 oracle 效果更好。
        pool-prepared-statements: false
        # 获取连接的最大等待时间，单位是毫秒。
        max-wait: 60000
        # 检查空闲连接的频率，单位毫秒，非正整数时表示不进行检查
        time-between-eviction-runs-millis: 60000
        # 池中某个连接的空闲时长达到 N 毫秒后，连接池在下次检查空闲连接时，将回收该链接，然后
设置要小于防火墙的超时设置
        min-evictable-idle-time-millis: 30000
        # 设置插件
        filters: stat
        # 是否异步初始化
        async-init: true
        # 连接属性设置
            connection-properties: druid.stat.mergeSql=true;druid.stat.
SlowSqlMills=5000
    # 设置实体类中的字段自动变成对应的数据库中下画线字段
    jpa:
```

```
    hibernate:
      naming:
        # 需要安装 hibernate 相关依赖
        physical-strategy: org.hibernate.boot.model.naming.PhysicalNamingStrate
gyStandardImpl
```

实体类的命名一般是驼峰形式，而映射到数据库中的字段是小写加下画线的，所以需要
添加如下配置到 pom.xml：

```
spring.jpa.hibernate.naming.physical-strategy=org.hibernate.boot.model.naming.
PhysicalNamingStrategyStandardImpl
```

因为笔者使用的是 yaml 格式的配置文件，所以改写成上面的缩进形式。

3.3.3　Spring Data JPA 的 CRUD 实例

为了后续演示，创建一个英雄表，建表语句代码如下：

```
# 英雄表
CREATE TABLE 'tm_heros' (
  'id' int(10) unsigned NOT NULL AUTO_INCREMENT COMMENT '主键 ID',
  'name' varchar(80) NOT NULL COMMENT '英雄名称',
  'role_type' varchar(60) NOT NULL COMMENT '类型，如：射手、法师、辅助',
  'attack_value' int(11) NOT NULL COMMENT '攻击力，单位 1HP，最大值为 1000',
  'version' varchar(50) NOT NULL COMMENT '版本，如：v1.2.0',
  'created' int(11) NOT NULL COMMENT '创建时间，时间戳',
  PRIMARY KEY ('id')
) ENGINE=InnoDB DEFAULT CHARSET=utf8
```

基于这个表，开始编写对应的实体类，命名为 Hero.java，代码如下：

```
package com.freejava.usejpa.entity;

import lombok.AllArgsConstructor;
import lombok.Data;
import lombok.NoArgsConstructor;

@Data
@NoArgsConstructor
@AllArgsConstructor
public class Hero {

    // 主键 ID
    private int id;
    // 英雄名称
    private String name;
    // 角色类型，如射手、法师
    private String roleType;
    // 攻击力 0-1000 的整数
    private int attackValue;
    // 版本 如 v1.0.2
    private String version;
    // 创建时间
    private int created;
}
```

编写 HeroDao 接口，继承自 JpaRepository 接口。

📖 代码 3-8　src/main/java/com/freejava/usejpa/dao/HeroDao.java

```
package com.freejava.usejpa.dao;

import com.freejava.usejpa.entity.Hero;
import org.springframework.data.jpa.repository.JpaRepository;
```

```
import org.springframework.data.jpa.repository.Query;

import java.util.List;

public interface HeroDao extends JpaRepository<Hero, Integer> {
    @Override
    List<Hero> findAll();
    // sql like : select * from tm_hero where name like "%name%"
    List<Hero> getHeroByNameContaining(String name);

    // 获取最新的英雄，根据创建时间
    @Query(value="select * from tm_heros where creatd=(select max(created) from
tm_heros)", nativeQuery = true)
    Hero getLatestHero();
}
```

JpaRepository 中提供了不少封装好的基础方法，例如 CURD 和一些分页排序功能。

findAll() 就是一个获取所有数据的方法，只需重写该方法即可。

而一些方法的命名也是有规律可以遵循的，下面我们来了解一下：

（1）And 系列，findByNameAndRoleType 方法对应的 SQL 是"where name=? and role_type=?"。

（2）Or 系列，findByNameOrRoletype 方法对应的 SQL 是"where name=? or role_type=?"。

Equals 系列，findByVersionEquals 对应的 SQL 是"where Version=?"。

（3）Is 系列，findByNames 对应的 SQL 是"where name=?"。

还有更多既定的命名规则可以参考官方文档，这里不一一列举了。由于这些既定的方法比较局限，不一定能满足所有研发需求。所以 Spring Data JPA 也支持原生 SQL 自定义，如之前编写的获取最新英雄的查询，代码如下：

```
    // 获取最新的英雄，根据创建时间
    @Query(value="select * from tm_heros where creatd=(select max(created) from
tm_heros)", nativeQuery = true)
    Hero getLatestHero();
}
```

如果涉及修改数据时，则要使用 @Modifying 注解，笔者继续编写 Service 文件，代码如下：

📖 代码 3-9 /usejpa/services/HeroService.java

```
package com.freejava.usejpa.services;

import com.freejava.usejpa.dao.HeroDao;
import com.freejava.usejpa.entity.Hero;
import org.springframework.beans.factory.annotation.Autowired;
import org.springframework.data.domain.Page;
import org.springframework.data.domain.Pageable;
import org.springframework.stereotype.Service;

import java.util.List;

@Service
public class HeroService {
    @Autowired
    HeroDao heroDao;
    // 添加英雄
    public void addHero(Hero hero) {
        heroDao.save(hero);
```

```
    }
    // 分页获取英雄列表
    public Page<Hero> getHeroByPage(Pageable pageable) {
        return heroDao.findAll(pageable);
    }

    // 根据名称查询英雄数据
    public List<Hero> getHerosByNameStartingWith(String name) {
        return heroDao.getHeroByNameContaining(name);
    }

    // 获取最新被创建的英雄
    public Hero getLatestHero() {
        return heroDao.getLatestHero();
    }

}
```

其中 save 方法是 JpaRepository 自带的，用于存储数据。而分页时传递 Pageable 对象就可以实现。该对象包含了总记录数、总页数、每页记录数等。

最后一步是创建 Controller 文件，命名为 HeroController.java，具体代码如下：

```
package com.freejava.usejpa.controller;

import com.freejava.usejpa.entity.Hero;
import com.freejava.usejpa.services.HeroService;
import org.springframework.beans.factory.annotation.Autowired;
import org.springframework.data.domain.Page;
import org.springframework.data.domain.PageRequest;
import org.springframework.web.bind.annotation.GetMapping;
import org.springframework.web.bind.annotation.RestController;

@RestController
public class HeroController {
    @Autowired
    HeroService heroService;

    @GetMapping("/findAllHeros")
    public Page<Hero> findAll() {
        PageRequest pageable = PageRequest.of(2, 3);
        Page<Hero> page = heroService.getHerosByPage(pageable);
        return page;
    }
}
```

这个方法就是利用 Service 编写好的 getHerosByPage 方法，会返回 Page 对象，不是之前的其他普通对象。

同样的还可以继续在 Controller 中添加查询接口，具体代码如下：

```
@GetMapping("/findHeroesByName")
    public List<Hero> searchHerosByName(@PathVariable String name) {
        List<Hero> heroes = heroService.getHerosByNameStartingWith(name);

        return heroes;
    }

    @GetMapping("/getLatestHero")
    public Hero getLatestHero() {
        return heroService.getLatestHero();
    }
```

在配置文件中增加下面的配置，让 hibernate 可以自动生成或者更新需要的表 tm_heros。

```
jpa:
  hibernate:
    # 其他配置省略 ....
    # 是否自动创建表,设置为 update 则说明如果表存在则更新
    ddl-auto: update
```

运行项目访问对应的服务,可以访问以上的接口地址即可。例如访问列表接口,如图 3.4 所示。

图 3.4　英雄列表接口

3.3.4　Spring Data JPA 扩展封装

Spring Data JPA 的扩展,其实就是对于 dao 层代码的扩展,因为所有 dao 层接口都是继承自 JpaRepository 接口,再不添加更多代码就能继承默认的方法。然而很多时候,由于业务需要,开发者需要编写很多自定义的数据库操作方法,这就是扩展封装。

这种封装一般有以下两种:

一是封装成一个自定义的扩展实现类,去实现之前编写好的 Dao 接口。命名方面是 EntityNameRepositoryImpl 格式,并把相应的方法实现。

(1)笔者编写了 HeroDao.java,那么基于 HeroDao 进行封装。

```
package com.freejava.usejpa.dao;

import com.freejava.usejpa.entity.Hero;
import org.springframework.data.domain.Example;
import org.springframework.data.domain.Page;
import org.springframework.data.domain.Pageable;
import org.springframework.data.domain.Sort;
```

```
import java.util.List;
import java.util.Optional;

public class HeroRepositoryImpl implements HeroDao {

    @Override
    public List<Hero> findAll() {
        // other codes
        return findAll();
    }

    @Override
    public List<Hero> findAll(Sort sort) {
// ohter codes
    }

}
```

（2）根据业务封装基类接口，如一个公共开发使用的接口，命名为 BaseRepository.Java。

📖 代码 3-10 src/main/java/com/freejava/usejpa/dao/BaseRepository.java

```
package com.freejava.usejpa.dao;

import org.springframework.data.jpa.repository.JpaRepository;
import org.springframework.data.jpa.repository.JpaSpecificationExecutor;
import org.springframework.data.repository.NoRepositoryBean;

import java.io.Serializable;
import java.util.List;

@NoRepositoryBean
public interface BaseRepository<T, ID extends Serializable> extends
JpaRepository<T, ID>, JpaSpecificationExecutor<T> {

    /**
     * 查询多个属性
     * 返回 List<Object> 对象形式的 List
     *
     * @param sql 原生 SQL 语句
     * @param obj Class 格式对象
     * @return
     */
    List sqlObjectList(String sql, Object obj);

    /**
     * 查询多个属性
     * 返回 List<Object[]> 数组形式的 List
     *
     * @param sql 原生 SQL 语句
     * @return
     */
    List<Object[]> sqlArrayList(String sql);

    /**
     * 查询单个属性
     * 返回 List<Object> 对象形式的 List
     *
     * @param sql 原生 SQL 语句
     * @return
     */
    List sqlSingleList(String sql);

}
```

其中，@NoRepostioryBean 注解是说明这个接口不是一个标准的 Repository，Spring 不会把它当作一个 Repository 处理。这个接口也继承了 JpaSpecificationExecutor，可以使用 Specifcation 的复杂查询方式。

进一步可以编写实现 BaseRepository 的类，命名为：MyBaseJpaRepository.java，代码如下：

📖 代码 3-11 /usejpa/dao/MyBaseJpaRepository.java

```java
package com.freejava.usejpa.dao;

import org.springframework.data.jpa.repository.support.SimpleJpaRepository;

import javax.persistence.EntityManager;
import javax.persistence.Query;
import java.io.Serializable;
import java.util.List;

/**
 *   用于公共 Jpa 的接口实现类
 * @param <T>
 * @param <ID>
 */
public class MyBaseJpaRepository<T, ID extends Serializable> extends
SimpleJpaRepository<T, ID> implements BaseRepository<T, ID> {
    private final EntityManager entityManager;
    private Class<T> myclass;

    public MyBaseJpaRepository(Class<T> domainClass, EntityManager
entityManager) {
        super(domainClass, entityManager);
        this.entityManager = entityManager;
        this.myclass = domainClass;
    }


    @Override
    public List sqlObjectList(String sql, Object obj) {
        Query query = entityManager.createNativeQuery(sql, obj.getClass());
        List list = query.getResultList();
        return list;
    }
// 其他接口实现省略 ....
```

在实际工作中只需编写 JPA 接口去阶乘这个 MyBaseJpaRepository 类就可以实现业务需要，代码如下：

```java
Public interface HeroJparepository extends MyBaseJpaRepository<Hero, Integer> {
// 根据 ID 查询英雄数据
@Query("select * from tm_heros where id=?")
Hero findById(@Parm("id") Integer id);
}
```

Spring Data JPA 封装了许多接口，可以提供默认的 CURD 和数据库操作方法。如果在业务不复杂的 RESTful API 下，完全可以使用原生的 JpaRepository 或者 CrudJpaRepository 接口来编写接口即可。

如果是业务更复杂的情况下，可以考虑通过编写扩展接口来实现个性化的需求。Spring Data JPA 作为一款封装良好的 JPA 实现框架，可以很好地减少冗余代码，让开发者不必过多地去关注数据库持久层的底层操作和管理。

常用的接口的继承关系，如图 3.5 所示。

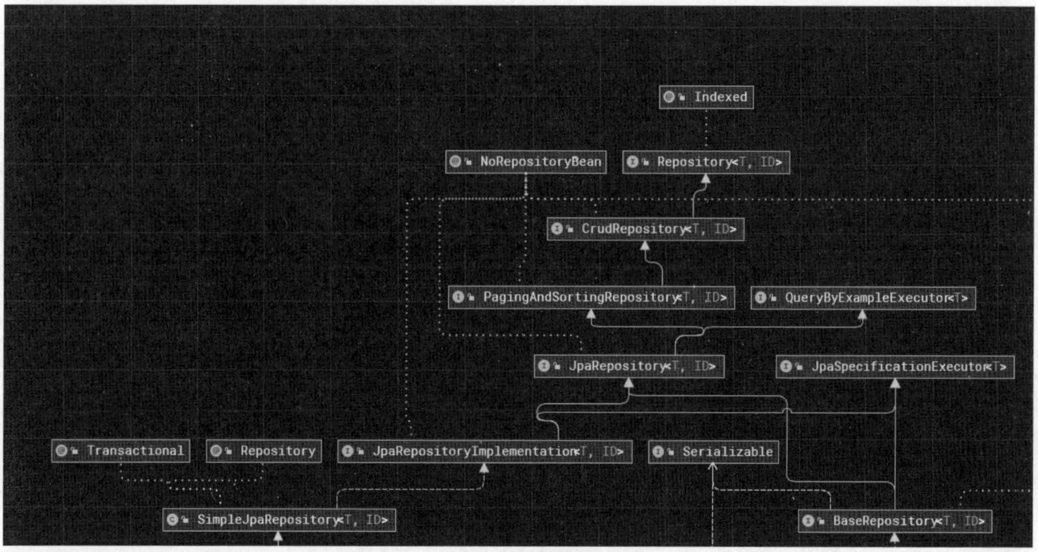

图 3.5　接口结构

3.4　多数据源搭建

对于复杂的业务和项目，可能在一个单体项目中存在需要连接多个数据库的情况。这时就会使用到多数据源，实际中遇到的可能性比较大。

3.4.1　多数据源概念简介

之前我们做的都是连接单个数据源，如果一个项目中需要连接 db1，同时一部分业务需要获取 db2 中的数据，则需要连接第二个数据源。这里一个数据源对应一个数据库，这两个数据库可能是部署在同一台服务器上，也可能不在同一台服务器上，通过配置项 jdbc-url 来区别。

在配置上需要配置不同的 datasource 才能实现不同的数据源连接，本小节将采用 MyBatis 和 Druid 的方式来搭建多数据源。

3.4.2　Druid 介绍和使用

Druid 是阿里旗下开源的数据库连接池，提供强大的监控和扩展功能，包括数据库性能健康，获取 SQL 日志的能力。

除此之外，也可以和 MyBatis 配合用于多数据源搭建。

在之前的案例中我们也有使用到 Druid，在 pom.xml 安装依赖，代码如下：

```
<!-- 阿里数据库连接池 -->
    <dependency>
        <groupId>com.alibaba</groupId>
```

```
            <artifactId>druid</artifactId>
            <version>1.1.10</version>
        </dependency>
```

为了试验多数据源，创建一个新的 Spring Boot 项目，笔者先手动创建一个主库 test_spring_master，一个从库 test_spring_slave，创建 SQL 如下：

```
# 创建主库
CREATE DATABASE test_spring_master DEFAULT CHARACTER SET utf8;
# 创建从库
CREATE DATABASE test_spring_slave DEFAULT CHARACTER SET utf8;
```

在配置文件中可以编写如下的内容。

```
spring:
  datasource:
    master: # 主数据源
      username: master
      password: password1
      driver-class-name: com.mysql.jdbc.Driver
        jdbc-url: jdbc:mysql://127.0.0.1:3306/test_spring_
master?characterEncoding=UTF-8&useSSL=false
      initialSize: 5
      minIdle: 5
      maxActive: 20
    slave: # 第二个数据源
      username: slave
      password: password1
      driver-class-name: com.mysql.jdbc.Driver
        jdbc-url: jdbc:mysql://127.0.0.1:3306/test_spring_
slave?characterEncoding=UTF-8&useSSL=false
      initialSize: 5
      minIdle: 5
      maxActive: 20
```

针对两个数据源配置，需要编写两个配置类，一个是主数据源配置类，另一个是从数据源配置类，分别命名为 MasterDataSourceConfig 和 SlaveDataSourceConfig，具体代码如下：

📖 代码 3-12　src/main/java/com/freejava.testmutildatasource/config/MasterDataSourceConfig.java

```
package com.freejava.testmutildatasource.config;

import com.alibaba.druid.pool.DruidDataSource;
import org.apache.ibatis.session.SqlSessionFactory;
import org.mybatis.spring.SqlSessionFactoryBean;
import org.mybatis.spring.annotation.MapperScan;
import org.springframework.beans.factory.annotation.Qualifier;
import org.springframework.beans.factory.annotation.Value;
import org.springframework.context.annotation.Bean;
import org.springframework.context.annotation.Configuration;
import org.springframework.context.annotation.Primary;
import org.springframework.core.io.support.PathMatchingResourcePatternResolver;
import org.springframework.jdbc.datasource.DataSourceTransactionManager;

import javax.sql.DataSource;

@Configuration
@MapperScan(basePackages = MasterDataSourceConfig.PACKAGE_NAME,
sqlSessionFactoryRef = "masterSqlSessionFactory")
public class MasterDataSourceConfig {

    // 定位到包类路径
```

```java
static final String PACKAGE_NAME = "com.freejava.testmutildatasource.dao.master";
// 设置 mapper.xml 位置
static final String MAPPER_LOCATION = "classpath:mapper/cluster/*.xml";

@Value("${master.datasource.url}")
private String url;

@Value("${master.datasource.user}")
private String user;

@Value("${master.datasource.password}")
private String password;

@Value("${master.datasource.driver-class-name}")
private String driverClass;

/**
 * 获得主数据源
 * @return
 */
@Bean(name = "clusterDataSource")
public DataSource clusterDataSource() {
    DruidDataSource dataSource = new DruidDataSource();
    dataSource.setDriverClassName(driverClass);// 设置驱动
    dataSource.setUrl(url); // 设置 jdbc url
    dataSource.setUsername(user); // 设置用户名
    dataSource.setPassword(password); // 设置数据库密码
    return dataSource;
}

/**
 * 将 clusterDataSource 注入到 clusterTransactionManager 中。
 *
 * @return
 */
@Bean(name = "clusterTransactionManager")
public DataSourceTransactionManager clusterTransactionManager() {
    // 使用了 @Bean，则可以直接依赖注入进去
    return new DataSourceTransactionManager(clusterDataSource());
}

/**
 * 设置 SqlSessionFactory 类
 *
 * @param clusterDataSource
 * @return
 * @throws Exception
 */
@Bean(name = "masterSqlSessionFactory")
@Primary
    public SqlSessionFactory masterSqlSessionFactory(@
Qualifier("clusterDataSource") DataSource clusterDataSource)
            throws Exception {
    final SqlSessionFactoryBean sessionFactory = new SqlSessionFactoryBean();
    sessionFactory.setDataSource(clusterDataSource);
      sessionFactory.setMapperLocations(new PathMatchingResourcePatternReso
lver()
            .getResources(MasterDataSourceConfig.MAPPER_LOCATION));
    return sessionFactory.getObject();
}
}
```

可以看到 masterSqlSessionFactory 方法上有 @Primary 注解，说明这是主库。而从数据源配置类和主数据源配置类比较类似，唯一不同的是一些注解和参数不同，重点如下：

```java
@Configuration
// 扫描 Mapper 接口并容器管理
@MapperScan(basePackages = ClusterDataSourceConfig.PACKAGE_NAME,
sqlSessionFactoryRef = "clusterSqlSessionFactory")
public class ClusterDataSourceConfig {

    // 精确到 cluster 目录，以便跟其他数据源隔离
    static final String PACKAGE_NAME = "com.freejava.testmutildatasource.dao.cluster";
    static final String MAPPER_LOCATION = "classpath:mapper/cluster/*.xml";

    @Value("${cluster.datasource.url}")
    private String url;

    @Value("${cluster.datasource.username}")
    private String user;

    @Value("${cluster.datasource.password}")
    private String password;

    @Value("${cluster.datasource.driverClassName}")
    private String driverClass;

    @Bean(name = "clusterDataSource")
    public DataSource clusterDataSource() {
        // 省略其他代码
        return dataSource;
    }
// 省略其他代码
    @Bean(name = "clusterSqlSessionFactory")
    public SqlSessionFactory clusterSqlSessionFactory(@
Qualifier("clusterDataSource") DataSource clusterDataSource)
            throws Exception {
        final SqlSessionFactoryBean sessionFactory = new SqlSessionFactoryBean();
        sessionFactory.setDataSource(clusterDataSource);
        sessionFactory.setMapperLocations(new PathMatchingResourcePatternResolver()
                .getResources(ClusterDataSourceConfig.MAPPER_LOCATION));
        return sessionFactory.getObject();
    }
}
```

为了进一步实验，需要在主库 test_spring_master 和 test_spring_slave 两个库中分别创建表，于是在主库创建 m_singers 歌手表，在从库中创建 m_stores 商店表，SQL 语句如下：

```sql
# 创建歌手表
CREATE TABLE 'm_singers' (
  'id' int(11) unsigned NOT NULL AUTO_INCREMENT COMMENT '歌手主键',
  'name' varchar(80) NOT NULL COMMENT '歌手名',
  'age' int(3) DEFAULT NULL COMMENT '年龄',
  PRIMARY KEY ('id')
) ENGINE=InnoDB DEFAULT CHARSET=utf8

# 创建商店表
CREATE TABLE `m_stores` (
  'id' int(11) unsigned NOT NULL AUTO_INCREMENT COMMENT '主键',
  'name' varchar(100) NOT NULL COMMENT '店名',
  'space' int(6) NOT NULL COMMENT '单位平方米',
  'description' varchar(300) NOT NULL COMMENT '简介',
  PRIMARY KEY ('id')
) ENGINE=InnoDB DEFAULT CHARSET=utf8
```

继续分别创建对应的实体类，MySinger.java 代码如下：

📖 代码 3-13　src/main/java/com/freejava/testmutildatasource/entity/MySinger.java

```java
package com.freejava.testmutildatasource.entity;

import lombok.Data;

import java.io.Serializable;

@Data
public class MySinger implements Serializable {

    private Integer Id;

    private String name;

    private int age;
}
```

再编写另一个实体类，MyStore.java 代码如下：

📖 代码 3-14　src/main/java/com/freejava/testmutildatasource/entity/MyStroe.java

```java
package com.freejava.testmutildatasource.entity;

import lombok.Data;

import java.io.Serializable;

@Data
public class MyStore implements Serializable {
    private Integer id;

    private String name;

    private int space;

    private String description;
}
```

然后继续编写对应的 Dao 文件，由于类似，所以仅展示 MySinger 的 Dao 文件，具体代码如下：

📖 代码 3-15　/testmutildatasource/dao/MySingerDao.java

```java
package com.freejava.testmutildatasource.dao.master;

import com.freejava.testmutildatasource.entity.MySinger;
import org.apache.ibatis.annotations.Mapper;
import org.apache.ibatis.annotations.Param;

@Mapper
public interface MySingerDao {
    int deleteByPrimaryKey(Integer id);

    int insert(MySinger record);

    int insertSelective(MySinger record);

    MySinger selectByPrimaryKey(Integer id);

    int updateByPrimaryKeySelective(MySinger record);
```

```
    int updateByPrimaryKey(MySinger record);

    MySinger findByName(@Param("name") String name);
}
```

从上面的代码可见，MySingerDao 类是被放在单独创建的 master 包中，这是为了说明该 dao 文件在主库中。而 MyStoreDao 则会创建在 cluster 包内，以示区别。

和常规操作类似，继续创建 Service 和对应 Controller 即可，在需要使用到不同 dao 的地方分别引用即可，调用部分的代码如下：

📖 代码 3-16 src/main/java/com/freejava/testmutildatasource/service/MyStoreService .java

```java
package com.freejava.testmutildatasource.service;

import com.freejava.testmutildatasource.dao.cluster.MyStoreDao;
import com.freejava.testmutildatasource.dao.master.MySingerDao;
import com.freejava.testmutildatasource.entity.MySinger;
import com.freejava.testmutildatasource.entity.MyStore;
import org.springframework.beans.factory.annotation.Autowired;

public class MyStoreService {

    @Autowired
    private MyStoreDao myStoreDao;

    public MyStore findByName(String name) {
        // 从库中获取商店信息
        MyStore myStore = MyStoreDao.findByName(name);
        // 主库中获取歌手信息
        MySinger mySinger = MySingerDao.findByName(name);
        System.out.println(mySinger);
        return myStore;
    }
}
// 省略其他代码....
}
```

这样就能使用多数据源进行数据库操作，完整代码请见附录代码中对应的章节项目。

3.4.3　其他多数据源解决方案

其他解决方案也很多，如使用多个 Bean、自实现动态 DataSource 等，其中有一种方法非常简单高效，就是使用第三方的依赖包，动态加载不同的数据源，推荐使用 dynamic-datasource-spring-boot-starter。

dynamic-datasource-spring-boot-starter 是国内开发者维护的多数据源解决方案插件，被作者称为一个基于 springboot 的快速集成多数据源的启动器。它的优点主要有支持数据源分组，适用于多种场景、纯粹多库、读写分离、一主多从混合模式。

第一步：在项目 pom.xml 配置文件中增加依赖，代码如下：

```xml
<dependency>
  <groupId>com.baomidou</groupId>
  <artifactId>dynamic-datasource-spring-boot-starter</artifactId>
  <version>${version}</version>
</dependency>
```

第二步：配置好数据源，在 application.yml 文件中进行设置，代码如下：

```yaml
spring:
  datasource:
```

```
    dynamic:
      primary: master #设置默认的数据源或者数据源组，默认值即为master
      strict: false #设置严格模式，默认false不启动。启动后在未匹配到指定数据源时候会抛出
异常，不启动则使用默认数据源。
      datasource:
        master:
          url: jdbc:mysql://xx.xx.xx.xx:3306/dynamic
          username: root
          password: 123456
          driver-class-name: com.mysql.jdbc.Driver # 3.2.0开始支持SPI可省略此配置
        slave_1:
          url: jdbc:mysql://xx.xx.xx.xx:3307/dynamic
          username: root
          password: 123456
          driver-class-name: com.mysql.jdbc.Driver
        slave_2:
          url: ENC(xxxxx) # 内置加密，使用请查看详细文档
          username: ENC(xxxxx)
          password: ENC(xxxxx)
          driver-class-name: com.mysql.jdbc.Driver
          schema: db/schema.sql # 配置则生效，自动初始化表结构
          data: db/data.sql # 配置则生效，自动初始化数据
          continue-on-error: true # 默认true，初始化失败是否继续
          separator: ";" # sql默认分号分隔符
        #以上会配置一个默认库master，一个组slave下有两个子库slave_1,slave_2
```

第三步：使用 @DS 注解，采取就近原则，方法上的注解优先于类上的注解，代码如下。

```
@Service
@DS("slave")
public class UserServiceImpl implements UserService {

  @Autowired
  private JdbcTemplate jdbcTemplate;

  public List selectAll() {
    return  jdbcTemplate.queryForList("select * from user");
  }

  @Override
  @DS("slave_1")
  public List selectByCondition() {
    return  jdbcTemplate.queryForList("select * from user where age >10");
  }
}
```

3.5　Redis 整合

Redis 作为 NoSQL 数据，经常用于热数据的存储，并和 Spring Boot 项目进行整合操作。

3.5.1　Redis 简介

Redis 是一款高性能的 Key/Value 数据库，与 memcache 相比提供了更加丰富的数据结构，如 list、hash、set 等。在互联网项目中经常用于高并发和需要做缓存数据的地方，使用方便，性能很优秀。

3.5.2 Redis 服务安装

Redis 可以从官网下载安装包，对于 Windows 用户可以选择对应的 exe 安装包，然后通过一系列简单操作完成安装。建议使用 5.0.x 以上版本即可。

而对于 Linux 或者 Mac OS 用户可以先通过下载压缩包 tar.gz，然后编译安装 redis server。为了安装方便，编写了下面这个 shell 脚本。

```
wget http://download.redis.io/releases/redis-5.0.5.tar.gz
tar xvf redis-5.0.5.tar.gz
mv redis-5.0.5 redis-server
cd redis-server
make
make install
```

如果 redis-server 安装过程中没有报错，运行下面命令会得到如下输出。

```
97397:C 27 Sep 2020 12:50:48.506 # oO0OoO0OoO0Oo Redis is starting oO0OoO0OoO0Oo
97397:C 27 Sep 2020 12:50:48.507 # Redis version=5.0.5, bits=64,
commit=00000000, modified=0, pid=97397, just started
97397:C 27 Sep 2020 12:50:48.507 # Warning: no config file specified, using the
default config. In order to specify a config file use redis-server /path/to/redis.conf
97397:M 27 Sep 2020 12:50:48.508 * Increased maximum number of open files to
10032 (it was originally set to 256).
                  ....省略字符串打印 logo 显示
97397:M 27 Sep 2020 12:50:48.511 # Server initialized
97397:M 27 Sep 2020 12:50:48.512 * DB loaded from disk: 0.001 seconds
97397:M 27 Sep 2020 12:50:48.512 * Ready to accept connections
```

3.5.3 Redis 常用命令和常用数据类型

Redis server 可通过 Redis-cli 命令进行连接，所有的操作都是使用命令。所以要用好 Redis，需要学习一些必要的命令和了解一些常用的数据类型，针对实际工作中不同的业务场景，选择不同的数据类型进行存储数据。

1. 字符串设置

将需要存储的数据以 key/value 的形式存储，设置命令如下：

```
set key_name value1
```

这个命令的意思是设置键名为 key_name，里面的内容存储 value1 字符串。

2. 通过 key 获取数据

要获取对应 key 的 value 也很简单，使用命令如下：

```
get key_name
```

3.hash 类型

hash 就是散列哈希，用于存储更为复杂的数据。哈希类似于 Java 数据结构中的 map（当然，java 中还有 HashMap 结构更为接近），可以存储多对键 / 值对。相比字符串的存储，hash 会多设置一个 hash 名作为参数，命令如下：

```
hset key field value
```

其中 key 就是 hash 名，field 作为在 key 中的一个属性名，value 是对应的值。如果是同一个 hash 名下有多个 field-value，则使用 hmset 命令，命令如下：

```
hmset key field1 value1 field2 value2[field3 value3]
```

同时将多个 field-value（域一值）对设置到哈希表 key 中。当存储用户登录信息时可以使用 hash 结构去存储，例如以用户 id 加 md5 的结果作为 key，然后存储用户名，用户凭证 token 作为 field-value 等。

而获取对应 key 下对应的 field 的值也很简单，使用如下命令：

```
# 获取多个 field 对应的值
hmget key field1[field2]
# 获取指定的单个 field 的值
hget key field
```

如果要根据 key 获取全部 field-value 对，则使用如下命令：

```
hgetall key
```

如果要删除某个 field 值或者多个 field 的值，可以使用 hdel 命令：

```
hdel key field1[field2]
```

1.list 类型

list 列表是字符串列表，按照插入顺序进行排序，可以往头部（左边）插入，也可以往尾部（右边）插入，操作比较自由，结构有点像双向链表，如图 3.6 所示。

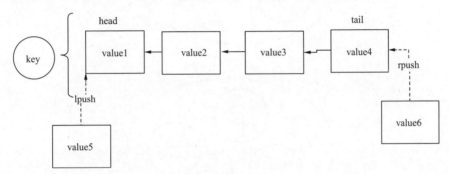

图 3.6　list 结构

相关命令很多，笔者整理常用命令具体如下。

```
# 获取列表长度
llen key

# 将一个或多个插入列表头部
lpush key value1[value2]

# 将一个或多个插入列表尾部
rpush key value1[value2]

# 根据索引设置元素
lset key index value

# 弹出头部第一个元素
lpop key

# 移除尾部第一个元素
rpop key

# 获取指定范围内的的元素
lrange key start stop

# 根据索引获取指定元素
lindex key index
```

列表在实际工作中多用于存储一些需要一定顺序存储的数据，如点赞文章的用户 ID，如已读未读的用户列表，还有发送消息通知的用户队列等具体业务场景。一般结合使用 rpush 和 lpop 做队列使用，先进先出处理队列中的元素。后面会讲解具体使用 Java 来实现队列的案例，这里只做简单的原生命令学习。

2.set 类型

set 也就是集合，在 Redis 中提供两种集合，一种是普通的无序的 set，另一种是有顺序的 sorted set。它们都是存储 String 类型元素的集合，且元素不能重复。为了更好地理解，两者的区别如图 3.7 所示。

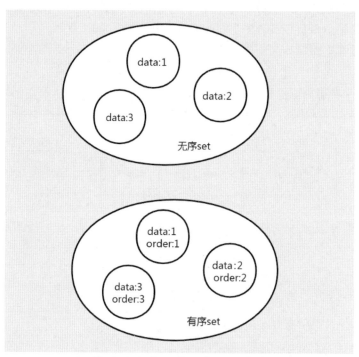

图 3.7 有序 set 和无序 set 示意图

Redis 提供给开发者诸多 API，例如针对一个集合进行成员的添加、删除、获取、取交集、取并集等操作。

先介绍普通无序 set 的命令，常用命令代码如下：

```
# 向集合添加一个或多个成员
sadd key member1[member2]

# 获取集合内成员个数
scard key

# 返回集合中所有成员
smembers key

# 取两个集合之间的差集
sdiff key1 key2

# 取两个集合额之间的交集
sinter key1 key2

# 判断某成员是否是在集合里面
```

```
sismember key member

# 从集合中移除一个或者多成员
Srem key member1[member2]

# 对多个集合取并集
sunion key1 [key2 key3]
```

而有序 set 的命令和无序 set 的类似，但是需要增加一个字段 score 分数，作为排序权重参数。score 数值从小到大作为先后排序，常用的命令代码如下：

```
# 向有序集合添加一个或多个成员
zadd key score1 member1[score2 member2]

# 获取有序集合内成员个数
zcard key

# 通过索引区间返回有序集合指定区间内的成员
zrank key start stop[withscores]

# 删除有序集合中一个或者多个成员
zrem key member1[member2]

# 移除有序集合中排名区间内所有成员
zremrangebyrank key start stop

# 移除有序集合中分数区间内所有成员
zremrangebyscore key min max

# 返回有序集合中成员的分数
zscore key member
```

下面给出一个具体案例，若想针对多个网站网址进行权重排序，并存储这些数据，那么可以使用如下命令，同时也会看到如下的输出结果：

```
127.0.0.1:6379> zadd  page_rank 7 zixue.it 9 baidu.com 8 bing.com 10 google.com
11 soso.com
(integer) 5
127.0.0.1:6379> zrange page_rank 0 -1 withscores
 1) "zixue.it"
 2) "7"
 3) "bing.com"
 4) "8"
 5) "baidu.com"
 6) "9"
 7) "google.com"
 8) "10"
 9) "soso.com"
10) "11"
```

可以看出，在需要排序的一些数据存储，可以优先考虑使用 sorted set 作为最优数据结构。

除了上面讲述的数据结构之外，Redis 还提供广播和订阅。广播和订阅是 Redis 提供的一种消息模式。分为两个角色，一个是消息发布者（publisher），另一个是消息订阅者（subscriber）。两者通过频道（channel）来传递信息，如图 3.8 所示，展示了 channel、发布者 publisher 以及客户端 client 之间的关系。

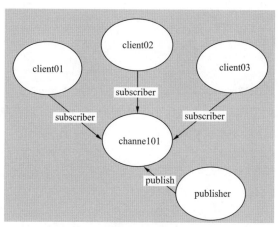

图 3.8　发布者和客户端之间的关系

下面举一个实际的案例，假设订阅一个叫 discover 的频道（channel）。

```
redis 127.0.0.1:6379> SUBSCRIBE discover

Reading messages... (press Ctrl-C to quit)
1) "subscribe"
2) "discover"
3) (integer) 1
```

然后重新打开一个 Redis 客户端，在同一个频道 discover 发布消息，订阅者可以顺利接收消息，代码如下：

```
127.0.0.1:6379> publish discover "Redis is great"
(integer) 1
127.0.0.1:6379> publish discover "Java is a great tool!"

(integer) 1
```

而订阅者端会收到新的消息，代码如下：

```
127.0.0.1:6379> SUBSCRIBE discover
Reading messages... (press Ctrl-C to quit)
1) "subscribe"
2) "discover"
3) (integer) 1
1) "message"
2) "discover"
3) "Redis is great"
1) "message"
2) "discover"
3) "Java is a great tool!"
```

下面总结一下常用的命令，代码如下：

```
# 将消息发到指定的频道里
publish channel message

# 订阅一个或者多个符合给定模式的频道
psubscribe pattern[pattern]

# 退订所有给定模式的频道
punsubscribe [pattern[pattern....]]

# 订阅某个频道或者多个频道
subscribe channel[channel...]
```

```
# 退订某个频道或者多个频道
unsubscribe channel[channel...]
```

3.5.4　Redis 整合到 Spring Boot

介绍完 Redis 的基本知识和命令后，笔者打算把 Redis 整合到 Spring Boot 项目中来。为了演示方便，笔者新建一个 Spring Boot 项目 test-redis。

首先增加 Redis 的依赖到 pom.xml 文件中，代码如下：

```xml
<dependency>
        <groupId>org.springframework.boot</groupId>
        <artifactId>spring-boot-starter-data-redis</artifactId>
    </dependency>
```

然后在 application.yml 文件中，增加 Redis 的配置，代码如下：

```yaml
##默认密码为空
redis:
    host: 127.0.0.1
    # Redis 服务器连接端口
    port: 6379
    jedis:
      pool:
        # 连接池最大连接数
        max-active: 100
        # 连接池中的最小空闲连接
        max-idle: 10
        # 连接池最大阻塞等待时间
        max-wait: 100000
    # 连接超时时间（毫秒）
    timeout: 5000
    #默认是使用索引为 0 的数据库
    database: 0
```

为了更方便地操作 Redis，笔者封装了一个 Redis 工具类，代码如下：

```java
import org.springframework.beans.factory.annotation.Autowired;
import org.springframework.data.redis.core.RedisTemplate;
import org.springframework.stereotype.Component;

import java.util.concurrent.TimeUnit;

@Component
public class RedisUtil {

    @Autowired
    private RedisTemplate<String, String> redisTemplate;

    public String get(final String key) {
        return redisTemplate.opsForValue().get(key);
    }

    public boolean set(final String key, String value) {
        boolean result = false;
        try {
            redisTemplate.opsForValue().set(key, value);
            result = true;

        } catch (Exception e) {
            e.printStackTrace();
        }
        return result;
```

```
    }

    public boolean getAndSet(final String key, String value) {
        boolean result = false;
        try {
            redisTemplate.opsForValue().getAndSet(key, value);
            result = true;
        } catch (Exception e) {
            e.printStackTrace();
        }

        return result;
    }

    public boolean delete(final String key) {
        boolean result = false;
        try {
            redisTemplate.delete(key);
            result = true;
        } catch (Exception e) {
            e.printStackTrace();
        }

        return result;
    }

    public boolean hasKey(String key) {
        boolean result = false;
        try {
            return redisTemplate.hasKey(key);
        } catch (Exception e) {
            e.printStackTrace();
        }
        return result;
    }

    public boolean expire(String key, long time) {
        boolean result = false;
        try {
            return redisTemplate.expire(key, time, TimeUnit.SECONDS);
        } catch (Exception e) {
            e.printStackTrace();
        }
        return result;
    }

}
```

封装好这个工具类，在需要使用的 Service 中用 @Autowierd 进行引入即可。

3.5.5　Redis 集群

Redis 从 3.0 版本后引入了分布式存储方案，可以通过搭建多个运行实例来构成多节点的集群服务，从而让数据存储也分布式化。

集群中的节点分为主节点和从节点两种，主节点是负责读 / 写请求的处理以及对集群信息方面的维护工作；从节点通过复制主节点的数据和信息来同步，逻辑如图 3.9 所示。

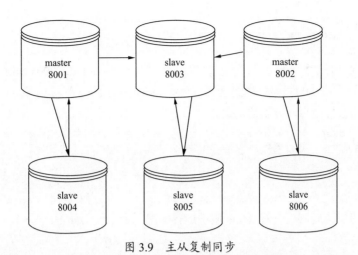

图 3.9　主从复制同步

如果以图 3.9 所示的架构为案例，需要运行三个主节点实例和三个从节点实例。

首先创建集群服务的目录，以及各个节点的目录，命令如下：

```
mkdir -p ~/redis-cluster
cd ~/redis-cluster
mkdir -p 8001/data 8002/data 8003/data 8004/data 8005/data 8006/data
mkdir bin
cp /usr/local/redis-3.5.5/
cp mkreleasehdr.sh redis-benchmark redis-check-aof redis-check-dump redis-cli
redis-server redis-trib.rb ~/redis-cluster/bin
```

把 Redis 可执行文件和脚本复制到新创建的 bin 下，方便后面使用这些脚本来启动集群相关服务。

那么需要编写一个启动配置文件 redis-8001.conf 给主节点服务，可以安装目录下的 redis.conf 过来，主要的修改部分如下：

```
port 8001
# 由于是本机部署，所以写的 127.0.0.1，如果是在其他主机上部署，那么就写服务器的真实 IP
bind 127.0.0.1
cluster-enabled yes
cluster-config-file "node-8001.conf"
logfile "log-8001.log"
dbfilename "dump-8001.rdb"
daemonize yes
```

对于上面的参数，其中：

- port：是端口号，这里设置为 8001；
- clsuter-enabled：是否开启集群模式，yes 表示开启。Redis 包含两种模式，一种是单机模式 standalone，另一种是集群模式 cluster；
- cluster-config-file：该参数指定了集群配置文件的位置。每个节点在运行过程中，会维护一份集群配置文件；
- daemonize：是否是守护进程方式运行，yes 表示是。

其他主节点的配置文件和 8001 类似，只需修改端口号即可。

然后在编写其中一个从节点的配置文件 redis-8004.conf，代码如下：

```
port 8002
cluster-enabled yes
```

```
logfile "log-8002.log"
dbfilename "dump-8002.rdb"
appendonly yes
```

其他从节点和这个类似，只需修改端口号即可，例如 redis-8005.conf 中的 port 改为 8005，logifle 改为 log-8005.log。依此类推，创建 redis-8005.conf 和 redis-8006 即可。

都创建并修改好之后，分别启动这六个节点服务，命令代码如下：

```
/usr/local/bin/redis-server /Users/tony/redis-cluster/8001/redis.conf
/usr/local/bin/redis-server /Users/tony/redis-cluster/8002/redis.conf
/usr/local/bin/redis-server /Users/tony/redis-cluster/8003/redis.conf
/usr/local/bin/redis-server /Users/tony/redis-cluster/8004/redis.conf
/usr/local/bin/redis-server /Users/tony/redis-cluster/8005/redis.conf
/usr/local/bin/redis-server /Users/tony/redis-cluster/8006/redis.conf
```

完成上面的步骤后可以查看 Redis 服务运行情况，命令代码如下：

```
  ps -el | grep redis
    501     485        1       4006     0    31    0    4314268       436    -         S
0 ??          1:38.69 redis-server *:6379
    501   30930        1          4     0    31    0    4347552      1364    -         Ss
0 ??          0:46.62 /usr/local/bin/redis-server 127.0.0.1:8001 [cluster]
    501   30937        1          4     0    31    0    4347552      1340    -         Ss
0 ??          0:46.38 /usr/local/bin/redis-server 127.0.0.1:8002 [cluster]
    501   30943        1          4     0    31    0    4347552      1380    -         Ss
0 ??          0:46.48 /usr/local/bin/redis-server 127.0.0.1:8003 [cluster]
    501   46754        1          4     0    31    0    4347552      2396    -         Ss
0 ??          0:00.28 /usr/local/bin/redis-server 127.0.0.1:8004 [cluster]
    501   46761        1          4     0    31    0    4347552      2368    -         Ss
0 ??          0:00.25 /usr/local/bin/redis-server 127.0.0.1:8005 [cluster]
    501   46767        1          4     0    31    0    4347552      2376    -         Ss
0 ??          0:00.24 /usr/local/bin/redis-server 127.0.0.1:8006 [cluster]
```

这时并不是真的集群，只是运行了六个 Redis 实例而已，所以需要让它们相互之间产生一个集群关系，可以考虑使用 Redis 安装目录中自带的 ruby 辅助脚本，使用之前需要安装 ruby 命令，如果是在 centos 中安装，命令代码如下：

```
yum install ruby
```

执行下面的命令，即可看到输出。

```
/usr/local/redis-5.0.5/src/redis-trib.rb --replicas 127.0.0.1:8001
127.0.0.1:8002 127.0.0.1:8003 127.0.0.1:8004 127.0.0.1:8005 127.0.0.1:8006
WARNING: redis-trib.rb is not longer available!
You should use redis-cli instead.

All commands and features belonging to redis-trib.rb have been moved
to redis-cli.
In order to use them you should call redis-cli with the --cluster
option followed by the subcommand name, arguments and options.

Use the following syntax:
redis-cli --cluster SUBCOMMAND [ARGUMENTS] [OPTIONS]

Example:
redis-cli --cluster --replicas 127.0.0.1:8001 127.0.0.1:8002 127.0.0.1:8003
127.0.0.1:8004 127.0.0.1:8005 127.0.0.1:8006

To get help about all subcommands, type:
redis-cli --cluster help
```

可以看出，在高版本的 Redis 中已经不能使用这个 ruby 脚本来创建集群，按照提示改用 redis-cli 命令进行集群部署，注意在安装过程中记得输入 yes。

```
    redis-cli --cluster create 127.0.0.1:8001 127.0.0.1:8002 127.0.0.1:8003
127.0.0.1:8003 127.0.0.1:8004 127.0.0.1:8005 127.0.0.1:8006
    >>> Performing hash slots allocation on 6 nodes...
    Master[0] -> Slots 0 - 5460
    Master[1] -> Slots 5461 - 10922
    Master[2] -> Slots 10923 - 16383
    M: 66d017f0d0fb65c9b65aa1ce81e2bdd6a2a4ab16 127.0.0.1:8001
        slots:[0-5460] (5461 slots) master
    M: f64bfee72b7f6a8383d5b6c65131e289309d030c 127.0.0.1:8002
        slots:[5461-10922] (5462 slots) master
    M: 2563b750a21a28f03a705216cab3e61cfa4fdb8d 127.0.0.1:8003
        slots:[10923-16383] (5461 slots) master
    Can I set the above configuration? (type 'yes' to accept): ^C
    →   redis-cluster redis-cli --replicas create 127.0.0.1:8001 127.0.0.1:8002
127.0.0.1:8003
    Unrecognized option or bad number of args for: '--replicas'
    →   redis-cluster redis-cli --cluster create 127.0.0.1:8001 127.0.0.1:8002
127.0.0.1:8003
    >>> Performing hash slots allocation on 3 nodes...
    Master[0] -> Slots 0 - 5460
    Master[1] -> Slots 5461 - 10922
    Master[2] -> Slots 10923 - 16383
    M: 66d017f0d0fb65c9b65aa1ce81e2bdd6a2a4ab16 127.0.0.1:8001
        slots:[0-5460] (5461 slots) master
    M: f64bfee72b7f6a8383d5b6c65131e289309d030c 127.0.0.1:8002
        slots:[5461-10922] (5462 slots) master
    M: 2563b750a21a28f03a705216cab3e61cfa4fdb8d 127.0.0.1:8003
        slots:[10923-16383] (5461 slots) master
    Can I set the above configuration? (type 'yes' to accept): yes
    >>> Nodes configuration updated
    >>> Assign a different config epoch to each node
    >>> Sending CLUSTER MEET messages to join the cluster
    Waiting for the cluster to join
    .
    >>> Performing Cluster Check (using node 127.0.0.1:8001)
    M: 66d017f0d0fb65c9b65aa1ce81e2bdd6a2a4ab16 127.0.0.1:8001
        slots:[0-5460] (5461 slots) master
    M: f64bfee72b7f6a8383d5b6c65131e289309d030c 127.0.0.1:8002
        slots:[5461-10922] (5462 slots) master
    M: 2563b750a21a28f03a705216cab3e61cfa4fdb8d 127.0.0.1:8003
        slots:[10923-16383] (5461 slots) master
    [OK] All nodes agree about slots configuration.
    >>> Check for open slots...
    >>> Check slots coverage...
    [OK] All 16384 slots covered.
```

先在 8001 的连接上设置一个值，代码如下：

```
localhost:8001> set tin cola
-> Redirected to slot [14354] located at 127.0.0.1:8003
OK
```

然后在 8003 上可以获得 tin 的值，代码如下。

```
127.0.0.1:8003> get tin
"cola"
```

从上面的实验可以看出，Redis 集群配置在节点和节点之间都是平等地传递数据的。在 8001 上设置一个 key 的值，用客户端连接到 8003 端口也可以通过 get 命令获取同样 key 的值。在分配数据的算法方面独具特色，Redis 集群没有使用传统的一致性哈希来分配数据，而是采用另外一种叫作哈希槽（hash slot）的方式来分配的。通常一个 Redis 集群包含了 16 384 个哈希槽，它的编号从 0 开始，即 0、1、2、3……16 383，这些哈希槽只是逻辑上存在，物理上并不存在。每个 key 在 Redis 中都属于某一个哈希槽，通过 key → slot 的映射来计算出位置，其具体公式如下：

$$HASH\_SLOT(key)= CRC16(key) \% 16384$$

其中，CRC16(key) 是计算 key 的 CRC16 校验和，通过这个公式可以算出 key 对应的哈希槽。

3.5.6　Redis 存储登录凭证实例

登录功能是很多网站共有的功能，常常可以考虑使用 Redis 作为登录凭证的存储方式。考虑使用 Redis 中最简单的存储结构 key-value，利用过期时间保证登录有效时间是固定的。

利用之前封装好的 RedisUtil 编写登录成功后的逻辑代码如下：

📖 代码 3-17 src/main/java/com/freejava/testredis/demo/service/LoginService .java

```java
package com.freejava.testredis.demo.service;

import com.alibaba.fastjson.JSON;
import com.freejava.testredis.demo.pojo.User;
import com.freejava.testredis.demo.utils.LoginResult;
import com.freejava.testredis.demo.utils.RedisUtil;
import com.freejava.testredis.demo.utils.UUIDUtil;
import org.springframework.beans.factory.annotation.Autowired;

public class LoginService {

    @Autowired
    RedisUtil redis;

    public LoginResult doLogin(User user) {

        LoginResult resultObj = new LoginResult("", true);

        if (user.getName() != "freejava"
                || user.getPassword() != "lovechina") {

            resultObj.setRes(false);
        }

        // 将 user 对象进行 json 字符串化
        String userString = JSON.toJSONString(user);

        // 存储登录凭证到 redis 里面
        // 获取一个 uuid
        String uuid = UUIDUtil.getUUID();
        // 设置 user_ + uuid 为键, userString 为对应值
        redis.set("user_" + uuid, userString);
        // 设置有效时间为 1 天
        redis.expire("user_" + uuid, 1*24*3600);
        //redis.set();
        // 设置返回对象属性
        resultObj.setRes(true);
        resultObj.setUserId(uuid);

        return resultObj;
    }
}
```

在 RedisUtil 中调用的 UUIDUtil 是专门生成 uuid 的工具类，代码如下：

📖 代码 3-18 testredis/demo/utils/UUIDUtil.java

```java
package com.freejava.testredis.demo.utils;

import java.util.UUID;

public class UUIDUtil {

    /**
     * 格式化处理 UUID，返回处理好的字符串
     * @return String
     */
    public static String getUUID() {
        return UUID.randomUUID().toString().replace("-", "");
    }
}
```

在 RedisUtil 中引用到的 LoginResult 类是一个结果类，代码如下：

```java
package com.freejava.testredis.demo.utils;

import lombok.AllArgsConstructor;
import lombok.Data;
import lombok.NoArgsConstructor;

@Data
@NoArgsConstructor
@AllArgsConstructor
public class LoginResult {

    private String userId;

    private boolean res;
}
```

3.5.7　Redis 缓存查询结果实例

Redis 同样也用于一些数据的缓存，例如对一些热数据经常进行缓存，以提高数据获取的速度。为了测试这个数据缓存到 Redis 的功能，新建一个 rt_products 表（商品表）来做测试数据。

rt_products 表的建表语句代码如下：

```sql
CREATE TABLE 'rt_products' (
  'id' bigint(20) unsigned NOT NULL AUTO_INCREMENT COMMENT '商品 ID',
  'name' varchar(80) COLLATE utf8_bin DEFAULT NULL COMMENT '商品名',
  'desc' varchar(250) COLLATE utf8_bin DEFAULT NULL COMMENT '商品描述',
  'price' decimal(11,2) DEFAULT NULL COMMENT '商品价格',
  'created' int(11) DEFAULT NULL COMMENT '创建时间',
  'modified' int(11) DEFAULT NULL COMMENT '修改时间',
  PRIMARY KEY ('id')
) ENGINE=InnoDB DEFAULT CHARSET=utf8 COLLATE=utf8_bin
```

为了测试方便，在 rt_products 表中插入三条测试数据，插入数据的 SQL 语句如下：

```sql
INSERT INTO rt_products ('name','desc','price','created' )
VALUES
    ( "Mac Pro", "Mac laptop", 12000.00, 1602072271 ),
    ( "Xiaomi Pro", "xiaomi laptop", 6000.00, 1602072272 ),
("Huawei Pro", "Huawei laptop", 5999.00, 1602072273);
```

对应创建 rt_products 的 POJO 对象类，代码如下：

📖 代码 3-19 /testredis/demo/pojo/Product.java

```
package com.freejava.testredis.demo.pojo;

import lombok.AllArgsConstructor;
import lombok.Data;
import lombok.NoArgsConstructor;

@Data
@AllArgsConstructor
@NoArgsConstructor
public class Product {
    // 商品主键 ID
    private Long id;
    // 商品名称
    private String name;
    // 商品简介
    private String desc;
    // 商品价格
    private float price;
    // 创建时间，时间戳
    private int created;
    // 修改时间，时间戳
    private int modified;
}
```

由于只做查询操作，所以编写 Mapper 文件时只考虑编写查询相关的方法即可。

📖 代码 3-20 /testredis/demo/mapper/ProductMapper.java

```
package com.freejava.testredis.demo.mapper;

import com.freejava.testredis.demo.pojo.Product;
import org.apache.ibatis.annotations.Mapper;
import org.apache.ibatis.annotations.Select;

import java.util.List;

@Mapper
public interface ProductMapper {
    @Select("select * from rt_products")
    List<Product> getList();

    @Select("select * from rt_products where id = #{id}")
    Product findById(Long id);
}
```

为了让 Spring Boot 内置的缓存框架使用 Redis 作为新的缓存方案，于是添加了一个 RedisConfiguration 配置类，并添加相应方法。

📖 代码 3-21 /testredis/demo/config/RedisConfiguration .java

```
package com.freejava.testredis.demo.config;

import org.springframework.cache.CacheManager;
import org.springframework.cache.annotation.CachingConfigurerSupport;
import org.springframework.cache.annotation.EnableCaching;
import org.springframework.context.annotation.Bean;
import org.springframework.context.annotation.Configuration;
import org.springframework.data.redis.cache.RedisCacheConfiguration;
import org.springframework.data.redis.cache.RedisCacheManager;
import org.springframework.data.redis.cache.RedisCacheWriter;
import org.springframework.data.redis.connection.RedisConnectionFactory;
```

```
@Configuration
@EnableCaching
public class RedisConfiguration extends CachingConfigurerSupport {

    @Bean
    public CacheManager cacheManager(RedisConnectionFactory
redisConnectionFactory) {
        // 创建一个 redis 缓存配置
        RedisCacheConfiguration redisCacheConfiguration = RedisCacheConfiguration.
defaultCacheConfig();
        return RedisCacheManager
                .builder(RedisCacheWriter.nonLockingRedisCacheWriter(redisConne
ctionFactory))
                .cacheDefaults(redisCacheConfiguration).build();
    }

}
```

运行本项目可能报错，代码如下：

```
org.springframework.data.redis.serializer.SerializationException: Cannot
serialize...
```

这是因为 POJO 对象没有实现序列化接口，调整 pojo/Porduct.java 代码如下：

```
// 省略包引入部分代码
public class Product implements Serializable {
// 省略其他代码
}
```

上面代码中 Product 声明实现了 Serializable 接口，代表这个类可以被序列化，这样 Redis 才能顺利存储该类对象的数据。

保存修改后再次运行该项目，访问如图 3.10 所示的接口。

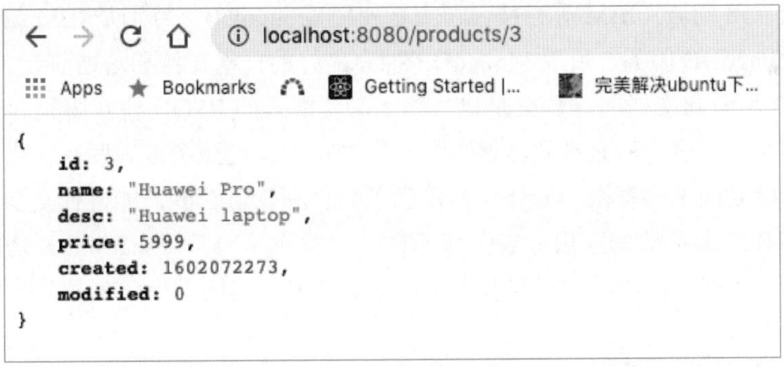

图 3.10　获取商品详情

然后查看 Redis 内已经生成了一个对应的 key，命令和输出如下：

```
~ redis-cli
127.0.0.1:6379> keys *
1) "userCache::com.freejava.testredis.demo.controller.ProductControllerfindProdu
ctById3"
2) "set_me"
3) "page_rank"
4) "article::26"
5) "article::45"
```

然后查看这个 key 存储的值，代码如下：

```
    127.0.0.1:6379> get userCache::com.freejava.testredis.demo.controller.ProductCo
ntrollerfindProductById3
    "\xac\xed\x00\x05sr\x00(com.freejava.testredis.demo.pojo.Product\x7f\x882C\x18\
x8b\\\xe7\x02\x00\x06I\x00\acreatedI\x00\bmodifiedF\x00\x05priceL\x00\x04desct\x00\
x12Ljava/lang/String;L\x00\x02idt\x00\x10Ljava/lang/Long;L\x00\x04nameq\x00~\x00\
x01xp_}\xae\xd1\x00\x00\x00\x00E\xbbx\x00t\x00\rHuawei laptopsr\x00\x0ejava.lang.
Long;\x8b\xe4\x90\xcc\x8f#\xdf\x02\x00\x01J\x00\x05valuexr\x00\x10java.lang.Number\
x86\xac\x95\x1d\x0b\x94\xe0\x8b\x02\x00\x00xp\x00\x00\x00\x00\x00\x00\x00\x03t\x00\
nHuawei Pro"
```

说明已经顺利地把这个 id 为 3 的商品数据存储到了 Redis，后面再次请求这个接口（/products/3）则会直接从 Redis 缓存中读取，而不再去访问数据库。

3.6　MongoDB 整合

现在的互联网公司往往不知如何使用关系型数据库，还需要使用 NoSQL 来存储一些非事务性要求的数据，如登录日志、评论等。在 NoSQL（非关系型数据库）中使用较多的是 MongoDB，本小节从安装开始讲起，然后结合实际例子将 MongoDB 整合到 Spring Boot 项目中。

3.6.1　MongoDB 简介

MongoDB 是一款非常流行的非关系型数据库，它支持分布式，由 C++ 编写而成。在非关系数据库中 MongoDB 的功能非常强大，在 4.0 版本之后也支持事务性操作，所以大有替代关系型数据库的趋势。

目前腾讯、58 同城、IBM 等科技公司大量使用 MongoDB，特别是 IBM 为之背书，提供了企业级的 MongoDB 服务，所以 MongoDB 拥有良好的技术支持和落地前景。

MongoDB 是面向文档的，数据是以类似 JSON 格式的 BSON 格式编写存储的。它不再是把数据存储在不同表中而是把数据聚合在一篇文档中，避免了多表联查，也让获取数据变得更加简单。除了简单的查询功能外，还提供了聚合和管道功能，能进行复杂的数据处理。和关系数据库处理大量数据采用分表分库不同，它提供了分片（sharding）功能，能很好地控制单个节点的数据量，通过运行在多个服务器上的多个实例进行分布式存储数据。

3.6.2　MongoDB 安装

MongoDB 提供了不同的操作系统，不同的安装包和安装方式，可以访问 MongoDB 官网的下载页面进行下载，如图 3.11 所示。

MongoDB 有商业版和社区版两种，社区版是免费的。如图 3.11 所示，右侧可以选择自己计算机的操作系统平台，如 Windows，下载 msi 的安装包，然后根据指示操作很简单就安装完成了。

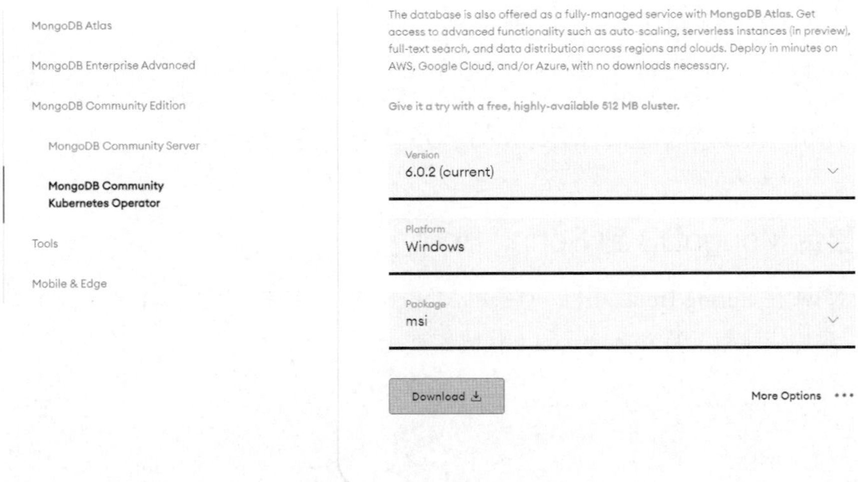

图 3.11　MongoDB 下载页面

如果是 Mac OS 系统则选择 platform（平台为 Mac OS），下载对应的 tgz 压缩包，然后进行解压即可。Linux 的安装方式和 Mac OS 类似，这里以 Mac OS 为主进行讲解。笔者选择了最新的版本 4.4.1，下载压缩包名为：mongodb-macos-x86_64-4.4.1。

首先解压该压缩包，然后再创建数据目录、日志目录，最后运行实例。代码如下：

```
# 解压
tar -zxvf mongodb-macos-x86_64-4.4.1.tgz

sudo cp ./mongodb-macos-x86_64-4.4.1./bin/* /usr/local/bin/


# 创建数据目录
sudo mkdir -p /usr/local/var/mongodb
# 创建日志目录
sudo mkdir -p /usr/local/var/log/mongodb

sudo chown freejava /usr/loca/lvar/mongodb
sudo chown freejava /usr/local/var/log/mongodb

# 运行实例
mongod --dbpath /usr/local/var/mongodb --logpath /usr/local/var/log/mongodb/
mongo.log -d
```

执行以上命令，可以看到安装和运行成功，代码如下：

```
x mongodb-macos-x86_64-4.4.1/LICENSE-Community.txt
x mongodb-macos-x86_64-4.4.1/MPL-2
x mongodb-macos-x86_64-4.4.1/README
x mongodb-macos-x86_64-4.4.1/THIRD-PARTY-NOTICES
x mongodb-macos-x86_64-4.4.1/bin/install_compass
x mongodb-macos-x86_64-4.4.1/bin/mongo
x mongodb-macos-x86_64-4.4.1/bin/mongod
x mongodb-macos-x86_64-4.4.1/bin/mongos
about to fork child process, waiting until server is ready for connections.
forked process: 94507
child process started successfully, parent exiting
```

从上面运行实例的命令可以看出，设置了很多参数，其实这些参数可以编写到配置文件中，在运行实例时指定配置文件来运行。在 MongoDB 解压包的根目录下编写一个 mongodb.conf，代码如下：

```
dbpath=/usr/local/var/mongodb/db
logpath=/usr/local/var/mongodb/logs
port=27017
fork=true
```

然后再使用上面这个配置文件运行 MongoDB 实例，代码如下：

```
./mongod -f mongo.conf
```

3.6.3 整合 MongoDB 到 Spring Boot

笔者打算在 Spring Boot 项目中使用 MongoDB，首先创建一个专门的项目 test-mongodb。添加依赖包配置到 pom.xml，代码如下：

```
<dependency>
            <groupId>org.springframework.boot</groupId>
            <artifactId>spring-boot-starter-data-mongodb</artifactId>
</dependency>
```

改写 application.properties 为 application.yml，代码如下：

```
spring:
  data:
    mongodb:
      authentication-database: test
      host: 127.0.0.1
      port: 27017
      username: admin77
      password: admin77
```

需要事先创建名为 admin77 的账号，并赋予 test 数据库的读写权限。

MongoDB 的操作和 Spring Data JPA 类似，需要定义实体类，代码如下：

📖 代码 3-22 /src/main/java/com/freejava/testmongodb/entity/Stock.java

```
package com.freejava.testmongodb.entity;

import lombok.AllArgsConstructor;
import lombok.Data;
import lombok.NoArgsConstructor;

@Data
@NoArgsConstructor
@AllArgsConstructor
public class Stock {
    // 记录主键 ID
    private Integer id;
    // 股票代码 如 002001
    private String code;
    // 股票名称
    private String name;
    // 股票现价
    private String currentPrice;
    // 是否是 st true/false
    private boolean isST;
    // 上市时间
    private int up_time;
}
```

然后再编写 Dao 层文件，代码如下：

📖 代码 3-23 /src/main/java/com/freejava/testmongodb/dao/StockDao.java

```
package com.freejava.testmongodb.dao;
```

```java
import com.freejava.testmongodb.entity.Stock;
import org.springframework.data.mongodb.repository.MongoRepository;

import java.util.List;

public interface StockDao extends MongoRepository<Stock, Integer> {

    Stock findByNameEquals(String name);

    List<Stock> findByNameContains(String name);

    Stock findByCodeEquals(String code);
}
```

从上面的代码可以看出，MongoRepository 封装了对实体类的查询、修改、删除等基础操作，例如上面代码中的 findByNameContains 是根据 name 字段中包含某字符串查询返回多条股票数据。

作为简单的展示，直接在 Controller 中编写测试代码，代码如下：

📖 代码 3-24　/testmongodb/controller/StockController.java

```java
package com.freejava.testmongodb.controller;

import com.freejava.testmongodb.dao.StockDao;
import com.freejava.testmongodb.entity.Stock;
import org.springframework.beans.factory.annotation.Autowired;
import org.springframework.web.bind.annotation.GetMapping;
import org.springframework.web.bind.annotation.RestController;

import java.util.ArrayList;
import java.util.List;

@RestController
public class StockController {

    @Autowired
    StockDao stockDao;

    @GetMapping("/test")
    public void test() {
        List<Stock> stocks = new ArrayList<>();
        Stock s1 = new Stock();
        s1.setId(1);
        s1.setCode("002001");
        s1.setName("JavaString");
        s1.setCurrentPrice("31.53");
        s1.setST(false);

        s1.setUp_time((int)System.currentTimeMillis());
        stocks.add(s1);
        Stock s2 = new Stock();
        s2.setId(2);
        s2.setCode("002002");
        s2.setName("avMongoDB");
        s2.setCurrentPrice("202.08");
        s2.setST(false);

        s1.setUp_time((int)System.currentTimeMillis());
        stocks.add(s2);
        // 插入数据
        stockDao.insert(stocks);
        List<Stock> stocks1 = stockDao.findByNameContains("av");
        Stock st = stockDao.findByCodeEquals("002002");
```

```
        System.out.println(stocks1);
        System.out.println(st);

    }

}
```

用浏览器访问 http://localhost:8080/test 即可看到如下输出代码：

```
    [Stock(id=1, code=002001, name=JavaString, currentPrice=31.53, isST=false, up_
time=1162901849), Stock(id=2, code=002002, name=avMongoDB, currentPrice=202.08,
isST=false, up_time=0)]
    Stock(id=2, code=002002, name=avMongoDB, currentPrice=202.08, isST=false, up_
time=0)
```

看到上面的输出，说明有两条数据插入成功，通过命令行或者 GUI 方式连接到数据库，可以看到有如下代码：

```
    db.stock.find();
    { "_id" : 1, "code" : "002001", "name" : "JavaString", "currentPrice" : "31.53",
"isST" : false, "up_time" : 1162901849, "_class" : "com.freejava.testmongodb.entity.
Stock" }
    { "_id" : 2, "code" : "002002", "name" : "avMongoDB", "currentPrice" : "202.08",
"isST" : false, "up_time" : 0, "_class" : "com.freejava.testmongodb.entity.Stock" }
```

3.6.4 用 MongoDB 存储登录记录实例

之前笔者用 Redis 存储过用户登录信息，现在考虑使用 MongoDB 进行存储登录记录。由于登录记录不需要具有事务性，只是用于单纯记录登录基本信息，所以使用 MongoDB 进行记录存储。

在 test-mongodb 的项目基础上继续开发，编写日志实体，代码如下：

```
package com.freejava.testmongodb.entity;

import lombok.AllArgsConstructor;
import lombok.Data;
import lombok.NoArgsConstructor;

@Data
@NoArgsConstructor
@AllArgsConstructor
public class MyLoginLog implements Serializable {
    private Integer id;
    // 登录者 ID
    private String userId;
    // 登录者用户名
    private String username;
    // 登录者 ip
    private String ip;
    // 登录时间
    private int created;
}
```

然后编写 Dao 层文件，代码如下：

📖 代码 3-25 /src/main/java/com/freejava/testmongodb/entity/MyLoginLogDao.java

```
package com.freejava.testmongodb.dao;

import com.freejava.testmongodb.entity.MyLoginLog;
import org.springframework.data.mongodb.repository.MongoRepository;
```

```
import java.util.List;

public interface MyLoginLogDao extends MongoRepository<MyLoginLog, Integer> {
    List<MyLoginLog> findByIpEquals(String ip);
    List<MyLoginLog> findByUsernameContains(String username);
    List<MyLoginLog> findByUserId(String userId);
}
```

由于只是做演示，所以只编写一个 Controller 文件去模拟登录操作，并仅仅记录下登录日志即可。

📖 代码 3-26 /testmongodb/controller/LoginController.java

```
package com.freejava.testmongodb.controller;

import com.freejava.testmongodb.dao.MyLoginLogDao;
import com.freejava.testmongodb.entity.MyLoginLog;
import org.springframework.beans.factory.annotation.Autowired;
import org.springframework.web.bind.annotation.PostMapping;
import org.springframework.web.bind.annotation.RequestParam;
import org.springframework.web.bind.annotation.RestController;

@RestController
public class LoginController {

    @Autowired
    MyLoginLogDao myLoginLogDao;
    /**
     * 模拟登录的过程，只关注最后日志记录部分。
     */
    @PostMapping("/login")
    public void doLogin(@RequestParam(value = "username") String userName,
                        @RequestParam(value = "password") String password,
                        @RequestParam(value = "ip") String ip) {
        // 省略一些登录验证的代码
        MyLoginLog myLoginLog = new MyLoginLog();
        myLoginLog.setId(1);
        myLoginLog.setUserId("SD23234");
        myLoginLog.setUsername("freejava");
        // myLoginLog.setIp("10.135.172.67");
        myLoginLog.setCreated((int)System.currentTimeMillis());
        myLoginLogDao.insert(myLoginLog);

        System.out.println("isnert record is:" + myLoginLog);
    }
}
```

从记录登录日志的例子可以看出，MongoDB 的使用非常方便，无须事先建表，也不用每个字段都有值，插入数据非常自由。最近几年，越来越多的科技公司开始关注 MongoDB，也针对 MongoDB 进行了大规模的使用，如腾讯还专门针对提高 MongoDB 性能而组织了中间件的攻坚项目组。由此可见，学好 MongoDB 也有一定的技术竞争力。

3.6.5　MongoDB 相对于 MySQL 的优势

MongoDB 作为 MySQL 之类关系数据库的补充，在 Web 3.0 时代起到了极大的作用。文档化的数据存储，非常方便聚合一些原本需要多表查询的复杂结果。要比较优势，先要了解两者差异，见表 3.1 笔者整理了一些 MongoDB 和 MySQL 的区别。

表 3.1 MongoDB 和 MySQL 的差异

MySQL	MongoDB
列（字段）	属性（可有可无）
行	文档
表	集合
连表查询	嵌入文档，无须连表查询
主键约束，外键约束	无约束

在 MongoDB 4.0 之前，MongoDB 无法原生支持事务操作，现在高于 4.x 的版本已经支持事务操作，所以短板已经补齐。MongoDB 相较于 MySQL 的优势不少，具体如下：

- 读写快速：除了查询获取数据更方便外，MongoDB 的性能非常高。它把数据存储在物理内存中，读取非常快速，特别适合对热数据的处理。
- 扩展性高：MongoDB 天生就是分布式文件存储，可以很好地搭建高性能的集群，通过 Sharding（分片）技术来达到分表分库的效果。
- 存储格式高效：使用 JSON 格式，对任何编程语言都是友好的，对人们进行阅读也是友好的。
- 海量数据存储：内置 GridFS，支持海量的文件数据存储。GridFS 可以针对大数据集进行快速范围查询，这一点是 MySQL 无法做到的。
- 性能优越：在千万级数据对象，接近 10GB 的数据，对有索引的 ID 查询性能和 MySQL 持平，而无索引字段查询则远超过 MySQL 的同等条件下查询。

3.6.6 MongoDB 的复杂查询和管道

MongoDB 的复杂查询包括类似于 select in 和一些聚合管道的操作，聚合管道是 MongoDB 原生提供的一种处理复杂数据的能力。官方文档中的 aggregation pipeline，可以翻译为聚合管道，它可以对数据文档进行组合和变换。聚合管道是基于数据流概念，数据进入管道经过一个或多个阶段，每个阶段对数据进行操作（筛选、映射、分组、排序、限制或跳过），最终输出结果。为了学习和查阅方便，常用的管道操作符见表 3.2。

表 3.2 管道操作符

操作符	描　　述
$match	匹配操作符，用于对文档集合进行条件筛选
$group	分组操作符，用于对文档集合进行分组
$sort	排序操作符，根据一个或者多个字段对文档集合进行排序
$limit	限制操作符，限制返回数据个数
$skip	跳过操作符，用于跳过指定数量的文档
$lookup	连接操作符，用于连接同一个数据库的另外一个集合，并取得指定的文档和 popluate 类似
$project	映射操作符，用于重构文档的字段，或者重命名字段，甚至可以新增字段到指定的文档
$unwind	拆分操作符，用于将数组中的每个值拆分成单独的一个文档

假设有一个 orders 集合（也就是在 MySQL 中的 orders 表），使用聚合管道查询代码如下：

```
db.orders.aggregate([
    { $match: { status: "A" } },
    { $group: { _id: "$cust_id", total: { $sum: "$amount" } } }
])
```

其中 aggregate 是聚合操作的函数，$match 是需要匹配的条件 status 等于 A，$group 中设置的按照 cust_id 分组，还要计算 amount 的累加之和，并赋值给 total 字段作为返回字段。

除了 aggregate 之外，MongoDB 还提供了 mapReduce 功能。map-Reduce 是一种数据处理范例，用于将大量数据压缩为有用的聚合结果。为了执行 map-Reduce 操作，MongoDB 提供了 mapReduce 数据库命令。

还是以 orders 集合为例，使用 mapReduce 方式实现和 aggregate 一样的功能，如图 3.12 所示。

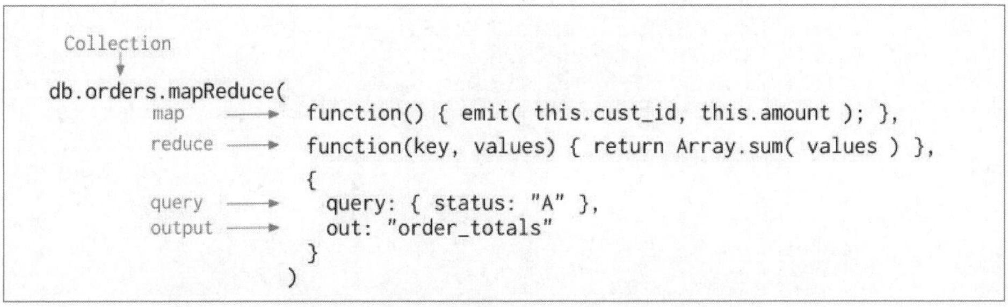

图 3.12　使用 mapReduce 方式查询 orders

3.6.7　博客系统接口改为 MongoDB 方式存储

在书中 2.7 节笔者曾经开发了一个简易的博客系统，编写了 RESTful API 来管理博客文章以及用户注册和登录功能。我们将在之前项目的基础上进行开发，将数据库底层改用 MongoDB 进行存储，其他功能不变。

为了和之前的 myblog 项目不冲突，笔者将 myblog 项目增加到 git 仓库，并创建一个新的分支命名为 mongodb。

在 pom.xml 中删掉 MySQL 的连接池相关配置，增加关于 mongodb 的配置，代码如下：

```
data:
    # mongodb 配置
    mongodb:
        authentication-database: test
        host: 127.0.0.1
        port: 27017
        username: admin77
        password: admin77
```

可以考虑使用 MongoTemplate 类对 MongoDB 数据库进行增删改查操作，可以改写 ArticleService 类，代码如下：

📖 代码 3-27　/myblog/services/ArticleService.java

```
package com.freejava.myblog.services;

import com.freejava.myblog.pojo.MyArticle;
import com.mongodb.client.result.DeleteResult;
import com.mongodb.client.result.UpdateResult;
import org.springframework.beans.factory.annotation.Autowired;
```

```java
import org.springframework.data.mongodb.core.MongoTemplate;
import org.springframework.data.mongodb.core.query.Criteria;
import org.springframework.data.mongodb.core.query.Query;
import org.springframework.data.mongodb.core.query.Update;
import org.springframework.stereotype.Service;

import java.util.List;

@Service
public class ArticleService {

    @Autowired
    MongoTemplate mongoTemplate;

    private final String tableName = "my_article";
    // 创建文章
    public boolean add(MyArticle myArticle) {
        long unixTime = System.currentTimeMillis() / 1000L;
        int nowUnixTime = (int) unixTime;
        myArticle.setCreated(nowUnixTime);
//        Object obj = mongoTemplate.save(myArticle, this.tableName);
        MyArticle obj = mongoTemplate.save(myArticle);
        if (obj !=null) {
            return true;
        } else {
            return false;
        }
    }

    // 获取文章列表 不分页
    public List<MyArticle> findAll() {
//        return mongoTemplate.findAll(MyArticle.class, MyArticle.class);

        return mongoTemplate.findAll(MyArticle.class);
    }

    // 获取文章列表 分页
    public List<MyArticle> getListByPageNum(int pageNum) {
        Query query = new Query();
        query.skip(pageNum * 30);
        query.limit(30);
        return mongoTemplate.find(query, MyArticle.class);
    }

    // 文章详情
    public MyArticle detail(int id) {
        Query query = Query.query(Criteria.where("id").is(id));
        return mongoTemplate.findOne(query, MyArticle.class);
    }

    // 修改文章
    public boolean update(MyArticle myArticle) {
        Query query = Query.query(Criteria.where("id").is(myArticle.getId()));
        Update update = new Update();
        update.set("title", myArticle.getTitle());
        update.set("author", myArticle.getAuthor());
        update.set("category_id", myArticle.getCategoryId());
        update.set("id", myArticle.getId());
        update.set("content", myArticle.getContent());
        update.set("is_deleted", myArticle.getIs_deleted());
        long unixTime = System.currentTimeMillis() / 1000L;
        int nowUnixTime = (int) unixTime;
        update.set("modified", nowUnixTime);
```

```
            UpdateResult updateResult = mongoTemplate.updateFirst(query, update,
MyArticle.class);
        if (updateResult.getModifiedCount() > 0) {
            return true;
        } else {
            return false;
        }
    }


    // 删除
    public boolean delete(String id){
        // return myArticleMapper.delete(id);
        MyArticle myArticle = new MyArticle();
        myArticle.setId(id);
        DeleteResult deleteResult = mongoTemplate.remove(myArticle);
        if (deleteResult.getDeletedCount() > 0) {
            return true;
        } else {
            return false;
        }
    }
}
```

3.7　小结

本章主要讲解了 Spring Boot 整合多种数据库技术和数据库驱动模板技术，包括以下内容：

（1）MyBatis 基于 XML 和注解方式操作 MySQL 数据库。

（2）Spring Data JPA 简化数据操作和扩展开发。

（3）利用 Druid 进行多数据源的搭建。

（4）Redis 的常规使用和集群搭建，特别是集群搭建需要实际动手进行实践。

（5）MongoDB 的基础操作和复杂查询、聚合操作以及整合到 Spring Boot。

## 第 4 章

自动化测试工具和单元测试技术

单元测试是一项非常重要的开发环境，越来越多的技术团队和公司开始重视单元测试。单元测试可以有效地保障单元逻辑的正确性，让开发人员能通过编写单元测试用例代码来进行自测，减少了最基本的业务逻辑错误和遗漏，值得重视和学习。

本章主要涉及的知识点如下：

● 单元测试的基本概念和使用场景。

● 使用模拟库进行测试。

● 基于 JSON 数据的测试实践。

● 压力测试的基本概念和实践。

● 自动化压力测试工具的学习和基本使用。

● devtools 工具的使用。

● Spring Boot Test 的基本使用。

4.1 单元测试概念

单元测试是通过编写代码来测试特定的、最小功能逻辑单元的测试功能点。单元测试可以是通过的结果也可以是不通过的，它并不能保证功能百分之百正确，它只能保证被覆盖的功能点的测试没问题。

一般来说单元测试需要提供的是：构造最小可运行的测试系统，通过驱动模块（Driver），用来代替服务之间的上下游模块服务。

模拟单元接口，提供给其他调用函数进行使用。

模拟数据或者状态，提供可以局部替换的运行环境。

单元测试的主要任务是基于接口功能测试，并使用足够的测试数据进行边界测试，最终达到较高的代码覆盖率。

接口功能测试用于保证接口功能的正确性，局部数据测试用于保证接口传递和产生的数据接口是正确的。边界值的测试就比较多了，可以是移除边界，如期望遇到的异常或者拒绝服务的情况。还有一些临界值的测试，看边界是否符合预期。

4.2　基于 RESTful API 接口的单元测试

一个 RESTful API 接口项目是最适合进行单元测试的，因为逻辑单元足够小，负荷单元测试的定义。

Spring Boot 提供了 Spring Test 模块进行单元测试，还需要搭配 spring-boot-test-autoconfigure 实现测试的自动化配置。

Spring Test 是使用 junit 作为默认的单元测试模块，junit 的常用注解见表 4.1。

表 4.1　junit 的常用注解

注　　解	用　　处
@Test	修饰某个方法为测试方法
@Before	在每个测试方法执行前执行一次
@After	在每个测试方法执行后执行一次
@AfterClass	在所有测试方法执行之后运行
@RunWith	更改测试运行器
@BeforeClass	在所有测试方法执行前辈运行
@Ignore	修饰的类火灾方法被忽略

为了更好地演示整个测试用例的编写过程，笔者新建一个名为 unit-test-restful-api 的 Spring Boot 项目。

添加单元测试和项目所需的所有模块依赖，pom.xml 内容代码如下：

```xml
<?xml version="1.0" encoding="UTF-8"?>
<project xmlns="http://maven.apache.org/POM/4.0.0" xmlns:xsi="http://www.w3.org/2001/XMLSchema-instance"
         xsi:schemaLocation="http://maven.apache.org/POM/4.0.0 https://maven.apache.org/xsd/maven-4.0.0.xsd">
    <modelVersion>4.0.0</modelVersion>
    // 省略部分 parent 节点
    </properties>
    <dependencies>
        <dependency>
            <groupId>org.springframework.boot</groupId>
            <artifactId>spring-boot-starter</artifactId>
        </dependency>

        <dependency>
            <groupId>org.springframework.boot</groupId>
            <artifactId>spring-boot-starter-test</artifactId>
            <scope>test</scope>
            <exclusions>
                <exclusion>
                    <groupId>org.junit.vintage</groupId>
                    <artifactId>junit-vintage-engine</artifactId>
                </exclusion>
            </exclusions>
        </dependency>
    </dependencies>

    <build>
        <plugins>
            <plugin>
                <groupId>org.springframework.boot</groupId>
                <artifactId>spring-boot-maven-plugin</artifactId>
            </plugin>
```

```
        </plugins>
    </build>
</project>
```

由于本项目的重点是讲解单元测试在 RESTful API 项目的应用，所以使用变量对象存储数据来实现 RESTful API 接口，只为简化搭建 API 过程，而重点编写相关的单元测试用例代码。

设计一个操作玩具数据的 restful 接口，具体设计见表 4.2。

表 4.2　玩具 API 接口设计表

请 求 类 型	URL	备 注 说 明
GET	/toys	查询玩具列表
POST	/toys	创建玩具数据
PUT	/toys/id	根据 id 更新玩具
GET	/toys/id	根据 id 获取玩具信息
DELTE	/toys/id	根据 id 删除玩具信息

定义一个玩具实体类，代码如下：

```
package com.freejava.unittestrestfulapi.entity;

import lombok.AllArgsConstructor;
import lombok.Data;
import lombok.NoArgsConstructor;

@Data
@AllArgsConstructor
@NoArgsConstructor
public class Toy {
    private Long id;

    private String name;

    private String price;

    private String desc;
}
```

定义一个玩具控制器，代码如下：

```
package com.freejava.unittestrestfulapi.controller;

import com.freejava.unittestrestfulapi.entity.Toy;
import org.springframework.web.bind.annotation.*;

import java.util.*;

@RestController
public class ToyController {
    // 创建线程安全的 Map 对象
    static Map<Long, Toy> toys = Collections.synchronizedMap(new HashMap<Long, Toy>());

    /**
     * 获取玩具列表
     *
     * @return
     */
    @GetMapping(value = "/toys")
    public List<Toy> getToyList() {
```

```
            List<Toy> toyLists = new ArrayList<Toy>(toys.values());
            return toyLists;
    }

    /**
     * 创建玩具
     * @param toy
     * @return
     */
    @RequestMapping(value = "/toys", method = RequestMethod.POST)
    public String createToy(@RequestBody Toy toy) {
        toys.put(toy.getId(), toy);
        return "success";
    }

    /**
     * 通过 id 获取玩具
     * @param id
     * @return
     */
    @GetMapping(value = "/toys/{id}")
    public Toy getToy(@PathVariable Long id) {
        return toys.get(id);
    }

    /**
     * 更新玩具
     * @param toy
     * @return
     */
    @PutMapping(value = "/toys")
    public String updateToy(@RequestBody Toy toy) {
        Toy t = toys.get(toy.getId());
        t.setDesc(toy.getDesc());
        toys.put(toy.getId(), t);
        return "success";
    }

    /**
     * 根据 id 删除玩具
     * @param id
     * @return
     */
    @DeleteMapping(value = "/toys/{id}")
    public String deleteToy(@PathVariable Long id) {
        toys.remove(id);
        return "success";
    }

}}
```

完成上面的 RESTful API 的服务搭建后，运行该项目。接下来编写单元测试代码，将测试代码编写在 test 目录下的文件中，具体代码如下：

```
package com.freejava.unittestrestfulapi;

import com.freejava.unittestrestfulapi.controller.ToyController;
import org.junit.Before;
import org.junit.Test;
import org.junit.runner.RunWith;
import org.springframework.beans.factory.annotation.Autowired;
import org.springframework.boot.test.context.SpringBootTest;
import org.springframework.test.context.junit4.SpringJUnit4ClassRunner;
```

```java
import org.springframework.test.web.servlet.MockMvc;
import org.springframework.test.web.servlet.RequestBuilder;
import org.springframework.test.web.servlet.setup.MockMvcBuilders;

import static org.hamcrest.Matchers.equalTo;
import static org.springframework.test.web.servlet.request.
MockMvcRequestBuilders.get;
import static org.springframework.test.web.servlet.request.
MockMvcRequestBuilders.post;
import static org.springframework.test.web.servlet.request.
MockMvcRequestBuilders.put;
import static org.springframework.test.web.servlet.request.
MockMvcRequestBuilders.delete;
import static org.springframework.test.web.servlet.result.
MockMvcResultMatchers.*;
@RunWith(SpringJUnit4ClassRunner.class)
@SpringBootTest
public class TestToyController {
    @Autowired
    private ToyController restController;

    private MockMvc mvc;

    @Before
    public void setUp() throws Exception {
        mvc = MockMvcBuilders.standaloneSetup(restController).build();
    }

    @Test
    public void testToyController() throws Exception {
        // 测试 UserController
        RequestBuilder request = null;

        // get 查一下 toy 列表，目前应该为空
        request = get("/toys/");
        mvc.perform(request)
                .andExpect(status().isOk())
                .andExpect(content().string(equalTo("[]")));

        // 使用 post 方式提交一个 toy 数据
        request = post("/toys/")
                .param("id", "1")
                .param("name", "功夫熊猫")
                .param("price", "210.00")
                .param("desc", "同名电影玩偶");
        mvc.perform(request)
                .andExpect(content().string(equalTo("success")));
        // get 方式获取 toys 列表
        request = get("/toys").characterEncoding("UTF-8");

        mvc.perform(request).andExpect(status().isOk()).andExpect(content().st
ring(equalTo("[{\"id\":1,\"name\":\"功夫熊猫\",\"price\":210.00, \"desc\":\"同名电影
玩偶\"}]")));

        // put 方式修改 id 为 1 的 toy
        request = put("/toys/1").param("name", "葫芦小精钢");
        mvc.perform(request)
                .andExpect(content().string(equalTo("success")));

        // delete 方式删除 id 为 1 的 toy
        request = delete("/toys/1");
        mvc.perform(request).andExpect(content().string(equalTo("success")));
    }
}
```

上面这段代码把 toys 的所有接口都依次进行测试，使用 IDE 运行该测试文件即可。

4.3 模拟数据测试

在单元测试过程中有时候会依赖上下游的接口服务和相关数据，例如要测试结算全流程，需要先进行商品选择，然后下单、支付，最后才能进行商家结算。如果只是单纯想测试中间的某一个环境，那么就需要上一步提供数据和服务，依赖性很强，如图 4.1 所示。在比较大的团队中，由于各自排期不同，所需的数据接口可能不稳定或者处于正在开发中，而又需要进行单元测试，那么可以考虑 Mock（模拟）数据来测试。

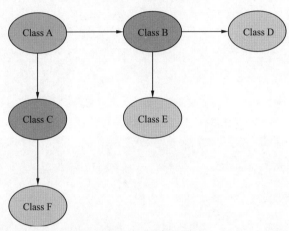

图 4.1 服务依赖

Spring Boot 提供了一款模拟数据的框架：Mockito。它功能非常强大，可以进行模拟工作，如可以模拟任何 Spring 管理的 Bean、模拟方法的返回值、模拟抛出异常等。例如，当 Class A 需要 Class B 和 Class C 提供的接口时，可以考虑分别模拟出 Class B 和 Class C，如图 4.2 所示。

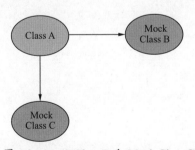

图 4.2 Mock Class B 和 Mock Class C

为了讲解方便，单独创建一个新的 Spring Boot 项目，命名为 test_unit_mock。这个项目和之前的 unittestrestfulapi 项目的 pom.xml 类似，代码如下：

```
<dependencies>
    <dependency>
        <groupId>org.springframework.boot</groupId>
        <artifactId>spring-boot-starter</artifactId>
    </dependency>
```

```xml
        <dependency>
            <groupId>org.springframework.boot</groupId>
            <artifactId>spring-boot-starter-test</artifactId>
            <scope>test</scope>
            <exclusions>
                <exclusion>
                    <groupId>org.junit.vintage</groupId>
                    <artifactId>junit-vintage-engine</artifactId>
                </exclusion>
            </exclusions>
        </dependency>
    </dependencies>

    <build>
        <plugins>
            <plugin>
                <groupId>org.springframework.boot</groupId>
                <artifactId>spring-boot-maven-plugin</artifactId>
            </plugin>
        </plugins>
    </build>
</project>
```

假设这个项目主要操作一些口袋妖怪数据，编写口袋妖怪的实体类，代码如下：

```java
package com.freejava.test_unit_mock.entity;

import lombok.AllArgsConstructor;
import lombok.Data;
import lombok.NoArgsConstructor;

@Data
@NoArgsConstructor
@AllArgsConstructor
public class PocketMonster {
    // 编号 ID
    private Long id;
    // 口袋妖怪名称
    private String name;
    // 类型，如水系:water, 火系:fire, 龙系: dragon
    private String classType;
    // 技能 如fire, flyHit
    private String skill;

    public PocketMonster(Long id, String name) {
        this.id = id;
        this.name = name;
    }
}
```

然后编写 service 文件，代码如下：

```java
package com.freejava.test_unit_mock.service;

import com.freejava.test_unit_mock.entity.PocketMonster;
import org.springframework.beans.factory.annotation.Autowired;
import org.springframework.stereotype.Component;

@Component
public class PocketMonsterService {

    @Autowired
    private PocketMonsterDao pocketMonsterDao;
```

```
    public PocketMonster getPocketMonsterById(Long id) {
        return pocketMonsterDao.getPocketMonsterById(id);
    }

    public Long insertPocketMonster(PocketMonster pocketMonster) {
        return pocketMonsterDao.insertPocketMonster(pocketMonster);
    }
}
```

由于 PocketMonsterDao 还没有编写好，所以要调试 PocketMonsterService 的方法就必须使用模拟对象来替代。

编写测试类 PocketMonsterTest，代码如下：

```
package com.freejava.test_unit_mock;

import com.freejava.test_unit_mock.entity.PocketMonster;
import com.freejava.test_unit_mock.service.PocketMonsterService;
import org.junit.Assert;
import org.junit.runner.RunWith;
import org.mockito.Mockito;
import org.springframework.beans.factory.annotation.Autowired;
import org.springframework.boot.test.context.SpringBootTest;
import org.springframework.test.context.junit4.SpringRunner;

@RunWith(SpringRunner.class)
@SpringBootTest
public class PocketMonsterServiceTest {

    @Autowired
    private PocketMonsterService pocketMonsterService;

    public void getPocketMonsterById() throws Exception {
        // 定义当调用 pocketMonsterDao 的 getPocketMonsterById 方法的时候，并且参数为2
        的时候，则返回 id 为 300，名称为 little fire dragon 的对象
            Mockito.when(pocketMonsterService.getPocketMonsterById((long)2)).
    thenReturn(new PocketMonster((long)300, "little fire dragon"));

            // 返回上面设置好的对象
            PocketMonster monster = pocketMonsterService.
    getPocketMonsterById((long)2);

            // 开始断言
            Assert.assertNotNull(monster);
            Assert.assertEquals(monster.getId(),new Long(300));
            Assert.assertEquals(monster.getName(), "little fire dragon");

    }
}
```

如上述代码通过使用 Mockito 对象的 when 和 thenReturn 方法分别设置模拟的条件和模拟请求的返回值，这样就能顺利地进行模拟测试。

4.4　压力测试工具 JMeter

有时候开发者不仅要进行针对业务逻辑的单元测试，还要考虑针对性能方便的单元测试，也就是压力测试。压力测试是指在检测服务的最大负荷值的测试，而对于压力测试使用流行的压测工具非常有必要。

常见的压力测试工具有很多，针对 Java 技术栈有：JMeter。

JMeter 是一款纯 Java 实现的轻量级开源的测试工具，GUI 的操作方式可以极大地提高测试效率和工作效率。它可以进行功能测试，也可以进行压力测试以及负载测试，并且针对 RESTful API 非常适合。

（1）安装方式：JMeter 的下载页面如图 4.3 所示。

图 4.3　JMeter 下载页面

将下载好的 JMeter 文件解压，解压后的文件目录结构如下：

```
/bin 目录（常用文件介绍）

examples: 目录下包含 Jmeter 使用实例

ApacheJMeter.jar: JMeter 源码包

jmeter.bat: windows 下启动文件

jmeter.sh: Linux 下启动文件

jmeter.log: Jmeter 运行日志文件

jmeter.properties: Jmeter 配置文件

jmeter-server.bat: windows 下启动负载生成器服务文件

jmeter-server: Linux 下启动负载生成器文件

/docs 目录——Jmeter 帮助文档

/extras 目录——提供了对 Ant 的支持文件，可也用于持续集成

/lib 目录——存放 Jmeter 依赖的 jar 包，同时安装插件也放于此目录

/licenses 目录——软件许可文件，不用管
```

/printable_docs 目录——Jmeter 用户手册

其中在 bin 目录下的 jmeter.sh（Windows 系统下是 jmeter.bat）就是可执行文件，运行或者双击后，可以看到如图 4.4 所示的 GUI 操作界面。

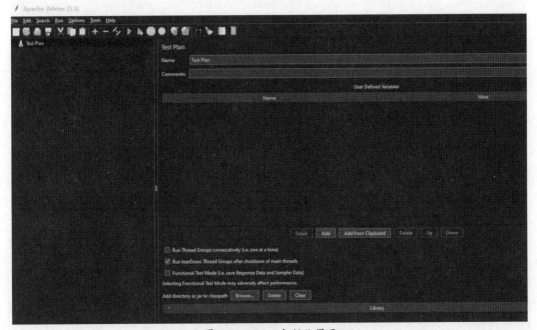

图 4.4 JMeter 初始化界面

（2）测试案例：1 000 个并发请求 soso 搜索结果的测试。

JMeter 操作非常简单，都是纯粹界面化的操作。下面以一个具体的例子来阐述如何使用 JMeter 进行压力测试，目标是：使用 JMeter 模拟 1 000 个用户同时在 soso 上搜索不同的关键字，查看返回页面的时间是否在合理范围内。

首先准备测试数据，新建一个 keywords.txt 文件，输入内容，以英文逗号分隔代码如下：

```
博客园,freephp
博客园,ubuntu
博客园,Spring Boot
```

在 JMeter 中先添加一个 Thread Group，然后添加一个 CSV Data Set Config。在界面上的操作如图 4.5 所示，选择 Add → Config Element → CSV Data Set Config 命令。

在图 4.5 中，Filename 那一栏是选择需要加载的文件路径，Variable Names 是定义参数的，这里定义了 blog 和 word 参数，用于从 keywords.txt 文件中读出数据。之后可以使用 ${blog} 和 ${word} 这两个参数。

接下来添加 HTTP 请求，发送 GET 请求到 https://sogou..com/tx?query=blog+word（这里的 blog 和 word 都是变量名，可以替换成 keywords 中任意一行的数据）。

选择界面左侧的 Thread Group，右击并选择 Add → Sampler → HTTP Request 命令，填写情况如图 4.6 所示。

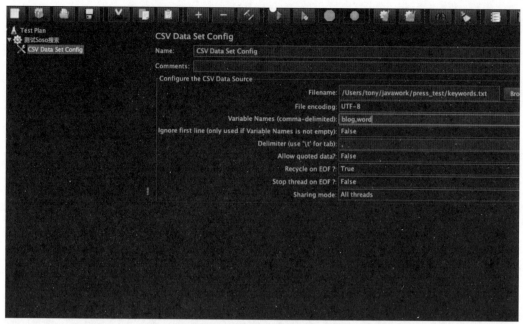

图 4.5　添加测试数据界面

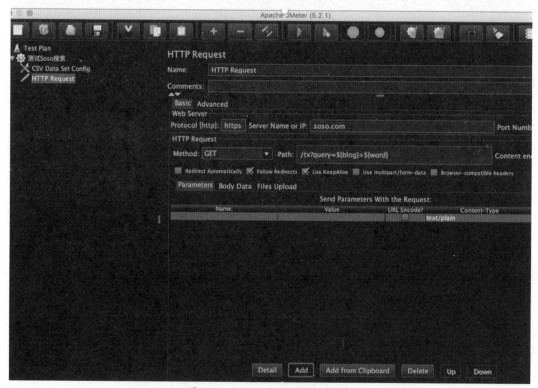

图 4.6　添加 HTTP Request 界面

　　再回到 Thread Group 面板设置用户数量和持续时间，如图 4.7 所示。Number of Threads 是用户数（线程数），设置为 1 000 个。Ramp-up period 是持续时间，单位是秒，设置为 10 秒。Loop Count 是循环次数，设置为 10 次。

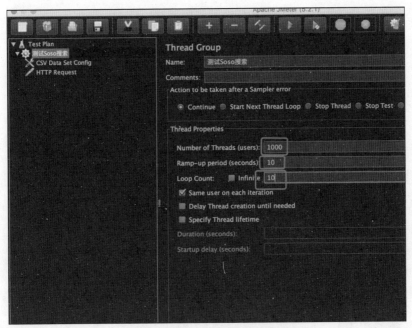

图 4.7　修改 Thread Group 配置

添加 Summary Report 用来查看测试的结果，选择 Thrad Group，右击添加报告：选择 Add → Listener → Summary Report 选项。

运行一下编写好的测试用例，执行结果如图 4.8 所示。

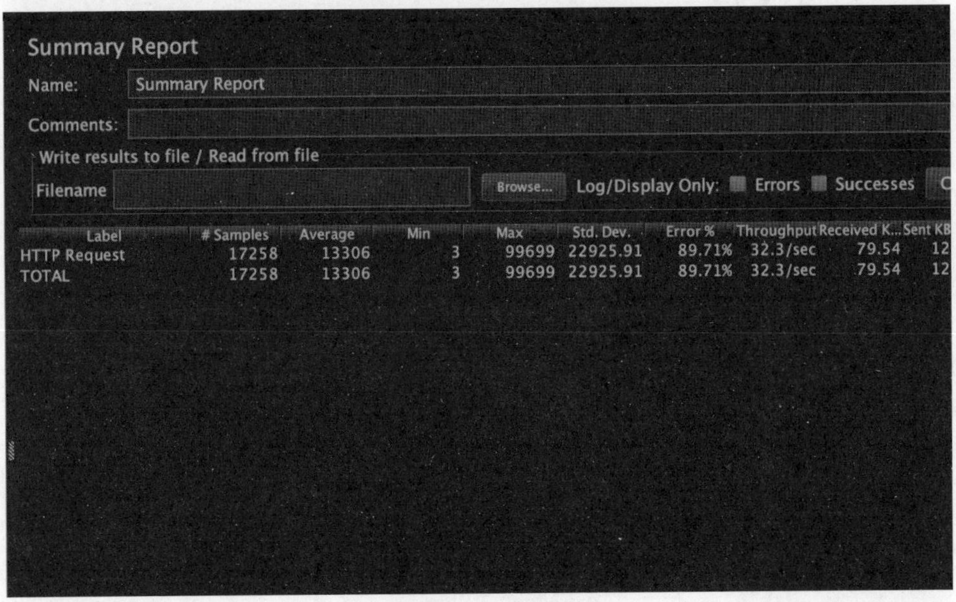

Label	# Samples	Average	Min	Max	Std. Dev.	Error %	Throughput	Received K.	Sent KB
HTTP Request	17258	13306	3	99699	22925.91	89.71%	32.3/sec	79.54	12
TOTAL	17258	13306	3	99699	22925.91	89.71%	32.3/sec	79.54	12

图 4.8　结果报告

从图 4.8 中可以看出 Error 一栏是错误率，已经高到 89.71%，可以说基本被请求弄崩溃了。Samples 一栏表示请求个数，图中有 17 258 个请求，Average 代表平均返回时间，这里返回时间是 13.3 秒左右，非常慢。当然，这种很差的结果可能和 soso 的搜索引擎防御机制（IP

和频率的限制）有关，也和笔者的网络情况有关系。

通过测试 soso 搜索的例子，看到用好成熟的工具，进行简单的配置就能很方便地测试出性能瓶颈。

4.5 使用开发者工具 devtools 进行测试

Spring Boot 提供了一款模块 springboot-devtools，可以让开发者开发工作更加有效率。

4.5.1 devtools 介绍

Spring Boot devtools 是一款特别方便的开发者工具，Spring Boot devtools 让开发者更加快捷地进行 Spring Boot 应用的开发，它提供了自动重启（热重启）和 LiveReload 功能，还能配置项目运行中的各种参数属性，让本地开发更加简单。在本地测试阶段可以放心使用，在生产环境中不要再使用 devtools。

安装 Spring Boot devtools 也很简单，只需在项目中的 pom.xml 文件中增加依赖，代码如下：

```
<dependency>
        <groupId>org.springframework.boot</groupId>
        <artifactId>spring-boot-devtools</artifactId>
        <optional>true</optional>
</dependency>
```

其中，optional 选项是为了防止 devtools 依赖被传入其他模块，在项目被独立打包后，devtools 被自动禁用。

4.5.2 devtools 基本用法

配置自动重启只是引用 devtools 依赖还不行，要想每次修改程序后自动重启，则增加如下代码配置到 pom.xml：

```
<build>
     <plugins>
         <plugin>
             <groupId>org.springframework.boot</groupId>
             <artifactId>spring-boot-maven-plugin</artifactId>
             <configuration>
                 <fork>true</fork>
             </configuration>
         </plugin>
     </plugins>
</build>
```

如果是使用 JetBrains IDE 的开发者，还需要进行如下配置操作，如图 4.9 所示。

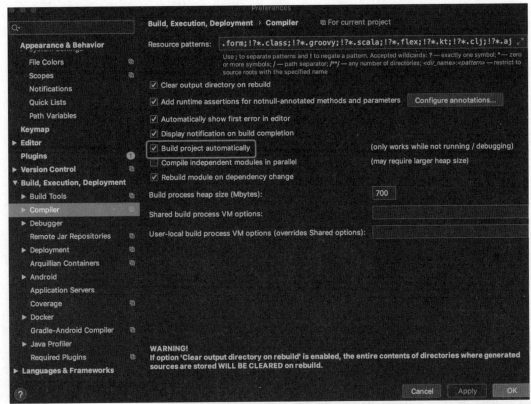

图 4.9　自动重编译项目设置

继续设置 maintence，使用命令"command+alt+shift+/"，设置如图 4.10 所示。

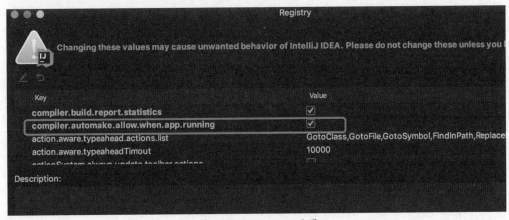

图 4.10　maintence 设置

完成上述操作后，重新加载工程即可生效。特别要注意的是，classpath 下的静态资源或者模板文件发生变化，不会导致项目重启。

4.5.3　devtools 高级用法

所谓高级用法，就是更加定制化的配置。

（1）关闭自动重启。例如，开发者虽然想使用 devtools 依赖但是不想自动重启，那么可以在配置文件 properties.xml 中设置如下配置：

```
spring.devtools.restart.enabled=false
```

除了在配置中关闭自动重启，还可以在 main 函数的代码中设置，代码如下：

```
public static void main(String[] args) {
    System.setProperty("spring.devtools.restart.enabled", "false");
    SpringApplication.run(MyApp.class, args);
}
```

（2）全局设置，spring-boot-devtools 提供了一个全局配置文件，方便你的开发环境配置，该文件在 $HOME 目录下的 .spring-boot-devtools.properties 。例如设置一个出发文件，一旦这个文件被修改则项目重启，代码如下：

```
spring.devtools.reload.trigger-file=.reloadtrigger
```

（3）使用 LiveReload。由于静态资源不会引发重启，而 devtools 默认内置了 LiveReload 服务器，可以用于静态文件的热部署。LiveReload 可以在资源发生变化时触发浏览器更新，LiveReload 支持 Chrome、Safari、Firefox，只需安装相关扩展即可。

而如果开发者不想使用 Reload 的特性，那么只需增加如下配置：

```
spring.devtools.livereload.enabled=false
```

4.6　使用 Spring Boot Test 进行测试

在 4.2 节中已经简单使用过 Spring Boot Test，本小节将系统介绍相关使用，以及对一个完整的项目进行测试（包括 Controller、Service、返回数据）。

4.6.1　Spring Boot Test 介绍

Spring Boot Test 是在 Spring Test 的基础上二次封装而来的库，增加了基于 AOP（面向切片）的测试，还提供了模拟能力（见 4.3 节）。

Spring Boot Test 支持单元测试，切片测试以及完整的功能测试，安装方式也很简单，初始化项目时已经默认将 spring-boot-test 添加到 pom.xml。所谓切片测试，就是介于单元测试和集成测试中间的范围的一些特定组件的测试。这些组件如 MVC 中的 Controller、JDBC 数据库访问、Redis 客户端等，需要在特定的环境下才能被正常执行。

4.6.2　Spring Boot 常用注解和基本用法

笔者创建一个专门用于 Spring Boot Test 的项目，命名为 onlySpringTest。初始化自动创建好的测试类如下：

```
package com.freejava.springboot.only_spring_test;

import org.junit.jupiter.api.Test;
import org.junit.runner.RunWith;
import org.springframework.boot.test.context.SpringBootTest;
import org.springframework.test.context.junit4.SpringRunner;

@RunWith(SpringRunner.class)
@SpringBootTest
```

```
class OnlySpringTestApplicationTests {

    @Test
    void contextLoads() {
    }

}
```

关于上面用到的注解，解释如下：

（1）@RunWith：设置运行的环境，此处 JUnit 执行类设置为 SpringRunner，一般笔者都不会修改这个注解的设置。

（2）@SpringBootTest 注解表示会自动检索程序的配置文件，检索顺序是从当前包开始，逐级向上查找被 @SpringBootApplication 或 @SpringBootConfiguration 注解的类。除了基础的测试功能，还提供了 ContextLoader。

（3）@Test 可以加在需要被测试的方法上，Spring 仅加载相关的 bean，无关内容不被加载。添加了 @Test 注解之后 junit 上的注解如 @After、@Before、@AfterClass 都可以在这里使用。

根据用途不同，分别总结配置类型的注解见表 4.3，自动配置注解见表 4.4，启动测试类型注解见表 4.5。

表 4.3　配置注解表

注　　解	说　　明
@TestComponent	指定某个 Bean 是专门用于测试的
@TestConfiguration	类似 @TestComponent，补充额外的 Bean 或覆盖已存在的 Bean
@TypeExcludeFilters	排除当前被注解的类或者方法，一般不常用
@EnableAutoConfiguration	加在启动类，会开启自动配置，自动生成一些 Bean
@OverrideAutoConfiguration	用于覆盖 @EnableAutoConfiguration 和 @ImportAutoConfiguration

表 4.4　自动配置注解表

注　　解	说　　明
@AutoConfigureDataJpa	自动配置 JPA
@AutoConfigureJson	自动配置 JSON
@AutoConfigureMockMvc	自动配置 MockMvc
@AutoConfigureWebMvc	自动配置 WebMvc
@AutoConfigureWebClient	自动配置 WebClient

表 4.3 中展示的都是常用的自动配置注解，还有更多注解如 @AutoConfigureDataLadp、@AutoConfigureJsonTesters 等，可以自行查阅官方文档进行学习。

启动测试类型注解见表 4.5 所示。

表 4.5　启动测试类型注解

注　　解	说　　明
@SpringBootTest	自动检索程序的配置文件
@Test	被修饰的方法接口将被测试
@JsonTest	用于测试 Json 数据的序列化和反序列化
@WebMvcTest	测试 Spring MVC 中的 controllers
@DataJdbcTest	测试基于 Spring Data JDBC 的数据库操作

4.6.3　使用 Spring Boot Test 测试 Service

测试 Service 的方法非常简单，笔者编写了一个用于测试的订单服务类，代码如下：

```
package com.freejava.unittestrestfulapi.service;

import org.springframework.stereotype.Service;

@Service
public class OrderService {

    public String getOrder(String name) {
        return "This " + name + " is my order";
    }
}
```

编写测试代码就是直接在测试类中引用 OrderService，代码如下：

```
package com.freejava.unittestrestfulapi;

import com.freejava.unittestrestfulapi.service.OrderService;
import org.hamcrest.Matchers;
import org.junit.Assert;
import org.junit.Test;
import org.junit.runner.RunWith;
import org.springframework.beans.factory.annotation.Autowired;
import org.springframework.boot.test.context.SpringBootTest;
import org.springframework.test.context.junit4.SpringRunner;


@RunWith(SpringRunner.class)
@SpringBootTest
public class OrderServiceTests {
    @Autowired
    OrderService orderService;
    @Test
public void contextLoads() {
    // 获取订单数据
        String orderString = orderService.getOrder("FreeJava");
            Assert.assertThat(orderString, Matchers.is("This FreeJava is my
order"));
    }
}
```

运行该测试代码，可以全部通过断言判断。

4.6.4　使用 Spring Boot Test 测试 Controller

测试 Controller 就是在需要测试的 Controller 文件上增加注解，例如针对 UserController 增加注解并编写独立的测试类代码。

为了演示方便，创建一个用户实体类，代码如下：

```
package com.freejava.unittestrestfulapi.entity;

import lombok.AllArgsConstructor;
import lombok.Data;
import lombok.NoArgsConstructor;

@Data
@AllArgsConstructor
@NoArgsConstructor
public class User {
```

```
    private Long id;

    private String name;

    private String password;
}
```

编写一个简单的控制器，分别编写 hi 方法和 addUser 方法，具体代码如下：

```java
package com.freejava.unittestrestfulapi.controller;

import com.freejava.unittestrestfulapi.entity.User;
import org.springframework.web.bind.annotation.GetMapping;
import org.springframework.web.bind.annotation.PostMapping;
import org.springframework.web.bind.annotation.RequestBody;
import org.springframework.web.bind.annotation.RestController;

/**
 * 用于测试的 User 控制器
 */
@RestController
public class UserController {

    // 只返回一个 say hi 的字符串
    @GetMapping("/hi")
    public String hi(String username) {
        return "Hey, " + username+ "!Fighting!";
    }

    // 添加用户
    @PostMapping("/user")
    public String addUser(@RequestBody User user) {
        return user.toString();
    }

}
```

最后编写测试类 UserApplicationTests，具体代码如下：

```java
package com.freejava.unittestrestfulapi;

import com.fasterxml.jackson.databind.ObjectMapper;
import com.freejava.unittestrestfulapi.entity.User;
import org.junit.Before;
import org.junit.Test;
import org.junit.runner.RunWith;
import org.springframework.beans.factory.annotation.Autowired;
import org.springframework.boot.test.context.SpringBootTest;
import org.springframework.http.MediaType;
import org.springframework.test.context.junit4.SpringRunner;
import org.springframework.test.web.servlet.MockMvc;
import org.springframework.test.web.servlet.MvcResult;
import org.springframework.test.web.servlet.request.MockMvcRequestBuilders;
import org.springframework.test.web.servlet.result.MockMvcResultHandlers;
import org.springframework.test.web.servlet.result.MockMvcResultMatchers;
import org.springframework.test.web.servlet.setup.MockMvcBuilders;
import org.springframework.web.context.WebApplicationContext;

@RunWith(SpringRunner.class)
@SpringBootTest
public class UserApplicationTests {
    @Autowired
    WebApplicationContext wa;

    MockMvc mockMvc;
```

```
    @Before
    public void setUp() throws Exception {
        mockMvc = MockMvcBuilders.webAppContextSetup(wa).build();
    }

    @Test
public void testHi() throws Exception {
    // 生成mvc 模拟结果对象
        MvcResult mvcResult = mockMvc.perform(MockMvcRequestBuilders.get("/hi")
                .contentType(MediaType.APPLICATION_FORM_URLENCODED)
                .param("username", "freephp"))
                .andExpect(MockMvcResultMatchers.status().isOk())
                .andDo(MockMvcResultHandlers.print())
                .andReturn();

        System.out.println(mvcResult.getResponse().getContentAsString());
    }

    @Test
    public void testAddUser() throws Exception {
        ObjectMapper objMapper = new ObjectMapper();
        User user = new User();
        user.setId((long) 1);
        user.setName("CDC 极客君 ");
        user.setPassword("chengdu_is_great");

        String s = objMapper.writeValueAsString(user);

        MvcResult mvcResult = mockMvc.perform(MockMvcRequestBuilders
                .post("/user")
                .contentType(MediaType.APPLICATION_JSON)
                .content(s))
                .andExpect(MockMvcResultMatchers.status().isOk())
                .andReturn();

        System.out.println(mvcResult.getResponse().getContentAsString());
    }


}
```

执行测试类的结果如图 4.11 所示，两个测试方法全部都通过，结果如下：

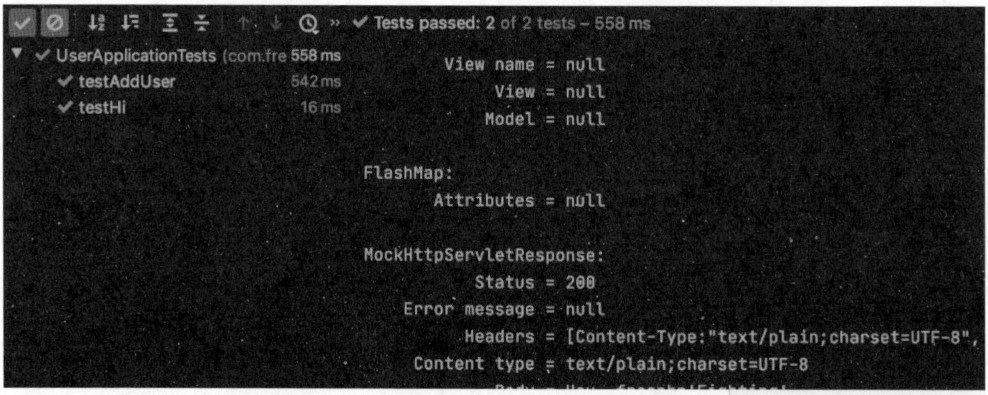

图 4.11　UserApplicationTests 类执行结果

4.7　小结

本章主要围绕着基于 Spring Boot 的单元测试来介绍相关的 Test 库和一些常用的测试工具，其中 devtools 作为项目的调试工具，需要重点掌握。

笔者认为一个优秀的开发工程师也必须重视测试的重要性。通过单元测试的学习，能更好地把握代码的实现和逻辑的完整。特别是 RESTful API 的单元测试，可以运用在实际的工作中，让代码质量得到一次质的飞跃。

工欲善其事，必先利其器，测试代码不容小觑。

## 第 5 章

Spring Boot 安全授权

安全对于任何系统来说都是非常重要的，权限的分配和管理一直都是开发者需要特别重视的。一旦缺乏基本和有力的授权验证，一些别有用心之人就会利用这个漏洞对开发者的Web 应用或者其他软件进行不法侵害。

Spring Boot 技术中有许多优秀的安全框架和认证授权方案，本章将陆续介绍比较流行的框架技术及其实践应用。

本章主要涉及的知识点如下：

- 介绍 Spring Security 框架的基础使用和自定义配置。
- 学习将 Shrio 框架整合到 Spring Boot，并做个性化配置。
- 学习了解 Oauth 2.0 认证以及在 Spring Boot 中的具体实现方案。

5.1　Spring Security 安全框架

Spring Security 是最流行的安全框架之一，本小节将具体介绍它的用法。

5.1.1　Spring Security 介绍

Spring Security 是 Spring Boot 中一款功能强大基于 Spring 的企业级应用的提供安全访问权限的安装框架，在实际工程项目中也会经常用到。通过依赖注入的方式，可以使用 Spring Security 库提供声明式的安全访问控制功能。它和 Spring Boot 以及其他 Spring 模块紧密相关，如图 5.1 所示。

图 5.1　Spring Security 和 Spring 全家桶关系

5.1.2　Spring Security 基本使用方法

笔者创建一个新的项目来演示 Spring Security 的使用，名为 test_spring_security。

Spring Security 的安装非常简单，在项目的 pom.xml 中添加如下配置：

```
<dependencies>
        <dependency>
            <groupId>org.springframework.boot</groupId>
            <artifactId>spring-boot-starter-security</artifactId>
        </dependency>
</dependencies>
```

在项目中编写一个测试的接口 /testHi，代码如下：

📖　代码 5-1　test_spring_security/controller/HiController.java

```
package com.freejava.test_spring_security.controller;

import org.springframework.web.bind.annotation.GetMapping;
import org.springframework.web.bind.annotation.RestController;


@RestController
public class HiController {

    @GetMapping("/hi")
    public String hi() {
        return "Hi";
    }

}
```

为了更好地做全局配置，编写一个配置类 WebSecruityConfig，代码如下：

📖　代码 5-2　test_spring_security/config/SecurityConfig .java

```
@Configuration
package com.freejava.test_spring_security.config;

import org.springframework.security.config.annotation.authentication.builders.
AuthenticationManagerBuilder;
    import org.springframework.security.config.annotation.web.builders.HttpSecurity;
    import org.springframework.security.config.annotation.web.configuration.
EnableWebSecurity;
    import org.springframework.security.config.annotation.web.configuration.
WebSecurityConfigurerAdapter;
    import org.springframework.security.crypto.bcrypt.BCryptPasswordEncoder;

/**
 * Security 配置类
 */
@EnableWebSecurity
public class SecurityConfig extends WebSecurityConfigurerAdapter {

    /**
     * 认证
     * @param auth
     * @throws Exception
     */
    @Override
    protected void configure(AuthenticationManagerBuilder auth) throws Exception {
        auth.inMemoryAuthentication()
                .passwordEncoder(new BCryptPasswordEncoder())
                .withUser("freejava")
```

```
                    .password(new BCryptPasswordEncoder().encode("1234567"))
                    .roles("VIP1");

    }
    /**
     * 授权
     * @param http
     * @throws Exception
     */
    @Override
    protected void configure(HttpSecurity http) throws Exception {
        // 设置匹配的资源白名单访问
            http.authorizeRequests().antMatchers("/","/asserts/**","/pages/login.
html","/userlogin")
                .permitAll()
                .antMatchers("/level1/**").hasRole("VIP1")
                .antMatchers("/level2/**").hasRole("VIP2")
                .antMatchers("/level3/**").hasRole("VIP3")
                .anyRequest().authenticated();// 剩余任何资源必须认证
        // 开启登录页
        http.formLogin();
        // 开启自动注销
        http.logout().logoutSuccessUrl("/login");// 注销之后来到登录页
        http.csrf().disable();
    }
}
```

关于这段代码后续还会介绍，这里只是作为展示。之后运行该项目，则会看到图 5.2 所示的安全认证登录界面。

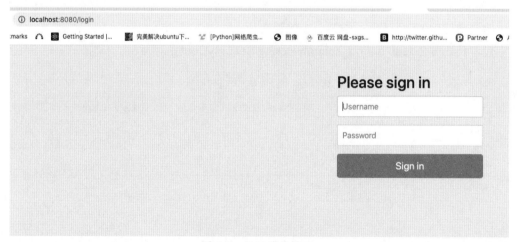

图 5.2　认证登录界面

运行项目时会随机生成用户名为 user 的默认登录密码，每次启动都会随机生成，该密码可以在控制台的输出日志中看到，具体代码如下：

```
    2020-11-02 20:47:39.541  INFO 58604 --- [          main] .s.s.UserDetailsServi
ceAutoConfiguration :

    Using generated security password: 0eefbce1-a70c-4360-aeaa-f4f99a95cf72

    // 省略其他输出信息
```

5.1.3　Spring Security 相关配置

如果想修改默认账号和密码，可以在 application.properties 文件中加入下面的配置项。

```
spring.security.user.name=freejava
spring.security.user.password=12345
spring.security.user.roles=admin
```

设置好账号和密码后，每次启动项目就不会再生成临时的登录密码，只会使用这些配置的账号和登录密码。当使用这个账号（freejava）登录后，就拥有了 admin 权限。

5.1.4　HttpSecurity 方式和内存认证方式

所谓内存认证就是自定义配置类，该配置类继承 WebSecurityConfigurerAdapter，需要实现一些自定义配置和方法，具体代码如下：

📖 代码 5-3 /test_spring_security/config/RealSecurityConfig .java

```
package com.freejava.test_spring_security.config;

import org.springframework.context.annotation.Bean;
import org.springframework.context.annotation.Configuration;
import org.springframework.security.config.annotation.authentication.builders.
AuthenticationManagerBuilder;
import org.springframework.security.config.annotation.web.configuration.
WebSecurityConfigurerAdapter;
import org.springframework.security.crypto.bcrypt.BCryptPasswordEncoder;
import org.springframework.security.crypto.password.NoOpPasswordEncoder;
import org.springframework.security.crypto.password.PasswordEncoder;

@Configuration
public class RealSecurityConfig extends WebSecurityConfigurerAdapter {

    @Bean
    PasswordEncoder passwordEncoder() {
        // NoOpPasswordEncoder 在高版本的 Spring Boot 里面已经过期废弃了，不建议使用
        return new BCryptPasswordEncoder();
    }

    @Override
    protected void configure(AuthenticationManagerBuilder auth) throws Exception {
        auth.inMemoryAuthentication()
                .withUser("admin")
                .password("1234567")
                .roles("ADMIN", "USER")
                .and()
                .withUser("freephp")
                .password("1234")
                .roles("USER");
    }
}
```

上面这段代码中，inMemoryAuthentication 代表把这个配置保存在内存中，然后使用 withUser 方法增加授权账号，用 password 方法设置密码，用 roles 来设置账号所属的权限群组。

配置完成后，重启项目，即可使用上面配置的账号和对应密码进行登录。

而 HttpSecurity 是另外一种认证方式，也是使用 configure 方法，具体代码如下：

```
@Override
    protected void configure(HttpSecurity http) throws Exception {
```

```
            http.authorizeRequests()
                    .antMatchers("/admin/**")
                    .hasRole("ADMIN")
                    .antMatchers("/user/**")
                    .access("hasAnyRole('ADMIN', 'USER')")
                    .anyRequest()
                    .authenticated()
                    .and()
                    .formLogin()
                    .loginProcessingUrl("/login")
                    .permitAll()
                    .and()
                    .csrf()
                    .disable();
    }
```

使用 antMatcher 设置需要被授权的 URL 路由，access 方法给予某些角色访问权限，代码如下：

📖 代码 5-4 /test_spring_security/controller/SwagController .java

```
package com.freejava.test_spring_security.controller;

import org.springframework.web.bind.annotation.GetMapping;
import org.springframework.web.bind.annotation.RestController;

@RestController
public class SwagController {

    @GetMapping("/user/sayHi")
    public String myUser() {
        return "Hi, user";
    }

    @GetMapping("/admin/hello")
    public String admin() {
        return "admin page";
    }

    @GetMapping("/hello")
    public String hello() {
        return "hello, man";
    }
}
```

运行项目后，访问 https://localhost:8080/admin/hello，则会要求输入账号和密码，使用 admin 账号，密码输入 1234567，即可进入后台 /admin/hello 页面，如图 5.3 所示。

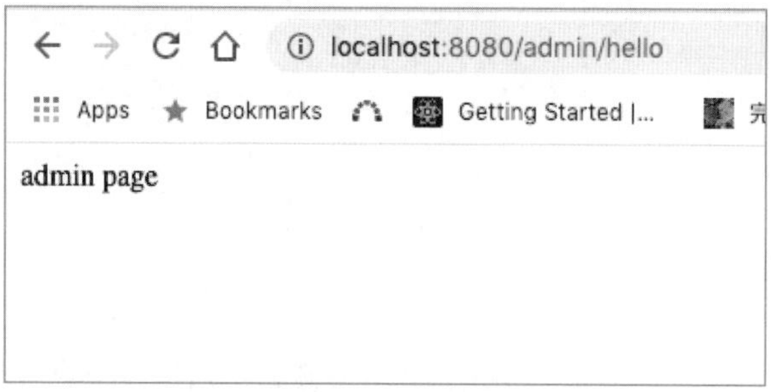

图 5.3   admin 页面

5.1.5　基于数据库查询的登录验证

之前都是使用内存来存储认证数据，其实可以考虑使用数据库进行持久化数据存储。这样更加方便进行账号管理，也更符合实际项目开发的需求。

首先创建一个 roles 库，然后再创建用户表，建表语句如下：

```
CREATE TABLE 'r_users' (
  'id' int(11) unsigned NOT NULL AUTO_INCREMENT COMMENT '主键',
  'username' varchar(50) NOT NULL COMMENT '账号名',
  'password' varchar(300) NOT NULL COMMENT '密码',
  'status' tinyint(1) NOT NULL COMMENT '账号状态,1:正常,2:被封',
  'created' int(11) NOT NULL COMMENT '创建时间,时间戳',
  PRIMARY KEY ('id')
) ENGINE=InnoDB DEFAULT CHARSET=utf8mb4 COLLATE=utf8mb4_0900_ai_ci
```

然后创建角色权限表，建表语句如下：

```
# 角色权限表
CREATE TABLE 'r_roles' (
  'id' int(11) unsigned NOT NULL AUTO_INCREMENT COMMENT '主键',
  'name' varchar(50) NOT NULL COMMENT '角色名',
  'permission_path' varchar(500) NOT NULL COMMENT '权限路径,如 /admin/*',
  PRIMARY KEY ('id')
) ENGINE=InnoDB DEFAULT CHARSET=utf8mb4 COLLATE=utf8mb4_0900_ai_ci
```

最后编写用户和角色权限关系表，建表语句如下：

```
# 用户和角色权限关系表
CREATE TABLE 'r_user_roles' (
  'id' int(11) unsigned NOT NULL AUTO_INCREMENT COMMENT '主键',
  'user_id' int(11) unsigned NOT NULL COMMENT '用户 ID',
  'role_id' int(11) unsigned NOT NULL COMMENT '角色 ID',
  PRIMARY KEY ('id'),
  KEY 'user_id' ('user_id'),
  KEY 'role_id' ('role_id'),
  CONSTRAINT 'role_id' FOREIGN KEY ('role_id') REFERENCES 'r_roles' ('id') ON
DELETE RESTRICT,
  CONSTRAINT 'user_id' FOREIGN KEY ('user_id') REFERENCES 'r_users' ('id') ON
DELETE RESTRICT
) ENGINE=InnoDB DEFAULT CHARSET=utf8mb4 COLLATE=utf8mb4_0900_ai_ci
```

为了方便测试，先插入几条测试数据，r_users 的数据如图 5.4 所示。

id	username	password	status	created
1	root	$2a$10$/FUflYktUVOx.HMfMgKZ2eGrWwQQZZFTc3PlVr/4JeLFV1XBUXSP2	1	160455573
2	admin	$2a$10$SrQ4zr9C3cSeWVEOGKhCP.4oBnMQWkRFQy130Qg.NKnDqEegvnl1W	1	160455573
3	freejava	$2a$10$rD8UzJ2BfY1C6s0BGbVPOe7lYvv.KSTPbJjhplASkyOT6o7B8vboq	1	160455573

图 5.4　用户表数据

R_roles 的数据如图 5.5 所示，插入三条数据，有三种角色，一是管理员角色 admin，二是 root 权限，也就是超级管理员。三是 dba 角色，数据管理员。这三种角色可以访问不同的 URL。

155

id	name	permission_path
1	admin	/admin/*,/dba/*
2	root	/root/*,/admin/*,/dba
3	dba	/dba/*

图 5.5　角色权限表数据

在用户角色表中插入数据，如图 5.6 所示。

id	user_id	role_id
1	1	2
2	2	1
3	3	3

图 5.6　用户角色关系表数据

为了生成上面 r_users 表中加密后的密码，笔者编写了使用 Bcrypt 加密的程序，代码如下：

📖 代码 5-5 /src/main/java/com/freejava/test_roles/BcryptTest .java

```java
package com.freejava.test_roles;

import org.springframework.security.crypto.bcrypt.BCryptPasswordEncoder;

import java.util.ArrayList;

public class BcryptTest {
    public static void main(String[] args) {
        //用户密码
        ArrayList<String> passwordArr = new ArrayList<String>();
        passwordArr.add("123456root");
        passwordArr.add("freejava");
        passwordArr.add("freejavaadmin");

        getUsersEncodePasswords(passwordArr);


    }
    // 获得通过 Bcrypt 加密之后的密码
    public static void getUsersEncodePasswords(ArrayList<String> passwordArr) {
        for (String password : passwordArr) {
            //密码加密
            BCryptPasswordEncoder passwordEncoder=new BCryptPasswordEncoder();
            //加密
            String newPassword = passwordEncoder.encode(password);
            System.out.println("原始密码是: " + password + " ,  加密密码为: " +
newPassword);
            // 对比这两个密码是否是同一个密码
            boolean matches = passwordEncoder.matches(password, newPassword);
```

```
            System.out.println(" 两个密码一致 :"+matches);
        }
    }
}
```

执行 BcryptTest 类的 main 函数，输出结果如下：

```
原始密码是: 123456root ,    加密密码为:$2a$10$/FUflYktUVOx.HMfMgKZ2eGrWwQQZZFTc3PlVr/
4JeLFV1XBUXSP2
两个密码一致 :true
原 始 密 码 是: freejava ,    加 密 密 码 为: $2a$10$rD8UzJ2BfY1C6s0BGbVPOe7lYvv.
KSTPbJjhpIASkyOT6o7B8vboq
两个密码一致 :true
原始密码是: freejavaadmin ,    加密密码为:$2a$10$SrQ4zr9C3cSeWVEOGKhCP.4oBnMQWkRFQy1
30Qg.NKnDqEegvnl1W
两个密码一致 :true
```

从这段输出可以看到，r_rusers 表中 admin 对应的明文密码是 freejavaadmin，freejava 账号的密码是 freejava，而 root 账号的密码是 123456root。值得一提的是，Bcrypt 加密算法非常安全，此算法自身实现了随机盐生成，很难被逆向破解。

创建一个新的 Spring Boot 项目，命名为 test_roles，pom.xml 中的内容代码如下：

```xml
// 省略部分项目描述
  <dependencies>
      <dependency>
          <groupId>org.springframework.boot</groupId>
          <artifactId>spring-boot-starter</artifactId>
      </dependency>

      <dependency>
          <groupId>org.projectlombok</groupId>
          <artifactId>lombok</artifactId>
          <optional>true</optional>
      </dependency>
      <!--       引入 security 依赖    -->
      <dependency>
          <groupId>org.springframework.boot</groupId>
          <artifactId>spring-boot-starter-security</artifactId>
      </dependency>
      <dependency>
          <groupId>org.mybatis.spring.boot</groupId>
          <artifactId>mybatis-spring-boot-starter</artifactId>
          <version>1.1.1</version>
      </dependency>
      <dependency>
          <groupId>com.alibaba</groupId>
          <artifactId>druid-spring-boot-starter</artifactId>
          <version>1.1.10</version>
      </dependency>
      <!-- mysql -->
      <dependency>
          <groupId>mysql</groupId>
          <artifactId>mysql-connector-java</artifactId>
          <version>5.1.46</version>
      </dependency>
      // 省略部分 Spring Boot Test 配置
  </dependencies>
  // 省略部分插件配置
</project>
```

创建 r_roles 表对应的实体对象 Role，代码如下：

📖 代码 5-6 /src/main/java/com/freejava/test_roles/entity/Role.java

```
package com.freejava.test_roles.entity;

import lombok.Data;

@Data
public class Role {
    // 主键ID
    private Integer id;
    // 名称
    private String name;
    // 权限路径
    private String permission_path;
}
```

创建 r_users 对应的 POJO 对象 User，继承自 UserDetails 接口，代码如下：

📖 代码 5-7 /src/main/java/com/freejava/test_roles/entity/User.java

```
package com.freejava.test_roles.entity;

import lombok.AllArgsConstructor;
import lombok.Data;
import lombok.NoArgsConstructor;
import org.springframework.security.core.GrantedAuthority;
import org.springframework.security.core.authority.SimpleGrantedAuthority;
import org.springframework.security.core.userdetails.UserDetails;

import java.io.Serializable;
import java.util.ArrayList;
import java.util.Collection;
import java.util.List;

@Data
@NoArgsConstructor
@AllArgsConstructor
class User implements UserDetails {
    // 主键ID
    private Integer id;

    // 用户名
    private String username;

    // 密码
    private String password;

    // 状态 1：正常，2：封禁
    private int  status;

    // 创建时间
    private int created;

    private List<Role> roles;

    @Override
    public Collection<? extends GrantedAuthority> getAuthorities() {
        List<SimpleGrantedAuthority> authorities = new ArrayList<>();
        for(Role role: roles) {
            authorities.add(new SimpleGrantedAuthority(role.getName()));
        }

        return authorities;
    }
```

```
    @Override
    public boolean isAccountNonExpired() {
        return false;
    }

    @Override
    public boolean isAccountNonLocked() {
        if (status == 2) {
            return true;
        } else {
            return false;
        }
    }

    @Override
    public boolean isCredentialsNonExpired() {
        return false;
    }

    @Override
    public boolean isEnabled() {
        if (status == 1) {
            return true;
        } else {
            return false;
        }
    }

    @Override
    public String getUsername() {
        return username;
    }

    @Override
    public String getPassword() {
        return password;
    }
}
```

实体类 User 需要实现 UserDetails 接口，包含上述代码中的七个方法。其中，isAccountNonExpired 方法是检测当前账号是否过期，在数据库设计中的字段没有该字段，所以设置默认返回 true。

而 getAuthorities 方法是比较重要的验证方法，通过获取当前用户的角色来判断是否拥有一些权限。

然后编写操作用户数据的 Mapper 接口，代码如下：

📖 代码 5-8　/src/main/java/com/freejava/test_roles/mapper/UserMapper.java

```
package com.freejava.test_roles.mapper;

import com.freejava.test_roles.entity.Role;
import com.freejava.test_roles.entity.User;
import org.apache.ibatis.annotations.Mapper;
import org.apache.ibatis.annotations.Select;


import java.util.List;

@Mapper
public interface UserMapper {
```

```
        @Select("select * from r_roles as r join r_user_roles as ur on r.id=ur.
user_id where ur.user_id=#{id}")
        List<Role> getUserRoleByUserId(Integer id);

        @Select("select * from r_users where username = #{username}")
        User getUserByUsername(String username);
    }
```

完成 Mapper 的编写后，进一步编写 UserService 类，代码如下：

📖 代码 5-9　freejava/test_roles/mapper/UserMapper.java

```java
package com.freejava.test_roles.service;

import com.freejava.test_roles.entity.User;
import com.freejava.test_roles.mapper.UserMapper;
import org.springframework.beans.factory.annotation.Autowired;
import org.springframework.security.core.userdetails.UserDetails;
import org.springframework.security.core.userdetails.UserDetailsService;
import org.springframework.security.core.userdetails.UsernameNotFoundException;

public class UserService implements UserDetailsService {

    @Autowired
    UserMapper userMapper;

    @Override
    public UserDetails loadUserByUsername(String username) throws
UsernameNotFoundException {
        User user = userMapper.getUserByUsername(username);

        if (user == null) {
            throw new UsernameNotFoundException("该账户不存在");
        }

        // 根据 user id 获取用户的角色信息
        user.setRoles(userMapper.getUserRoleByUserId(user.getId()));
        return user;
    }
}
```

为了测试方便，编写 Controller，代码如下：

📖 代码 5-10　/src/main/java/com/freejava/test_roles/controller/UserController.java

```java
package com.freejava.test_roles.controller;

import org.springframework.web.bind.annotation.GetMapping;
import org.springframework.web.bind.annotation.RestController;

@RestController
public class UserController {
    @GetMapping("/dba/hi")
    public String dba() {
        return "Hi, dba page";
    }

    @GetMapping("/user/hi")
    public String user() {
        return "Hi, user";
    }

    @GetMapping("/admin/hi")
    public String admin() {
```

```
            return "Hi, admin";
        }

        @GetMapping("/testHi")
        public String testHi() {
            return "Hi, just for test!";
        }

    }
```

最后对 Spring Security 进行配置编写，代码如下：

📖 代码 5-11　test_roles/config/WebSecurityConfig.java

```
package com.freejava.test_roles.config;

import com.freejava.test_roles.service.UserService;
import org.springframework.beans.factory.annotation.Autowired;
import org.springframework.context.annotation.Bean;
import org.springframework.security.config.annotation.authentication.builders.
AuthenticationManagerBuilder;
import org.springframework.security.config.annotation.web.builders.HttpSecurity;
import org.springframework.security.config.annotation.web.builders.WebSecurity;
import org.springframework.security.config.annotation.web.configuration.
WebSecurityConfigurerAdapter;
import org.springframework.security.crypto.bcrypt.BCryptPasswordEncoder;
import org.springframework.security.crypto.password.PasswordEncoder;

public class WebSecurityConfig extends WebSecurityConfigurerAdapter {

    @Autowired
    UserService userService;

    @Bean
    PasswordEncoder passwordEncoder() {
        return new BCryptPasswordEncoder();
    }

    @Override
     public void configure(AuthenticationManagerBuilder authObject) throws
Exception {
        authObject.userDetailsService(userService);
    }

    @Override
    protected void configure(HttpSecurity http) throws Exception {
        http.authorizeRequests().antMatchers("/db/**").hasRole("dba")
                .antMatchers("/admin/**").hasRole("admin")
                .antMatchers("/user/**").hasRole("user")
                .anyRequest().authenticated()
                .and()
                .formLogin()
                .loginProcessingUrl("/login").permitAll()
                .and().csrf().disable();

    }
}
```

这里就不再使用之前的 inMemoryAuthentication 方法，而是使用 userDetailsService 去调用 userService 进行认证判断。运行该项目，输入对应的账号密码即可访问对应的页面资源。

5.1.6　多种角色权限认证

有时候一个账号的角色可能是多个，如 freejava 既是 admin 角色，又是 dba 角色。那么在配置中增加可以显示权限包含关系的代码，可以在 Spring Security 中配置代码如下：

```
@Bean
    RoleHierarchy roleHierarchy() {
        RoleHierarchyImpl roleHierarchy = new RoleHierarchyImpl();
        String hierarchy =  "ROLE_dba > ROLE_user ROLE_admin > ROLE_dba"; // 权
限大小从高到低是: admin> dba > user
        roleHierarchy.setHierarchy(hierarchy);

        return roleHierarchy;
    }
```

该配置生效后，具有 ROLE_admin 的角色的用户可以访问所有资源，而 ROLE_dba 的角色用户可以访问自身权限的资源和 ROLE_user 的角色的用户资源。

5.2　Shrio 安全框架

几乎所有涉及用户的系统都需要进行权限管理，权限关系到一个系统的安全。Spring Boot 的安装框架整合方案中还有一颗璀璨的明珠：Shrio。

5.2.1　Shiro 介绍

Shiro 是一款由 Java 编写的安全框架，功能强大，入手容易。Shiro 提供了一套完整的 RABC 模式的授权认证体系，可以对密码进行加密，并完成安全的会话管理。与 Spring Security 相比显得功能较少，但是对于追求"小而美"的解决方案的开发者和项目来说，Shiro 使用起来更加得心应手。

（1）用于身份验证以及登录，检查用户是否拥有相应的角色权限。

（2）进行权限验证，验证某个已登录认证的用户是否拥有某个具体的角色权限；常见的如：检验某个用户是否有对某些资源包括页面的访问和操作权限等。

（3）进行会话管理，每当用户登录就是一次会话，在没有退出账号登录之前，用户的所有信息都在会话中存储。

（4）对数据加密，保护数据的安全性，如密码加密存储到数据库，不是明文存储，更加安全。

（5）对 Web 支持，非常方便地集成到 Web 环境中。

（6）支持多线程并发验证。

Shiro 的架构非常清晰，如图 5.7 所示。

这里介绍 Shiro 的一些核心的概念，Shiro 主要由三部分组成：

（1）Subject：主体，外部应用会和 Subject 进行交互。Subject 会记录当前的用户，用户在这里就是 Subject（主体），比如通过浏览器进行请求的用户。而 Subject 要通过 Security Manager 进行认证授权。

在代码层面，Subject 是一个定义了一些授权方法的接口。

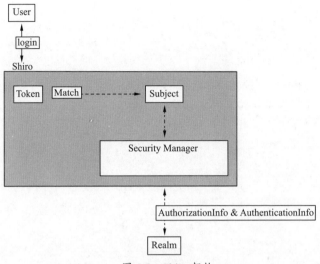

图 5.7　Shiro 架构

（2）Security Manager：即安全管理器，它是 Shiro 的核心，将对所有的 Subject 进行安全管理。

从代码层面上来说，Security Manager 是一个多继承接口，继承了 Authenticator、Authorizer、SessionManager 这三个接口。

（3）Realm：是 Shiro 和安全应用之间的连接器，类似于一个安全相关的 DAO，在进行认证和授权时，Shiro 会从 Realm 中获取想要的数据。

5.2.2　整合 Shiro 到 Spring Boot

新建一个 Spring Boot 项目，命名为 test_shiro。Shiro 整合到 Spring Boot 非常简单，只需在 pom.xml 中增加如下配置：

```xml
<!--  Shiro  -->
    <dependency>
        <groupId>org.apache.shiro</groupId>
        <artifactId>shiro-spring-boot-web-starter</artifactId>
        <version>1.7.0</version>
    </dependency>
```

5.2.3　Shiro 相关配置

先在 application.yml 中编写 Shiro 相关的配置项，具体如下：

```yaml
shiro:
  # 开启 Shrio 配置，默认为 true
  enabled: true
  web:
    # 开启 Shrio Web 配置，默认为 true
    enabled: true
  # 配置登录地址，默认为 "login.jsp"
  loginUrl: /login
  # 配置登录成功地址，默认为 "/"
  successUrl: /index
  # 配置未获授权默认跳转地址
  unauthorizedUrl: /unauthorized
```

```
  sessionManager:
    # 是否允许通过 Cookie 实现会话跟踪，默认为 true
    sessionIdCookieEnabled: true
    # 是否允许通过 URL 参数实现会话跟踪，默认为 true。如果网站支持 Cookie，可以关闭此选项。
    sessionIdUrlRewritingEnabled: true
```

接下来需要编写 ShiroConfig 文件，具体代码如下：

📖 代码 5-12 /test_shiro/config/ShiroConfig.java

```java
package com.freejava.test_shiro.config;

import org.apache.shiro.realm.Realm;
import org.apache.shiro.realm.text.TextConfigurationRealm;
import org.apache.shiro.spring.web.config.DefaultShiroFilterChainDefinition;
import org.apache.shiro.spring.web.config.ShiroFilterChainDefinition;
import org.springframework.context.annotation.Bean;
import org.springframework.context.annotation.Configuration;

@Configuration
public class ShiroConfig {

    @Bean
    public Realm realm() {
        TextConfigurationRealm realm =  new TextConfigurationRealm();
        realm.setUserDefinitions("freephp=12345,user\n admin=123456,admin");
        realm.setRoleDefinitions("user=read\n admin=read,write");
        return realm;
    }

    @Bean
    public ShiroFilterChainDefinition shiroFilterChainDefinition() {
        DefaultShiroFilterChainDefinition chainDefinition = new DefaultShiroFilterChainDefinition();
        chainDefinition.addPathDefinition("/logout", "logout");
        chainDefinition.addPathDefinition("/login", "anon"); // 匿名访问
        chainDefinition.addPathDefinition("/DoLogin", "anon"); // 匿名访问
        chainDefinition.addPathDefinition("/**", "authc");

        return chainDefinition;
    }
}
```

上面的代码中有两个方法，一个是 realm 方法，另一个是 shiroFilterChainDefinition 方法。realm 方法用于获取权限认证数据，例如此处存储了两个账号：freephp 和 admin。

然后再编写 Controller 文件，只做简单的逻辑判断，代码如下：

📖 代码 5-13 /freejava/test_shiro/controller/UserController.java

```java
package com.freejava.test_shiro.controller;

import com.freejava.test_shiro.common.BusinessException;
import com.freejava.test_shiro.common.ResultResponse;
import org.apache.shiro.SecurityUtils;
import org.apache.shiro.authc.AuthenticationException;
import org.apache.shiro.authc.UsernamePasswordToken;
import org.apache.shiro.subject.Subject;
import org.springframework.stereotype.Controller;
import org.springframework.ui.Model;
import org.springframework.web.bind.annotation.GetMapping;
import org.springframework.web.bind.annotation.PostMapping;

@Controller
public class UserController {
```

```
@PostMapping("/doLogin")
public String doLogin(String username, String password, Model model) {
    System.out.println("userName is" + username);
        UsernamePasswordToken token = new UsernamePasswordToken(username,
password);
    Subject subject = SecurityUtils.getSubject();
    try {
        subject.login(token);
        return "index";
    } catch(AuthenticationException e) {
        System.out.println(e.getCause());
        model.addAttribute("error", "username or password is wrong!");

        return "login";

    }
}

@GetMapping("/admin")
public String admin() {
    return "admin";
}

@GetMapping("/user")
public String user() {
    return "user";
}

}
```

上面的代码定义了三个接口，其中 doLogin 用于登录功能，使用 UsernamePasswordToken 类创建 token。然后根据账号和密码进行匹配判断，如果验证失败则返回 /login 页面并显示错误提示，如果验证成功则可以访问 index 页面。

登录页面和首页页面都需要单独编写，在 resources 目录下创建 templates 文件夹，然后分别创建 index.html 和 login.html，代码如下：

📖 代码 5-14　/freejava/test_shiro/resources/templates/index.html

```
<!DOCTYPE html>
<html lang="en">
<head>
    <meta charset="UTF-8">
    <title>Title</title>
</head>
<body>
hi, test
</body>
</html>
```

📖 代码 5-15　/test_shiro/resources/templates/login.html

```
<!DOCTYPE html>
<html lang="en" xmlns:th="http://www.thymeleaf.org">
<head>
    <meta charset="UTF-8">
    <title>Login</title>
</head>
<body>
<div>
    <form action="/doLogin" method="post">
        <label>username:</label>
```

```
        <input type="text" name="username"><br/>
        <label>password:</label>
        <input type="password" name="password"><br/>
        <div th:text="${error}"></div>
        <input type="submit" value="登录">
    </form>
</div>
</body>
</html>
```

为了更好地加载上面的页面,需要编写一个 WebMvcConfig 来加载,具体代码如下:

📖 代码 5-16　/test_shiro/config/WebMvcConfig.java

```java
package com.freejava.test_shiro.config;

import org.springframework.context.annotation.Configuration;
import org.springframework.web.servlet.config.annotation.ViewControllerRegistry;
import org.springframework.web.servlet.config.annotation.WebMvcConfigurer;

@Configuration
public class WebMvcConfig implements WebMvcConfigurer {
    @Override
    public void addViewControllers(ViewControllerRegistry registry) {
        registry.addViewController("/index").setViewName("index");
        registry.addViewController("/login").setViewName("login");
    }
}
```

访问 http://localhost:8080/login,输入正确的账号和密码,则可以看到登录成功界面,如图 5.8 所示。反之则看到图 5.9 所示的登录失败提示页面。

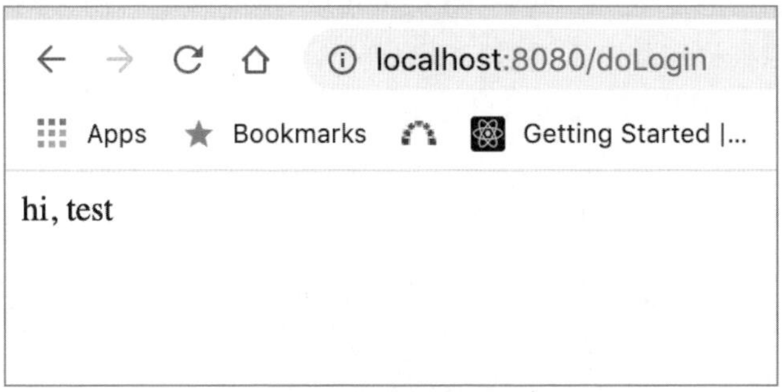

图 5.8　登录成功页面

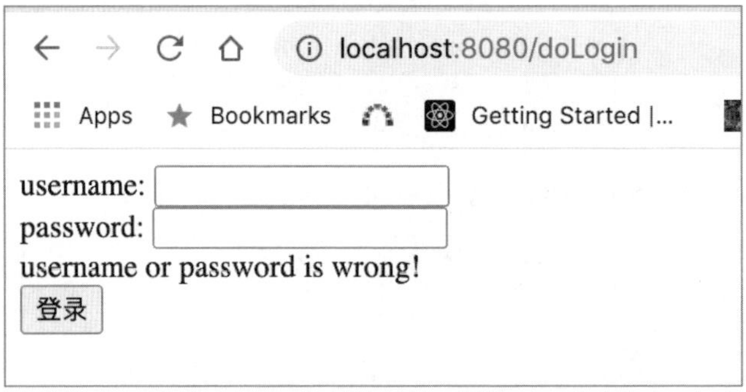

图 5.9　登录失败页面

Shiro 的使用非常方便，只需实现最核心的 realm 定义和 shiroFilterChainDefinition 功能就可以很好地完成认证授权功能。除此之外，Shiro 还提供缓存功能，感兴趣的读者可以自行查阅官网文档进行学习。

5.3　Oauth 2.0 认证

Oauth 2.0 是非常流行的网络授权标准，已经广泛应用在全球范围内，比较大的公司，如腾讯等都有大量的应用场景。

5.3.1　Oauth 2.0 介绍

Oauth 全称是 Open Authorization，是一种开放授权协议。目前使用的版本是 2.0 版本，也就是 Oauth 2.0，它主要用于授权认证环节。

从官网文档可以知道 Oauth 具有如下特点：

（1）需要第三方进行授权，会存储用户的登录授权凭据。

（2）服务器必须支持密码认证。

（3）有限范围内获取资源所有者（用户）的部分数据。

简而言之，就是用于第三方在用户授权的前提下获取用户相关信息。

而 Oauth 2.0 的授权模式比较多，常用的有如下两种：

（1）授权码模式：最常规的模式，支持刷新的 token。

（2）Client 模式：其他应用或者程序通过 api 进行调用，获取对应的 token。

5.3.2　Oauth 2.0 过程详解

Oauth 认证过程如图 5.10 所示，分为三个角色：用户、第三方以及认证服务器。

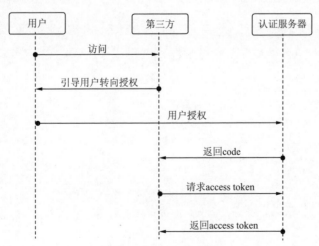

图 5.10　Oauth 认证过程

首先，用户去访问第三方应用，第三方应用引导用户进行授权，跳转到授权页面。用户进行授权后将数据传递给认证服务器，认证服务器返回 code 给第三方应用，第三方应用发起新的请求来获取访问授权令牌（access token），最后用户获取到授权结果。

5.3.3　Oauth 整合到 Spring Boot 实践

客户端凭证是笔者选择进行实践的认证方式，这也是最常用的认证方式。例如，微信授权就是这种方式，通过携带 access token 来获取用户资源。

笔者创建新的 Spring Boot 项目，命名为 test_oauth。实现方案是使用 Spring Security 和 Oauth 2.0 模块，可以在 pom.xml 中添加 Oauth 2.0 的依赖，代码如下：

```
<dependency>
    <groupId>org.springframework.boot</groupId>
    <artifactId>spring-boot-starter-security</artifactId>
</dependency>

<dependency>
    <groupId>org.springframework.security.oauth</groupId>
    <artifactId>spring-security-oauth2</artifactId>
</dependency>
```

为了实现 Oauth 认证，需要对两方面进行配置，一是认证服务配置，包含 token 定义，用户客户端的信息以及授权服务和令牌服务。二是需要对资源服务进行配置，如资源访问权限设置，哪些需要 token 验证。

首先，笔者尝试编写认证服务配置，定义授权以及令牌服务。

代码 5-17　/test_oauth/config/MySuthorizationServerConfig.java

```
package com.freejava.test_oauth.config;

import org.springframework.boot.autoconfigure.EnableAutoConfiguration;
import org.springframework.context.annotation.Configuration;
import org.springframework.security.oauth2.config.annotation.configurers.
ClientDetailsServiceConfigurer;
import org.springframework.security.oauth2.config.annotation.web.configuration.
AuthorizationServerConfigurer;
import org.springframework.security.oauth2.config.annotation.web.configuration.Au
thorizationServerConfigurerAdapter;
import org.springframework.security.oauth2.config.annotation.web.configuration.
EnableAuthorizationServer;
import org.springframework.security.oauth2.config.annotation.web.configurers.Auth
orizationServerEndpointsConfigurer;
import org.springframework.security.oauth2.config.annotation.web.configurers.Auth
orizationServerSecurityConfigurer;

/**
 * 认证服务类
 *
 * @author freejava
 */
@Configuration

@EnableAuthorizationServer
public class MySuthorizationServerConfig extends AuthorizationServerConfigurerAda
pter {
    /**
     * 配置安全约束配置
     * @param authorizationServerSecurityConfigurer 定义令牌上的安全约束
     * @throws Exception
     */
    @Override
```

```
    public void configure(AuthorizationServerSecurityConfigurer authorizationServ
erSecurityConfigurer) throws Exception {
        // 用于表单方式提交 client_id、client_secret
        authorizationServerSecurityConfigurer.allowFormAuthenticationForCli
ents();
    }

    /**
     * 配置客户端信息
     * @param clientDetailsServiceConfigurer 定义客户端信息的配置们，可以初始化客户端
信息。
     * @throws Exception
     */
    @Override
    public void configure(ClientDetailsServiceConfigurer
clientDetailsServiceConfigurer) throws Exception {
        clientDetailsServiceConfigurer.inMemory()
            // client_id
            .withClient("myClientId")
            // 授权方式
            .authorizedGrantTypes("client_credentials")
            // 授权范围
            .scopes("write")
            // client_secret
            .secret("{superme}123456");
    }

    /**
     * 定义授权和令牌服务。
     * @param authorizationServerEndpointsConfigurer
     * @throws Exception
     */
    @Override
    public void configure(AuthorizationServerEndpointsConfigurer authorizationSer
verEndpointsConfigurer) throws Exception {
        super.configure(authorizationServerEndpointsConfigurer);
    }
}
```

资源配置编写，先编写一个 Controller 文件，代码如下：

📖 代码 5-18 /src/main/java/com/freejava/test_oauth/controller/ResController.java

```
@RestController
@AllArgsConstructor
public class ResController {

    @GetMapping("/res/{id}")
    public String testOauth(@PathVariable String id) {
        return "Get the resource " + id;
    }
}
```

然后编写该资源的访问权限配置，代码如下：

📖 代码 5-19 /src/main/java/com/freejava/test_oauth/config/MyResourceServerConfigurer.java

```
package com.freejava.test_oauth.config;

import org.springframework.context.annotation.Configuration;
import org.springframework.security.config.annotation.web.builders.HttpSecurity;
import org.springframework.security.oauth2.config.annotation.web.configuration.Re
sourceServerConfigurerAdapter;
import org.springframework.security.oauth2.config.annotation.web.configurers.Reso
urceServerSecurityConfigurer;
```

```
/**
 * 用于拦截请求的配置类
 */
@Configuration
public class MyResourceServerConfigurer extends ResourceServerConfigurerAdapter {

    @Override
    public void configure(ResourceServerSecurityConfigurer resources) throws
Exception {
        super.configure(resources);
    }

    /**
     * 用于拦截http请求
     * @param http
     * @throws Exception
     */
    @Override
    public void configure(HttpSecurity http) throws Exception {
        http.authorizeRequests()
                .antMatchers("/v1/res/**").authenticated();
    }
}
```

通过 Postman 进行测试，访问 localhost:8080/res/1 会返回一个 unauthorized 的错误返回，这里需要传递 access token，所以需要先请求获取 access token 的接口 /oauth/token，之后再用该 token 进行请求即可。

5.4 小结

本章主要讲解了 Spring Boot 的安全授权框架 Spring Security 和 Shiro 的使用。特别要重点掌握的是更为主流的 Spring Security 框架，功能强大，适合大部分项目使用。

对基于数据库的认证方式需要自己动手编写设置自己项目的数据结构，本章只是抛砖引玉，介绍了最常规的用法和写法，更多 API 相关使用请参考对应版本的官方文档。对于 Oauth 2.0 的流程需要理解，另外一种 Oauth 2.0 的实现是不依赖 spring-security-oauth2 模块的，可以考虑自己编写配置类和请求拦截器来实现。

认证授权是一个健全功能的应用必须拥有的功能，本章能让开发者对如何在 Spring Boot 技术栈下实现高质量的安全授权有一定了解。

第6章

WebSocket 开发

WebSocket 是互联网项目中画龙点睛的应用，可以用于消息推送、站内信、在线聊天等业务。笔者在之前的工作中曾经使用 NodeJS 实现过一个较为复杂的群聊和私聊的聊天 Web 应用，涉及的核心知识点就是 WebSocket。

本章主要涉及的知识点如下：

- 学习并了解 WebSocket 的背景知识和应用场景。
- 学习整合 WebSocket 到 Spring Boot 项目。
- 讲解案例：群聊的实现。
- 讲解案例：点对点消息传输实践。

6.1 WebSocket 简介

6.1.1 使用 WebSocket 的优势

WebSocket 是一种基于 TCP 的新网络协议，它是一种持久化的协议，实现了全双工通信，可以让服务器主动发送消息给客户端。

在 WebSocket 出现之前，要保持消息更新和推送一般采用轮询的方式，例如，开启一个服务进程每隔一段时间去发送请求给另外一个服务，以此获取最新的资源信息。这里都很阻塞请求，性能非常差，也会占用资源。所以考虑使用 WebSocket 来实现，使用连接实现信息传输，性能很高，整个客户端和服务之间交互的过程如图 6.1 所示。

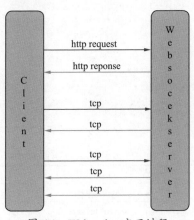

图 6.1　Websocket 交互过程

由图 6.1 可知，最开始客户端也需要发起一次 http 请求，然后 WebSocket 协议需要通过已建立的 TCP 连接来传输数据，可见 WebSocket 和 HTTP 请求也有一些交集。但是 WebSocket 只用发起一次 HTTP 请求之后就可以通过回调机制不断地获取数据并进行交互。

6.1.2　整合 WebSocket 到 Spring Boot

创建一个 Spring Boot 项目，名为 test-websocket。websocket 安装方式非常简单，在 pom.xml 中增加配置如下：

```
<dependency>
    <groupId>org.springframework.boot</groupId>
    <artifactId>spring-boot-starter-websocket</artifactId>
</dependency>
```

6.2　简单的聊天室案例

Websocket 使用 ws 或 wss 作为通信协议，和 HTTPS 协议类似，其中 wss 表示在 TLS 之上的 Websocket。一个完整的 URL 如下：ws://example.com/api。实现聊天室的思路可分成以下两种：

（1）利用 websocket 依赖中的 HandshakeInterceptor 和 WebSocketHandler，实现对应的方法，

（2）利用注解实现对话的连接、断开、信息发送触发等功能。为了更好地理解 WebSocket 的流程，笔者选择第二种方式来实现聊天室功能。

第一步：编写一个配置文件，代码如下：

```
package com.freejava.test_websocket.config;

import org.springframework.context.annotation.Bean;
import org.springframework.context.annotation.Configuration;
import org.springframework.web.socket.server.standard.ServerEndpointExporter;

@Configuration
public class WebSocketConfig {
    /**
     * 配置 WebSocketEndpointServer
     *
     * 注入 ServerEndpointExporter 到 web 启动流程中
     * @return
     */
    @Bean
    public ServerEndpointExporter serverEndpointExporter() {

        return new ServerEndpointExporter();
    }
}
```

第二步：创建 WebSocket 服务端。需要通过注解来实现如下方法，见表 6.1。

表 6.1　WebSocket 注解解析表

事 件 类 型	WebSocket 注解	事 件 描 述
open	@OnOpen	当打开连接后触发
message	@OnMessage	当接收客户端信息时触发

事 件 类 型	WebSocket 注解	事 件 描 述
error	@OnError	当通信异常时触发
close	@OnClose	当连接关闭时触发

下面正式编写 WebSocket 服务端代码，代码如下：

```
package com.freejava.test_websocket.component;

import com.alibaba.fastjson.JSON;
import com.freejava.test_websocket.chatobject.Message;
import org.springframework.stereotype.Component;

import javax.websocket.*;
import javax.websocket.server.ServerEndpoint;
import java.io.IOException;
import java.util.Map;
import java.util.concurrent.ConcurrentHashMap;

@Component
@ServerEndpoint("/chat")// 标记此类为服务端
public class WebSocketChatServer {

    /**
     * 使用线程安全的 Map 存储会话。
     */
     private static Map<String, Session> onlineSessions = new
ConcurrentHashMap<>();


    /**
     * 当打开连接的时候，添加会话和更新在线人数。
     */
    @OnOpen
    public void onOpen(Session session) {
        onlineSessions.put(session.getId(), session);
            sendMessageToAll(Message.toJsonResult(Message.ENTER,"","",
onlineSessions.size()));
    }

    /**
     * 当客户端发送消息，群发该消息，消息使用 json 格式。
     *
     */
    @OnMessage
    public void onMessage(Session session, String jsonStr) {
        Message message = JSON.parseObject(jsonStr, Message.class);
            sendMessageToAll(Message.toJsonResult(Message.TALK, message.
getUsername(), message.getMessage(), onlineSessions.size()));
    }

    /**
     * 当关闭连接，移除会话并减少在线人数。
     */
    @OnClose
    public void onClose(Session session) {
        onlineSessions.remove(session.getId());
            sendMessageToAll(Message.toJsonResult(Message.QUIT, "", "下线啦！",
onlineSessions.size()));
    }

    /**
```

```
     * 当通信发生异常，打印错误日志
     */
    @OnError
    public void onError(Session session, Throwable error) {
        error.printStackTrace();
    }

    /**
     * 发送信息给所有人
     */
    private static void sendMessageToAll(String msg) {
        onlineSessions.forEach((id, session) -> {
            try {
                session.getBasicRemote().sendText(msg);
            } catch (IOException e) {
                e.printStackTrace();
            }
        });
    }

/**
 * 系统消息推送，一般是有人来去
 * @param msg
 */
    private static void noticeMessage(String msg) {
            sendMessageToAll(Message.toJsonResult(Message.TALK, "系统消息", msg,
onlineSessions.size()));
    }


}
```

上面的代码中就是对 onError、onMessage、onOpen 注解进行编写接口，使用线程安全的 Map 来存储对话信息，根据不同的操作对在线人数和当前会话用户进行删改。sessionid 对应每一个连接的用户，由于没有注册，所以保存用户信息用处不大。其中 Message 对象是对聊天消息进行封装的数据类，具体实现代码如下：

```
package com.freejava.test_websocket.chatobject;

import com.alibaba.fastjson.JSON;

/**
 * WebSocket 聊天消息类
 */
public class Message {

    // 进入聊天
    public static final String ENTER = "ENTER";
    // 聊天
    public static final String TALK = "TALK";
    // 退出聊天
    public static final String QUIT = "QUIT";

    // 消息类型
    private String type;

    // 发送人
    private String username;

    // 发送消息
    private String message;

    // 在线人数
```

```
        private int onlineCount;

        // 返回处理后的 json 结果
        public static String toJsonResult(String type, String username, String msg,
int onlineCount) {
            return JSON.toJSONString(new Message(type, username, msg, onlineCount));
        }

        public Message(String type, String username, String msg, int onlineCount) {
            this.type = type;
            this.username = username;
            this.message = msg;
            this.onlineCount = onlineCount;
        }

        // 此处省略 get/set 方法
    }
```

为了更好地编写前端页面和处理参数（JSON 格式为主）传递，添加如下配置到 pom.xml：

```xml
<dependency>
            <groupId>com.alibaba</groupId>
            <artifactId>fastjson</artifactId>
            <version>1.2.61</version>
        </dependency>
        <dependency>
            <groupId>org.springframework.boot</groupId>
            <artifactId>spring-boot-starter-thymeleaf</artifactId>
        </dependency>
</dependency>
```

然后编写一个 Controller 文件来设置简单的路由和逻辑，具体实现代码如下：

```java
package com.freejava.test_websocket.controller;

import org.springframework.web.bind.annotation.GetMapping;
import org.springframework.web.bind.annotation.RequestMapping;
import org.springframework.web.bind.annotation.RestController;
import org.springframework.web.servlet.ModelAndView;

import javax.servlet.http.HttpServletRequest;
import java.net.UnknownHostException;

@RestController
@RequestMapping("/v1")
public class ChatController {

    // 登录页面
    @GetMapping("/login")
    public ModelAndView login() {
        return new ModelAndView("/login");
    }

    @GetMapping("/chat")
    public ModelAndView index(String username, String password,
HttpServletRequest request) throws UnknownHostException {
        return new ModelAndView("/chat");
    }

}
```

编写前端页面，运行本项目，访问登录页面 http://localhost:8080/v1/login，如图 6.2 所示。

图 6.2　登录页面

如果输入的密码长度超过 12 位，那么登录后会看到如下错误页面，如图 6.3 所示。

图 6.3　错误显示页面

如果输入的用户名和密码都符合要求，那么就会进入聊天页进行聊天，如图 6.4 所示。

图 6.4　聊天页面

在前端代码中也需要编写 WebSocket 的客户端操作，核心代码如下：

```
/**
    * WebSocket 客户端
    *
    */
function createWebSocket() {
    /**
     * WebSocket 客户端
     */
    var serviceUri = 'ws://localhost:8080/chat';
    var webSocket = new WebSocket(serviceUri);
    /**
     * 打开连接的时候
     */
    webSocket.onopen = function (event) {
        console.log('websocket 打开连接....');
    };


    /**
     * 接收服务端消息
     */
    webSocket.onmessage = function (event) {
        console.log('websocket: %c' + event.data);
        // 获取服务端消息
        var message = JSON.parse(event.data) || {};

        var $messageContainer = $('.message_container');
        if (message.type === 'TALK') {
            var insertOneHtml = '<div class="mdui-card" style="margin: 10px
0;">' +
                '<div class="some-class">' +
                '<div class="message_content">' + message.username + ": " +
message.message + '</div>' +
                '</div></div>';
            $messageContainer.append(insertOneHtml);
        }
        // 更新在线人数
        $('#chat_num').text(message.onlineCount);
        // 防止刷屏
            var $cards = $messageContainer.children('.mdui-card:visible').
toArray();
        if ($cards.length > 5) {
            $cards.forEach(function (item, index) {
                index < $cards.length - 5 && $(item).slideUp('fast');
            });
        }
    };

    /**
     * 关闭连接
     */
    webSocket.onclose = function (event) {
        console.log('WebSocket 关闭连接 ');
    };

    /**
     * 通信失败
     */
    webSocket.onerror = function (event) {
        console.log('WebSocket 发生异常 ');

    };
```

```
                return webSocket;
        }

        var webSocket = createWebSocket();

        /**
         * 通过 WebSocket 对象发送消息给服务端
         */
        function sendMsgToServer() {
            var $message = $('#msg');
            if ($message.val()) {
                    webSocket.send(JSON.stringify({username: $('#username').text(),
msg: $message.val()}));
                    $message.val(null);
            }

        }
```

其中，createWebSocket 方法是专门用来创建 WebSocket 对象的，并且封装了处理服务器消息、错误处理、连接服务器等操作。由于篇幅有限，更多代码请参看对应的项目代码。

6.3 点到点消息传输实践

所谓点到点消息传输，其实就是我们常说的私聊功能。一个用户相当于一个连接，两个用户之前在一个通道中进行消息传输，私密地聊天。

在之前项目的基础上，进一步引入一个新的概念：频道号。就像听广播一样，必须要在相同的频道上才能听到消息，同样地，两个用户必须在相同的频道上才能接收到对方发来的消息。

于是改写 WebSocket 类的 OnMessage 方法，具体代码如下：

```
@OnMessage
        public void onMessage(String message, Session session, @
PathParam("nickname") String nickname){
            log.info("来自客户端：{}发来的消息：{}", nickname, message);

            SocketConfig socketConfig;
            ObjectMapper objectMapper = new ObjectMapper();

            try{
                socketConfig = objectMapper.readValue(message, SocketConfig.class);
                if(socketConfig.getType() == 1){   // 私聊
                    socketConfig.setFromUser(session.getId());
                    Session fromSession = map.get(socketConfig.getFromUser());
                    Session toSession = map.get(socketConfig.getToUser());

                    if(toSession != null){   // 接收者存在，发送以下消息给接收者和发送者
                            fromSession.getAsyncRemote().sendText(nickname + ": " +
socketConfig.getMsg());
                            toSession.getAsyncRemote().sendText(nickname + ": " +
socketConfig.getMsg());
                    }else{   // 发送者不存在，发送以下消息给发送者
                            fromSession.getAsyncRemote().sendText("频道号不存在或对方不
在线");
                    }
                }else{   // 群聊
                    broadcast(nickname + ": " + socketConfig.getMsg());
                }
```

```
        }catch (Exception e){
            log.error(" 发送消息出错 ");
            e.printStackTrace();
        }
    }
```

　　对应的前端页面也需要做一定调整，增加对单一用户推送消息的 UI 界面，具体可以见本项目代码，这里重点在于对 OnMessage 方法的修改，通过 toSession 的不同，服务把消息传给不同的用户。

6.4　小结

　　本章主要讲解了 WebSocket 在 Spring Boot 中的整合和实践，以群聊和私聊两大功能为例，具体讲解了相应的实现方法。对 WebSocket 的常用方法的封装，进行了详细介绍。由于篇幅有限，更多的详细代码请参考相应项目代码。

## 第 7 章

Swagger 整合

开发者为了更好地调试接口代码，需要借用一些可视化的工具进行自测，Swagger 就是其中一种非常好的 Restful API 文档生成工具，它可以在 API 的整个生命周期中使用，从开发阶段到测试阶段，都可以使用 Swagger 来辅助开发接口。

本章主要涉及的知识点如下：

- 介绍 Swagger 工具。
- 将 Swagger 整合到 Spring Boot 项目。
- 介绍 Swagger 的常用注解和相关使用。
- 对博客系统 2.7 节中进行改造，添加 Swagger 文档功能。
- 介绍 Swagger 复杂注解的使用，如 ApiImplicitParams。

7.1 Swagger 简介

在一个分工明确的技术团队中，有前端开发人员、后端开发人员、测试人员等。后端开发人员编写后端代码和提供 API 接口给前端工程师使用，而两者的开发进度不同，需要反复沟通，才能知道如何正确使用 API 接口。这时可以考虑使用 Swagger 来生成 API 文档，通过编写注解在对应的接口代码中，为使用者提供最新最准确的使用说明和用例。

Swagger 是一款功能强大的在线 API 文档生成工具，可以轻松地整合到 Spring Boot 项目中，Swagger 也可以单独部署作为 API 接口展示项目。其优点很多，具体如下：

（1）同步性。可以随着功能代码的修改，同时修改对应的注解让 Swagger-UI 显示最新的接口情况，永远保持和接口代码同步。

（2）可视性。Swagger 提供了一套可视化的 UI 界面进行接口请求操作，非常方便直观。

（3）规范性。所有的入参和入参都在 Swagger 中定义清晰，跨团队沟通的成本会被降低很多。

Swagger 目前流行的是 2.x 版本，本书也以这个版本作为具体讲解。

7.1.1 整合 Swagger 到 Spring Boot

将 Swagger 整合到 Spring Boot 项目也非常容易，需要在 pom.xml 添加如下依赖配置：

```
<dependency>
        <groupId>io.springfox</groupId>
        <artifactId>springfox-swagger-ui</artifactId>
        <version>2.8.0</version>
```

```
            </dependency>
            <dependency>
                    <groupId>io.springfox</groupId>
                    <artifactId>springfox-swagger2</artifactId>
                    <version>2.8.0</version>
            </dependency>
```

在上述依赖中，swagger-ui 是专门针对 swagger 搭配的 UI 界面框架，而主体依赖是 springfox-swagger2。

为了演示方便，笔者创建了一个 test_swagger 项目，并添加上述的 Swagger 依赖。然后编写 Swagger 类来设置 Swagger 文档的属性和一些初始化说明描述，代码如下：

```
package com.freejava.test_swagger;
import org.springframework.boot.autoconfigure.condition.ConditionalOnProperty;
import org.springframework.context.annotation.Bean;
import org.springframework.context.annotation.Configuration;

import springfox.documentation.builders.ApiInfoBuilder;
import springfox.documentation.builders.PathSelectors;
import springfox.documentation.builders.RequestHandlerSelectors;
import springfox.documentation.service.ApiInfo;
import springfox.documentation.service.Contact;
import springfox.documentation.spi.DocumentationType;
import springfox.documentation.spring.web.plugins.Docket;
import springfox.documentation.swagger2.annotations.EnableSwagger2;

/**
* 定义 Swagger 类
**/
@Configuration
@EnableSwagger2
@ConditionalOnProperty(name = "swagger.enable", havingValue = "true")
public class Swagger {
    @Bean
    public Docket createRestApi() {

        return new Docket(DocumentationType.SWAGGER_2)
                .apiInfo(apiInfo())
                .select()
                .apis(RequestHandlerSelectors.basePackage("com.freejava.test_
swagger.api")).paths(PathSelectors.any())
                .build();
    }

    /**
     * API 文档的说明文字
     * @return
     */
    private ApiInfo apiInfo() {

        return new ApiInfoBuilder()
                // 页面标题
                .title("Spring Boot test Swagger2 for RESTful API")
                // 创建人信息
                    .contact(new Contact("freePHP", "https://www.cnblogs.com/
freephp", "fightforphp@gmail.com"))
                // 版本号
                .version("1.0")
                // 描述
                .description("API Description")
                .build();
    }
}
```

然后编写一个简单的 API 接口，这里只编写 Controller 文件，代码如下：

```java
package com.freejava.test_swagger.api;

import com.freejava.test_swagger.entity.ETF;
import io.swagger.annotations.Api;
import io.swagger.annotations.ApiOperation;
import org.springframework.web.bind.annotation.GetMapping;
import org.springframework.web.bind.annotation.PathVariable;
import org.springframework.web.bind.annotation.RequestMapping;
import org.springframework.web.bind.annotation.RestController;

import java.util.ArrayList;
import java.util.List;

/**
 * ETF 基金接口类
 */
@RestController
@RequestMapping("/v1/api")
@Api("swaggerTaskController of api")
public class ETFController {

    /**
     * 获取所有优质 ETF 数据
     *
     * @return
     */
    @GetMapping("/etf")
    @ApiOperation(value = "获取所有优质的 ETF 基金数据", notes = "返回 ETF 基金数据")
    public List<ETF> list() {
        List<ETF> etfData = new ArrayList<>();
        etfData.add(new ETF("515713", "食品 ETF","1.00"));
        etfData.add(new ETF("513050", "中概互联网 ETF", "2.056"));
        return etfData;
    }

    /**
     * 根据交易代码获取对应的 ETF 数据
     * @param code 交易代码
     * @return
     */
    @GetMapping("/etf/{code}")
    @ApiOperation(value = "根据交易 diamante 获取 TF 基金数据", notes = "返回查询的基金数据")
    public ETF getByCode(@PathVariable String code) {
        if (code == "515713") {
            return new ETF("515713", "食品 ETF","1.00");
        } else if (code == "513050") {
            return new ETF("513050", "中概互联网 ETF", "2.056");
        } else {
            return null;
        }
    }
}
```

这段代码中使用了 @ApiOperation 注解来添加对接口的 Swagger 文档描述，使用了 @Api 注解来增加请求类的说明，运行该项目可能会遇到图 7.1 所示的报错界面，这是因为 Spring Boot 没有扫描到 Swagger 类。

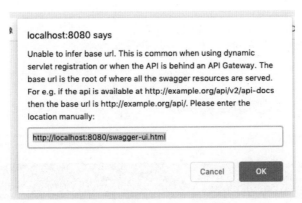

图 7.1　访问 Swagger 页面报错

关于这个问题网上有很多奇怪的解决办法，实际上是需要添加一个配置项和一个依赖，配置项写在 properities.yml 文件中，代码如下：

```
swagger:
  enable: true
```

然后在 pom.xml 文件中添加如下依赖：

```
<dependency>
            <groupId>javax.xml.bind</groupId>
            <artifactId>jaxb-api</artifactId>
            <version>2.3.0</version>
        </dependency>
```

使用 maven 安装好 jaxb-api 依赖后，重新运行项目，可以看到图 7.2 所示的正常页面，表示成功运行了 Swagger 的 UI 项目。

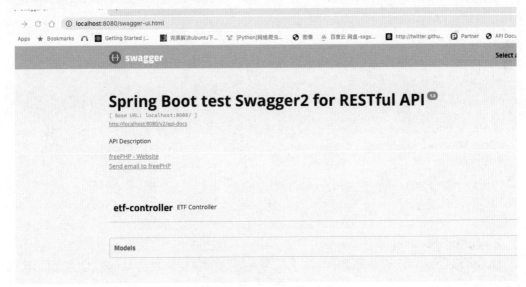

图 7.2　Swagger 文档页面

单击 etf-controller 最右侧的下拉箭头，可以看到图 7.3 所示的获取所有 ETF 数据的请求设置面板，单击 try it out 之后就可以返回结果。

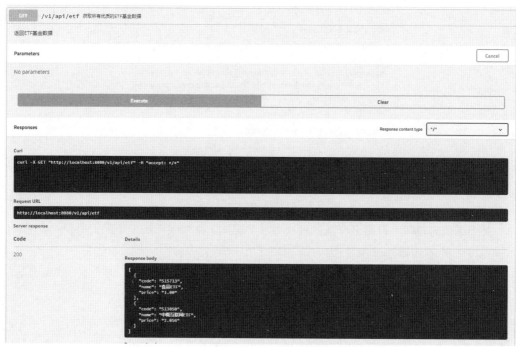

图 7.3　获取所有 ETF 数据接口

7.1.2　常用注解

Swagger 有很多常用的注解，有一些是用于对入参的限制，有一些是对文档项目的描述，常用注解整理如下：

1．@Api

@Api 用于 Controller 类，是对请求类的文字说明，会显示在 UI 界面上，代码如下：

```java
package com.freejava.test_swagger.api;


import io.swagger.annotations.Api;

@Api("swagger GoldController of api")
public class GoldController {

    public String getGoldPrice() {
        return "237.58 RMB";
    }
}
```

2．@ApiOperation

@ApiOperation 用于 Controller 方法上，是对方法的说明，也会显示在 UI 界面，代码如下：

```java
@ApiOperation(value = "获取最新的金价", notes = "获取当前金价")
public String getGoldPrice() {
    return "237.58 RMB";
}
```

3．@ApiParam

@ApiParam 用于方法的参数，是对方法的参数进行说明，例如是否必填、默认值、文字描述等，代码如下：

```
/**
 * 根据年份来获取当年年末的金价
 * @param year
 * @return
 */
@ApiOperation(value = "根据年份来获取当年年末的金价", notes = "根据年份来获取当年
年末的金价")
    public String getGoldPriceByYear(    @ApiParam(name = "YEAR", value = "查询
年份", required = true)
                                        @PathVariable String year) {
        Map<String, String> goldWithYears = new HashMap<String, String>();
        goldWithYears.put("2015", "$1,060");
        goldWithYears.put("2016", "$1,151.70");
        goldWithYears.put("2017", "$1,296.50");
        for (String theYear : goldWithYears.keySet()) {
            if (theYear == year) {
                return goldWithYears.get(year);
            }
        }
        return "unknow";
    }
```

4．@ApiModel

@ApiModel 用于 JavaBean 对象上（POJO 对象），是对 JavaBean 对象的文字说明，代码如下：

```
package com.freejava.test_swagger.entity;
import io.swagger.annotations.ApiModel;
import lombok.AllArgsConstructor;
import lombok.Data;
import lombok.NoArgsConstructor;

@NoArgsConstructor
@AllArgsConstructor
@Data
@ApiModel("ETF 基金对象 ")
public class ETF {
    // 交易代码
    private String code;
    // 基金名称
    private String name;
    // 单位净值
    private String price;
}
```

5．@ApiModelProperty

@ApiModelProperty 是用在 JavaBean 对象的属性上，用来说明属性的含义。以上面这段代码进行改造，对所有字段属性进行文字描述，代码如下：

```
// 交易代码
    @ApiModelProperty(" 交易代码 ")
    private String code;
    // 基金名称
    @ApiModelProperty(" 基金名称 ")
    private String name;
    // 单位净值
    @ApiModelProperty(" 当前单位净值 ")
    private String price;
```

除了上面介绍的注解外，还有两种用法稍微复杂一点的注解 @ApiImplicitParams 和 @ApiImplicitParam，将在 7.3 节中详细介绍。

7.2 博客系统增加 Swagger 支持

百闻不如一用，笔者将把 Swagger 整合到 3.6 节中的博客系统（请切换到 mongodb 分支），以此来更详细地演示 Swagger 的注解实际用法。

首先还是在 pom.xml 中添加如下依赖：

```
<dependency>
            <groupId>io.springfox</groupId>
            <artifactId>springfox-swagger-ui</artifactId>
            <version>2.8.0</version>
</dependency>
<dependency>
            <groupId>io.springfox</groupId>
            <artifactId>springfox-swagger2</artifactId>
            <version>2.8.0</version>
</dependency>
<dependency>
            <groupId>javax.xml.bind</groupId>
            <artifactId>jaxb-api</artifactId>
            <version>2.3.0</version>
</dependency>
```

在 application.yml 中添加如下配置来开启 Swagger：

```
swagger:
  enable: true
```

以 ArticleController 文件为例，改写部分的代码如下：

```
@Api("Api for ArticleController")
public class ArticleController {
    @Autowired
    ArticleService articleService;

    @ApiOperation(value = "创建文章", notes = "创建一篇文章")
    @PostMapping("/article")
    @UserLoginToken
      public JsonResultObject add(@ApiParam(name = "MyArticle", value =
"MyArticle对象数据", required = true) @Validated @RequestBody MyArticle myArticle,
BindingResult bindingResult) {
          try {
              // 省略部分业务代码；
    }
}
@ApiOperation(value = "不分页获取文章列表", notes = "不分页获取文章列表")
    @RequestMapping("/articles")
    public JsonResultObject getAll() {
// 省略业务代码....
    }

    @ApiOperation(value = "分页获取文章列表", notes = "分页获取文章列表数据")
    @RequestMapping("/articles/{pageNum}")
    public JsonResultObject getListByPageNum(@ApiParam(name = "pageNum", value = "
页码", required = true) @PathVariable int pageNum) {
                      // 省略业务代码
                  return result;
    }
```

```
@ApiOperation(value = "根据 ID 获取文章详情", notes = "根据 ID 获取文章详情")
    @RequestMapping("/article/{id}")
     public JsonResultObject detail(@ApiParam(name = "id", value = "文章 ID",
required = true) @PathVariable int id) {
        // 省略业务代码
        return result;
    }
    @ApiOperation(value = "修改单篇文章", notes = "修改单篇文章, 会传递 ID")
    @PutMapping("/article")
    @UserLoginToken
     public JsonResultObject update(@ApiParam(name = "myArticle", value =
"MyArticle 数据对象, json 格式", required = true) @Validated @RequestBody MyArticle
myArticle, BindingResult bindingResult) {
    // 省略业务代码
  }

        @ApiOperation(value = "根据 ID 删除文章", notes = "根据 ID 删除文章")
    @DeleteMapping("/article/{id}")
     public JsonResultObject delete(@ApiParam(name = "id", value = "文章 ID",
required = true) @PathVariable String id) {
        // 省略业务代码
        }
    }
```

　　重新运行项目 myblog，在浏览器中访问进入图 7.4 所示的页面。可以看到针对每一个被注解标注过的接口都生成了一个请求项目，在最前面也标识了使用的 HTTP 方式，如第一行的项目是 /v1/article，它使用的是 POST 请求，用途是创建文章。

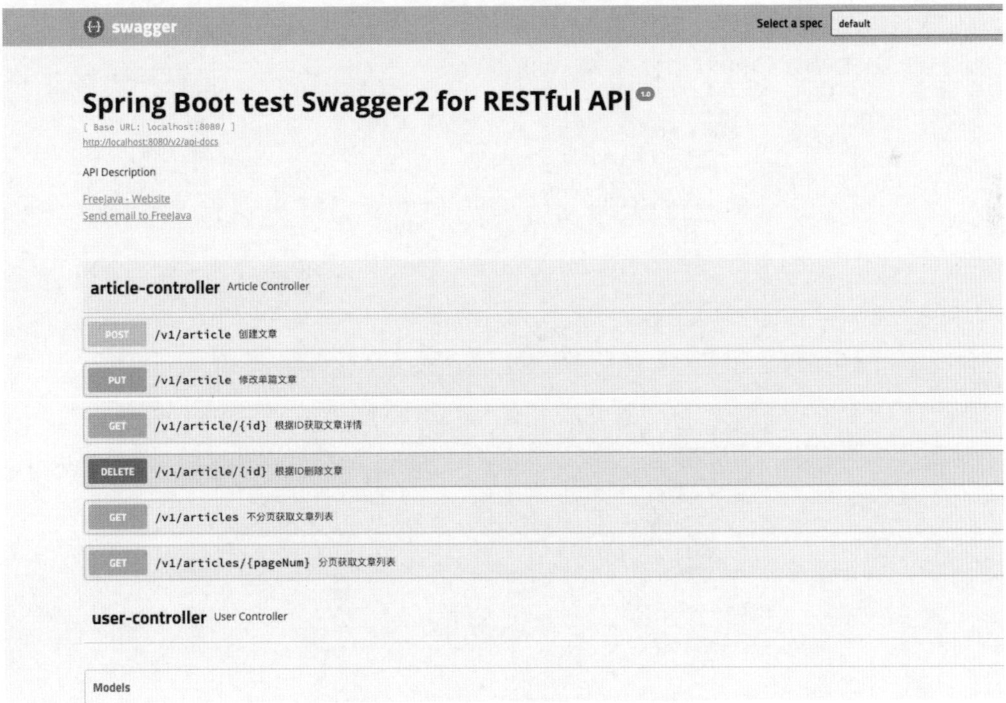

图 7.4　文章接口的 Swagger 页面

　　Swagger 生成的在线文档使用非常方便，单击想调用的接口项，填写好需要的参数，然后发起请求就能很直观地看到返回结果，不用再单独写测试代码来模拟 HTTP 请求，非常高效。
　　发起一个获取文章详情的请求如图 7.5 所示，可以看到 Swagger 在 Response body 一列中显示了接口返回的结果。同时 Swagger 还给出了对应的 Curl 命令和调用的完整 URL，方便开发人员和测试人员使用 Curl 命令和 URL 进一步调试程序。

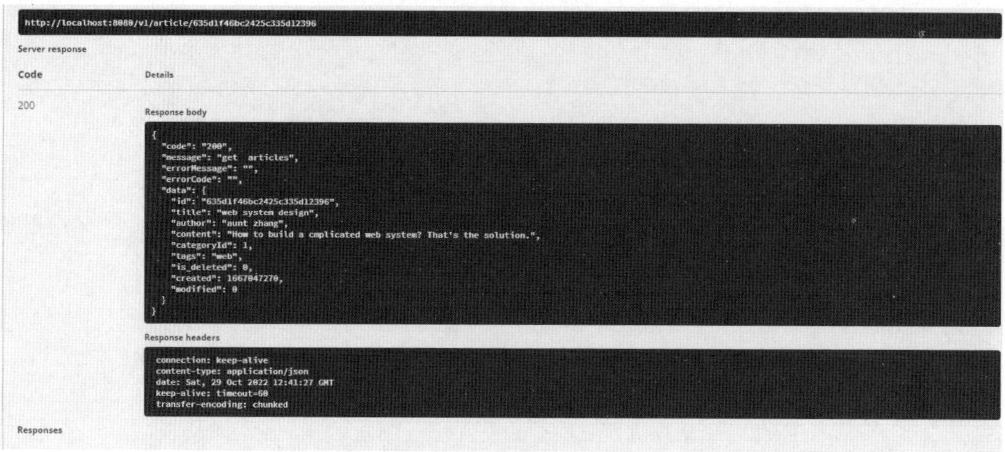

图 7.5　获取文章详情

除了给出接口调用项，Swagger 在页面最下面还提供了 Model（数据模型）数据结构的可视化展示。如图 7.6 所示，给出了 JsonResultObject（通用 Json 格式返回对象）和 MyArticle、MySworder 等 POJO 的数据结构，清晰地展示了每个数据模型的属性和属性类型，方便调用者编写程序。

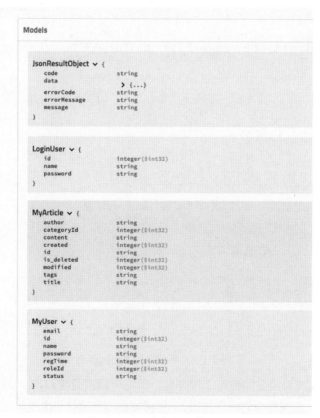

图 7.6　Model 数据结构

7.3　复杂注解举例

常用的注解在前面的已经讲解，在常规开发中还会遇到需要使用复杂注解的情况，如对入参进行更多的限制，需要使用 @ApiImplicitParam，对于多参数使用 @ApiImplicitParams，针对 @ApiOperation 其实还有更复杂的参数可以使用，下面分别介绍以上列举的注解的语法和使用方法：

1．@ApiOperation

定义在 MVC 结构中的 Controller 方法上，用于对方法的描述，也用于返回信息，它还有更多参数可以使用，见表 7.1。

表 7.1　@ApiOperation 参数详解表

属性名称	备　　注
value	url 路径
tags	如果设置这个值，value 会被覆盖
produces	返回值的类型设置。两个选择 "application/json" 或者 "application/xml"
consumes	接收值的类型设置，两个选择 "application/json" 或者 "application/xml"
protocols	协议 http, https, ws, wss
authorizations	高级特性认证时的配置，可以设置为 true，默认值是 false
hidden	配置如 true 将把该接口在文档中隐藏不显示
response	返回对象
responseContainer	包装返回对象的容器，其有效的类型为 "List" "Set or "Map"，其他无效
httpMethod	设置 HTTP 请求类型，例如："GET" "HEAD" "PUT" "DELETE" "OPTIONS" "PATCH"
code	HTTP 状态码，默认值为 200

举一个实际的例子，如果有一个创建 Gold 数据的接口，使用 POST 请求方式来请求，代码如下：

```
@ApiOperation(httpMethod = "POST", value = "新增一条黄金数据", produces =
"application/json", consumes = "application/json", protocols = "http")
    public JsonResultObject addGold(@ApiParam(name = "MyGold", value = "黄金对象
数据", required = true) @RequestBody MyGold myGold) {
        // 省略业务代码
        return result;
    }
```

这样的注解更加清晰，意思是使用 POST 方式请求该 addGold 接口，接收的参数是 json 格式，返回的结果的数据也是 json 格式。当然，如果使用了注解 @PostMapping，就不用专门设置 httpMethod 参数为 POST。

2．@ApiImplicitParam 和 @ApiImplicitParams

ApiImplicitParam 用来描述具体某一个参数的信息，包括参数的名称、类型、限制等信息。@ApiImplicitParams 是多个 @ApiImplicitParams 的集合，两者配合使用。具体参数详解见表 7.2，特别注意的是 paramType 的用法。

表 7.2　ApiImplicitParams 参数详解

属性名称	备　　注
name	接收参数名称
value	接收参数的含义描述
required	参数是否必填值，为 true 或 false
dataType	参数的数据类型只作为标记说明，并没有实际验证
paramType	查询参数类型，包括： 1.path 以地址形式提交数据； 2.query 在 url 上的参数； 3.header 参数在 headers 中提交； 4.form 以 form 表单形式提交，仅支持 POST 方式请求

3．@ApiResponses

@ApiResponses 可以设置返回的状态码和返回描述文案。下面举一个综合使用注解的例子，代码如下：

```
    @RequestMapping(value = "/user/{id}", method = RequestMethod.GET, produces =
"application/json")
        @ApiOperation(value = "According to find user by Id", notes = "search for a
particular user info", produces = "application/xml")
        @ApiImplicitParam(name = "id", value = "用户 ID", required = true, dataType
= "int", paramType = "path")
        @ApiResponses(value = {
                @ApiResponse(code = 200, message = "Successful — 请求已完成"),
                @ApiResponse(code = 400, message = "请求中有语法问题，或不能满足请求"),
                @ApiResponse(code = 401, message = "未授权客户机访问数据"),
                @ApiResponse(code = 404, message = "服务器找不到给定的资源；文档不存在"),
                @ApiResponse(code = 500, message = "服务器不能完成请求")}
        )
        public User getUserById(@PathVariable int id) {
            User user = userService.findUserById(id);
            if (user != null) {
                user.setPassword("");
            }
            return user;
        }
```

7.4　小结

使用 Swagger 能提高接口调试的效率，也解决了前后端分离的团队的沟通痛点。所有的参数和文档都可以在 UI 界面上了解，需要传递哪些参数，参数的类型都一清二楚，可以很方便地在线调用接口服务。每次修改完业务代码，同时更新相关注解配置，那么注解会自动生成对应文档。

对于 Swagger 的常用注解和复杂注解都详细介绍了使用方法，读者如果感兴趣，可以参考 Swagger 官网进行进一步的学习。

第8章

缓存服务

在日益丰富的 Web 应用中，缓存服务逐渐成为化腐朽为神奇的点睛之笔，可以用于缓存数据库的查询结果，也可以用来提升用户体验。淘宝"双十一"面对超高流量，也需要使用多级缓存服务来支撑整个网站和应用的正常响应。很难想象，如果没有缓存服务，这个世界会变得多么缓慢？

本章将介绍主流的缓存技术，主要涉及的知识点如下：

- 学习在 Spring Boot 使用 Encache 技术。
- 介绍 MemCache 的安装和整合到 Spring Boot。
- 学习 Redis 单机部署和集群部署实践。

8.1 Spring Boot 之 Ehcache 开源缓存框架

Ehcache 是一个基于标准的开源缓存框架，完全由 Java 编写。它可提高性能，减轻数据库负载并简化可伸缩性。它是最广泛使用的基于 Java 的缓存框架，因其健壮、可靠、功能齐全，常常和其他流行的库和框架集成使用。面对海量数据也毫不逊色，Ehcache 可以从进程内缓存扩展到混合了 TB 级缓存的进程内 / 进程外混合部署。

在编写本小节时，Ehcached 的版本为 3.8.x，本书也将使用该版本进行整合。

8.1.1 整合 Ehcache

笔者创建一个演示项目 test_ehcache，添加相应的依赖到 pom.xml 即可，代码如下：

```
<dependency>
        <groupId>org.springframework.boot</groupId>
        <artifactId>spring-boot-starter-cache</artifactId>
    </dependency>
    <dependency>
        <groupId>net.sf.ehcache</groupId>
        <artifactId>ehcache</artifactId>
</dependency>
```

8.1.2 Ehcache 配置

安装好 Ehcache 依赖后，还需要在 application.yml（原 application.properties 文件修改扩展名）中添加配置，代码如下：

```
spring:
  cache:
```

```
    ehcache:
        config: classpath:ehcache.xml
```

这是设置了配置文件从 classpath 下的 ehcache.xml 文件中读取，所以需要在 resources 文件夹下创建 ehcache.xml 文件，代码如下：

```
<?xml version="1.0" encoding="UTF-8"?>
<ehcache>
    <!--
    eternal 用于设置缓存中对象是否为永久的。
    timeToIdleSeconds 是用于设置对象在失效前的允许闲置时间（单位是秒）。
    timeToLiveSeconds 是缓存数据的生存时间（TTL），指的是一个元素的生命周期的最大时间间隔值，
    overflowToDisk 是指当内存不足时，是否启用磁盘进行缓存。
    diskExpiryThreadIntervalSeconds 是磁盘失效线程运行时间间隔，默认值是 120 秒。
     -->
    <defaultCache
            maxElementsInMemory="10000"
            eternal="false"
            timeToIdleSeconds="3600"
            timeToLiveSeconds="0"
            overflowToDisk="false"
            diskPersistent="false"
            diskExpiryThreadIntervalSeconds="120" />

    <cache
            name="cement"
            maxElementsInMemory="10000"
            eternal="false"
            timeToIdleSeconds="3600"
            timeToLiveSeconds="0"
            overflowToDisk="false"
            statistics="true">
    </cache>
</ehcache>
```

这里配置了一个缓存项，名称为 cement，maxElementsInMemory 表示缓存最大个数。到此为止，Encache 的配置就完成了，下面就需要在服务器代码上增加缓存。

8.1.3　实例

缓存常用的注解和相关用法见表 8.1。

表 8.1　缓存常用注解

注　　解	用　　　　途
@CacheConfig	可以抽取的公共配置
@Cacheable	该注解所修饰的方法是可以被缓存的，第一次调用后就会把运行的结果缓存下来。在缓存的有限期内，都会直接返回缓存的结果，不会再重复调用接口方法
@CachePut	缓存结果，但是也执行方法
@CacheEvict	无效的缓存数据

假设要获取一些水泥数据，那么在查询的 Service 方法中可以添加缓存注解，代码如下：

📖 代码 8-1 /test_encache/service/CementService.java

```
package com.freejava.test_encache.service;
@Service
@CacheConfig(cacheNames = "cement")
public class CementService {
```

```java
    public List<Cement> getAll() {
        System.out.println(" 查询获取所有水泥数据 ");
        List<Cement> cements = new ArrayList<Cement>();
        // 计算时间戳
        long unixTime = System.currentTimeMillis() / 1000L;
        int nowUnixTime = (int) unixTime;
        // 创建数据
        cements.add(new Cement(1, " 海螺水泥 ", " 安徽 ", "160.00", nowUnixTime));
        cements.add(new Cement(2, " 福建水泥 ", " 福建 ", "162.00", nowUnixTime));
        cements.add(new Cement(3, " 上峰水泥 ", " 甘肃 ", "163.00", nowUnixTime));

        return cements;
    }

    @Cacheable(key = "#id")
    public Cement getById(int id) {
        System.out.println(" 想要查询 id 为 " + id + " 的水泥数据 ");
        // 计算时间戳
        long unixTime = System.currentTimeMillis() / 1000L;
        int nowUnixTime = (int) unixTime;
        if (id == 1) {
            return new Cement(1, " 海螺水泥 ", " 安徽 ", "160.00", nowUnixTime);
        } else if (id == 2) {
            return new Cement(2, " 福建水泥 ", " 福建 ", "162.00", nowUnixTime);
        } else if (id == 3) {
            return new Cement(3, " 上峰水泥 ", " 甘肃 ", "163.00", nowUnixTime);
        }
        return null;
    }

    /**
     * 更新水泥数据
     *
     * @param cement
     * @return
     */
    @CachePut(key = "#cement.id")
    public Cement updateCementById(Cement cement) {
        System.out.println(" 想要更新 id 为 " + cement.getId() + " 的水泥数据 ");
        cement.setPrice("173.00");
        return cement;
    }

    @CacheEvict(key = "#id")
    public void deleteCementById(int id) {
        // 删除一些数据
        System.out.println(" 删除了数据 ");
    }
}
```

　　这段代码为了简化开发过程，就没有保存数据，而是使用 ArrayList 保存多条数据。Cement 数据模型的定义可以参见 test_encache 项目下的 pojo/Cement.java，这里不再赘述。

　　还需要在项目的入口类上添加 @EnableCaching 注解来开启缓存，代码如下：

```java
@SpringBootApplication
@EnableCaching
public class TestEncacheApplication {

    public static void main(String[] args) {
```

```
            SpringApplication.run(TestEncacheApplication.class, args);
    }

}
```

然后编写一个测试类，对 Service 中的各个方法进行测试，代码如下：

📖 代码 8-2 /test_encache/TestEncacheApplicationTests .java

```
package com.freejava.test_encache;

import com.freejava.test_encache.service.CementService;
import org.junit.jupiter.api.Test;
import org.junit.runner.RunWith;
import org.springframework.beans.factory.annotation.Autowired;
import org.springframework.boot.test.context.SpringBootTest;
import org.springframework.test.context.junit4.SpringRunner;

@RunWith(SpringRunner.class)
@SpringBootTest
class TestEncacheApplicationTests {

    // 引入 CementService
    @Autowired
    CementService cementService;

    @Test
    public void contextLoads() {
        // 获取全部水泥数据
        cementService.getAll();
        cementService.getAll();
        // 获取 id 为 1 的水泥数据
        cementService.getById(1);
        cementService.getById(1);
        cementService.deleteCementById(1);
    }
}
```

运行这个测试类和 contextLoads 方法，输出结果如下：

```
查询获取所有水泥数据
查询获取所有水泥数据
想要查询 id 为 1 的水泥数据
删除了数据
```

由此可见，getById(1) 方法虽然执行了两次，但是第二次就没有执行代码块，而是直接从缓存中获得结果，这现象说明缓存是有效的。

8.2　开源缓存技术 MemCache

在众多的缓存服务中绕不开的一个开源缓存技术，那就是大名鼎鼎的 Memcache，在那个 Redis 还没被广泛使用的年代，几乎所有需要缓存服务的网站或多或少地使用了 MemCache。作为对缓存技术的学习，MemCache 至今仍然具有一定的学习价值。

8.2.1　MemCache 介绍

MemCache 是一款开源的、高性能的分布式缓存服务，可以通过缓存减少应用对数据库的访问压力，把数据保存在内存中，可以快速读取。

从本质上讲，MemCache 是使用 HashMap 的数据结构存储数据，由于设计的目的就是简单快速，所以一般只针对简单的键值对进行存储，对于更复杂多变的数据结构是不能满足的。MemCache 和 Redis 相比，没有 set、list、hash 等数据结构可以使用，但是常规的缓存使用完全足够。

MemCache 的 API 对很多主流的编程语言都有支持，如 PHP、Java、C#、C++\C、Python、Ruby、Golang 等。

实际上，MemCache 是通过客户端实现的分布式。多台 MemCache 服务各自运行，互相并不进行通信。当客户端发起请求通过哈希算法（也可以是余数算法）请求到对应的 MemCache 服务，从而能分布式地读取到不同服务器上的数据。MemCache 的本质就是在内存中维护一张巨大的哈希表，来存储一些热数据，从而实现高性能读 / 写。

8.2.2　MemCache 安装

这里以 MemCache 当前版本 1.6.9 为例，安装步骤如下：

（1）在官网下载 memcached-1.6.9.tar.gz 的压缩包到本地。

```
# 下载 memcache 压缩包
wget http://memcached.org/files/memcached-1.6.9.tar.gz
```

（2）解压 memcached-1.6.9.tar.gz 到你想要放置的目录，并重命名解压后的文件夹为 memcache，可以参考的命令如下：

```
# 解压
tar xvf memcached-1.6.9.tar.gz

# 重命名文件夹
mv memcached-1.6.9 memcached
```

（3）编译安装，使用命令如下：

```
# 进入目录
cd memcached
# 预编译、编译、编译测试、使用管理员权限进行编译安装
./configure && make && make test && sudo make install
```

如无报错信息，则说明安装完成。值得一提的是，memcache 安装好后的可执行命令为 memcached。使用命令查看当前安装的 memcache 版本，相关命令和输出结果如下：

```
~ memcached --version
memcached 1.6.9
```

运行 memcache 很简单，使用如下命令：

```
memcached -p 11211
```

-p 参数后面是设置的端口号，整个命令就是以 11211 端口来运行一个 MemCache 实例。而如果想分布式运行 MemCache，有以下两种常规方式：

其一，如果有多台服务器可以使用，那么在每一台服务器上都运行一个 MemCache 即可。

其二，如果只有一台服务器或者是以实验为主，那么可以在一台机器上用不同的端口来运行多个 MemCache 实例，可供参考的命令如下：

```
memcached -p 11211 && memcached -p 11212 && memcached -p 11213
```

运行该命令就会产生三个 MemCache 实例，也就是实现了分布式的方式运行 Memcache。

8.2.3 MemCache 整合和使用实例

Java 有多款可以使用的 MemCache 的客户端，最终选择 Xmemcached 作为客户端，因为其性能高，支持 CAP、连接池、一致性哈希，还拥有长期技术支持。

创建一个 test_memcache 项目，添加 Xmemcached 的依赖到 pom.xml 文件中，代码如下：

```xml
<!--memcache 缓存 -->
        <dependency>
                <groupId>net.spy</groupId>
                <artifactId>spymemcached</artifactId>
                <version>2.12.2</version>
</dependency>
```

在 application.yml 中添加配置，代码如下：

```yaml
spring:
    memcache:
        # memcached 服务器节点
        servers: 127.0.0.1:11211
        # nio 连接池的数量
        poolSize: 10
        # 设置默认操作超时
        opTimeout: 3000
        # 是否启用 url encode 机制
        sanitizeKeys: false
```

然后创建一个 Xmemcached 的属性类，用于保存 yml 文件中的配置，代码如下：

```java
@ConfigurationProperties(prefix = "spring.memcached")
@PropertySource("classpath:application.yml")
@Configuration
@Data
public class XMemcachedProperties {

    /**
     * memcached 服务器节点
     */
    private String servers;

    /**
     * nio 连接池的数量
     */
    private Integer poolSize;

    /**
     * 设置默认操作超时
     */
    private Long opTimeout;

    /**
     * 是否启用 url encode 机制
     */
    private Boolean sanitizeKeys;

}
```

再编写一个 MemCache 配置类，代码如下：

```java
@Configuration
@Slf4j
public class MemcachedConfig {

    @Autowired
```

```
            private XMemcachedProperties xMemcachedProperties;

        @Bean
        public MemcachedClient getMemcachedClinet(){
                MemcachedClient memcachedClient = null;
                try {
                        MemcachedClientBuilder builder = new XMemcachedClientBuilder(
AddrUtil.getAddresses(xMemcachedProperties.getServers()));
                        builder.setFailureMode(false);
                        builder.setSanitizeKeys(xMemcachedProperties.
getSanitizeKeys());
                        builder.setConnectionPoolSize(xMemcachedProperties.
getPoolSize());
                        builder.setOpTimeout(xMemcachedProperties.getOpTimeout());
                        builder.setSessionLocator(new KetamaMemcachedSessionLoc
ator());
                        builder.setCommandFactory(new BinaryCommandFactory());
                        memcachedClient = builder.build();
                }catch (IOException e){
                        log.error("init MemcachedClient failed:", e);
                }
                return memcachedClient;
        }
```

最后编写一个测试类，用于测试 MemCache 的基本操作，代码如下：

```
@RunWith(SpringRunner.class)
@SpringBootTest
public abstract class BaseApplicationTests {

    protected Logger log = LoggerFactory.getLogger(this.getClass());

    private Long time;

    @Before
    public void setUp() {
        this.time = System.currentTimeMillis();
        log.info("######## 测试开始执行！！！！#########");
    }

    @After
    public void tearDown() {
        log.info("==> 测试执行完成，总体耗时：{} ms #######", System.
currentTimeMillis() - this.time);
    }
}
```

8.3　单机 Redis 缓存和集群缓存

Redis 是一款使用 C 语言编写的、基于内存的高性能 key-value 存储系统，性能非常高，也是开源的。Redis 提供了更加丰富强大的数据结构，如字符串类型、Hash 类型、List 类型（列表）、Set 类型（集合）、Sorted Set 类型（有序集合）。更多关于 Redis 的基础知识可以参考 3.5 节。

继续在 test_encache 项目的基础上增加 Redis 支持，除了需要增加 Redis 依赖外，还需要在 application.yml 上增加配置如下：

```
spring:
  redis:
    host: 127.0.0.1
```

```
       # Redis 服务器连接端口
       port: 6379
       jedis:
         pool:
             # 连接池最大连接数
             max-active: 100
             # 连接池中的最小空闲连接
             max-idle: 10
             # 连接池最大阻塞等待时间
             max-wait: 100000
       # 连接超时时间（毫秒）
       timeout: 5000
       # 默认是使用索引为 0 的数据库
       database: 0
```

在本小节，笔者直接使用 Redis 来存储数据，以点赞数为例。假设有一个最佳评论排行功能，每个账号可以给一个评论点赞（每日限制 10 次），那么可以考虑使用 Redis 来存储点赞数和点赞每日限制。

编写处理点赞数的 Service 文件，代码如下：

📖 代码 8-3 /test_encache/service/LikeService.java

```java
package com.freejava.test_encache.service;

import org.springframework.beans.factory.annotation.Autowired;
import org.springframework.data.redis.core.RedisTemplate;
import org.springframework.stereotype.Service;

/**
 * 点赞服务类
 */
@Service
public class LikeService {

    @Autowired
    RedisTemplate redisTemplate;
    /**
     * 点赞
     * @param id
     * @return
     */
    public boolean addLike(int id) {
        System.out.println("给 id 为 " + id + " 的评论点赞数加 1");
        Long res = redisTemplate.opsForValue().increment("comment_" + id);
        if (res > 0) {
            return true;
        } else {
            return false;
        }
    }

    /**
     * 取消点赞
     * @param id
     * @return
     */
    public boolean removeLike(int id) {
        System.out.println("给 id 为 " + id + " 的评论点赞数减 1");
        Long res = redisTemplate.opsForValue().decrement("comment_" + id);
        if (res > 0) {
            return true;
        } else {
```

```
            return false;
        }
    }

    /**
     * 根据评论 ID 获取点赞数据
     * @param id
     * @return
     */
    public Object getLikeDataById(int id) {
        System.out.println(" 获取 id 为 " + id + " 的评论的点赞数 ");
        Object result = redisTemplate.opsForValue().get("comment_" + id);
        return result;
    }

    /**
     * 获取今日还剩可以点赞次数
     * @param ip
     * @return
     */
    public int getRestLikeForToday(String ip) {
        int currentTime = (int) redisTemplate.opsForValue().get(ip + "_limit_
today");
        if (currentTime >= 10) {
            return 0;
        } else {
            return 10 - currentTime;
        }
    }
}
```

然后编写测试类对 LikeService 进行测试，代码如下：

📖 代码 8-4　/test_encache/TestLikeService.java

```
/**
 * 用于测试点赞服务
 */
@RunWith(SpringRunner.class)
@SpringBootTest
public class TestLikeService {

    // 引入 LikeService
    @Autowired
    LikeService likeService;

    @Test
    public void contextLoads() {
        // 进行点赞操作
        likeService.addLike(3001);
        likeService.addLike(3002);
        likeService.addLike(3003);
        likeService.addLike(3003);
        // 移除点赞
        likeService.removeLike(3003); // 移除点赞
        likeService.addLike(3003);
        // 获取点赞数
        likeService.getLikeDataById(3003);
    }
}
```

如果直接执行测试用例，那么会在控制台得到如下的报错信息：

```
org.springframework.core.serializer.support.SerializationFailedException: Failed
to deserialize payload.Is the byte array a result of corresponding serialization for
DefaultDeserializer?;
    // 省略其他日志
```

这是因为 Redis 对于需要被设置的 key 和 value 的值无法反序列化，使用命令行连接 redis-server，可以看到生成的 key 是乱码，而不是我们预想的 comment_ID 值，结果显示如下：

```
1) "\xac\xed\x00\x05t\x00\x0ccomment_3003"
2) "\xac\xed\x00\x05t\x00\x0ccomment_3002"
3) "\xac\xed\x00\x05t\x00\x0ccomment_3001"
```

需要对 increment 方法进行二次封装，在 LikeService.java 中增加这个方法，具体实现如下：

📖 代码 8-5 /test_encache/service/LikeService.java

```
/**
    * 针对 increment 方法二次封装，将 key 和 value 都进行序列化。
    * @param key
    * @param delta
    * @return
    */
public Long incr(String key, long delta){
        ValueOperations<String, String> operations = redisTemplate.
opsForValue();
        redisTemplate.setKeySerializer(new StringRedisSerializer());
        redisTemplate.setValueSerializer(new StringRedisSerializer());
        return operations.increment(key, delta);
    }
```

分别对 key 和 value 进行了 StringRedisSerializer 之后，就不会再出现序列化失败的现象。修改完成后再次运行测试代码，输出结果如下：

```
给 id 为 3001 的评论点赞数加 1
给 id 为 3002 的评论点赞数加 1
给 id 为 3003 的评论点赞数加 1
给 id 为 3003 的评论点赞数加 1
给 id 为 3003 的评论点赞数减 1
获取 id 为 3003 的评论的点赞数
1
```

以上输出结果符合预期，测试的接口功能也通过了测试。如果要获取点赞排行好的数据，则需要使用 zset 的相关操作命令，这里留给读者自行思考。

Redis 的集群部署是重点内容，需要先搭建多个运行实例。和单个 Redis 类似，多个 Redis 实例也需要各自准备一个配置文件。

假设笔者想使用 8001、8002、8003、8004、8005、8006 端口分别运行六个实例，每个实例的配置文件类似，下面代码展示其中一个的内容：

```
bind 127.0.0.1
port 8005
tcp-keepalive 300
daemonize yes
# 设置数据存储位置
dir /Users/freejava/redis-cluster/8005/data/
cluster-enabled yes
logfile "log-8005.log"
# 设置 db 文件
dbfilename "dump-8005.rdb"
appendonly yes
```

然后分别运行这些实例，具体方式请参考 3.5.5 节的详细讲解，这里只是为了搭建集群而提及。

在 test_encache 的 application.yml 增加集群的配置项，相关配置代码如下：

📖 代码 8-6 /src/main/resources/application.yml

```
redis:
cluster:
# 设置 6 个节点的 ip+ 端口号
    nodes: 127.0.0.1:8001,127.0.0.1:8002,127.0.0.1:8003,127.0.0.1:8004
```

然后再编写一个测试类，具体代码如下：

📖 代码 8-7 /test/java/com/freejava/test_encache/TestClusterNode.java

```java
package com.freejava.test_encache;

import org.junit.jupiter.api.Test;
import org.junit.runner.RunWith;
import org.springframework.beans.factory.annotation.Autowired;
import org.springframework.boot.test.context.SpringBootTest;
import org.springframework.data.redis.core.RedisTemplate;
import org.springframework.data.redis.core.ValueOperations;
import org.springframework.test.context.junit4.SpringRunner;

/**
 * 测试 Redis 集群功能
 */
@RunWith(SpringRunner.class)
@SpringBootTest
public class TestClusterNode {

    @Autowired
    RedisTemplate redisTemplate;

    @Test
    public void contextLoads() {
    }

    @Test
    public void testCluster() {
        // 获取操作对象
        ValueOperations<String, String> opsForValue = redisTemplate.
opsForValue();
        // 设置 key 为 testRedis 的对应值是 test to say hi
        opsForValue.set("testRedis", "test to say hi");
        // 打印出 key 为 testRedis 的值
        System.out.println("We get the response from Redis is: " + opsForValue.
get("testRedis"));
    }
}
```

执行该测试类，运行的结果输出如下：

```
We get the response from Redis is: test to say hi
```

可以看出，Redis 客户端在代码层面可以自动选择一个 Redis 实例进行存储，集群会自行传输数据到各个节点，开发者只需写好配置项在 application.yml 配置文件即可。

8.4 小结

本章通过编写大量测试用例，详细讲解了 Ehcache、MemCache、Redis 和 Spring Boot 框架的整合方案，特别是对 Ehcache 的注解方法需要读者重点掌握。区分 @CachePut 和 @Cacheable 的差异，以及合理使用 NoSQL 做缓存服务。

建议新的项目可以考虑优先使用 Redis，因为它能提供更加丰富的数据结构支持，可以满足各种各样的数据存储需求。

对于 Redis 的数据结构不在本章重点介绍范围，如果读者感兴趣可以参考 3.5 节的介绍。此外，本章使用了 incr 命令来实现数字自增，对应的 RedisTemplate 的 API 为 increment。

第 9 章

消息队列服务

消息队列是高性能网站必备的一种中间件服务，它可以提供异步的消息推送，面对瞬间巨大的流量可以起到削弱峰值的作用，抗住大流量的请求。使用消息队列服务还能起到解耦的作用，通过单独的消息队列完成系统之间的信息通信，而不用疯狂地修改代码去提升服务性能。

本章主要涉及的知识点如下：

● 消息队列和应用场景的介绍；
● ActiveMQ 整合到 Spring Boot 和相关案例；
● RabbitMQ 整合到 Spring Boot 和相关案例。

9.1 消息队列简介

关于消息队列，不同的人有不同的定义。在笔者看来，消息队列是为了解决消息在传输过程中高效传递的一种中间件容器。可以在同一台服务器或者多台服务器的进程之间传递消息，并处理好消息漏发、错发等问题，消息不是直接在各个系统之间传递，而是通过消息队列作为中间人，所有消息通过消息队列服务有序地进行传递，整个调用消息队列的过程如图 9.1 所示。

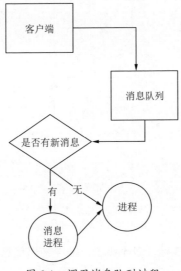

图 9.1 调用消息队列过程

消息队列具有以下优点：

（1）高可用。通过消息队列持久化存储消息，可以避免因为单机故障造成的消息丢失的问题。

（2）易扩展。会根据访问量的变化而自动增减逻辑服务器，也会根据数据的变化，自动扩容。

（3）安全性高。一方面是业务安全，多个业务同时使用消息队列时，不会互相干扰。消息队列采用的是秘钥方式获取消息，所以其他业务不可能访问到和自己无关业务的消息数据。另一方面是指系统安全性，消息队列服务（下面简称 MQ）的监控非常完善，它对于运行过程中的任何异常也会报警。

下面举一个具体的例子说明消息队列是如何应用在电商领域的，假设一个下单支付的过程如图 9.2 所示。

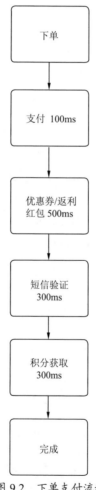

图 9.2　下单支付流程

一个简单的支付功能，其实涉及多个步骤：需要使用优惠券或者返利红包，完成支付后需要赠送消费积分和发送短信验证。如果这些步骤都是同步进行的，也就是一个完成之后再进入下一个步骤，那么耗费的总时间为：100 ms+500 ms+300 ms+300 ms，已经超过了 1s，体验非常差。

如果接入了消息队列服务，那么整个下单支付过程改为图 9.3 所示。通过消息队列服务去发送消息给其他系统或者服务，让它们去完成优惠券 / 返利红包使用、短信验证、积分获取操作，这些操作都是异步完成的，所以支付结果很快就会返回给用户。

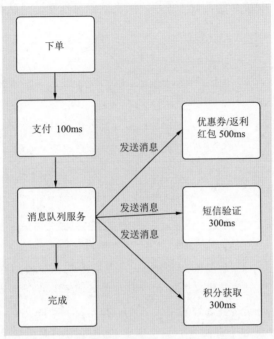

图 9.3　使用消息队列优化下单支付过程

现在应该对消息队列有了一定的了解，那么选择一款适合自己业务场景的消息队列框架就显得尤为重要。目前主流的消息队列框架很多，如 ActiveMQ、RabbitMQ、Kafka、RocketMQ、nsql（Golang 实现）等。

其中比较常用的是 ActiveMQ 和 RabbitMQ，下面将重点介绍。

9.2　ActiveMQ 整合

ActiveMQ 是一款大受欢迎的开源消息队列软件，支持多种协议，由纯粹的 Java 代码编写而成。ActvieMQ 支持多种编程语言作为客户端调用，如 C、C++、Python、C#、Java 等。它使用独有的 AMQP 协议来和其他多平台应用进行整合，使用 STOMP 协议通过 websockets 方式在多个应用之间传递消息。针对 loT 设备，ActiveMQ 使用 MQTT 协议进行消息传递。简而言之，ActiveMQ 提供了强大的功能和灵活性来支持任何消息传递用例。

本书以 ActiveMQ 5.x 这个版本来讲解。在正式讲解 ActiveMQ 之前还需要介绍一下 JSM 规范，作为补充知识。

9.2.1　JMS 规范

ActiveMQ 遵循了 JMS 规范，JMS 全称是 Java Message Service，即是 Java 消息服务，消息的消费者和生产者之间相互通信。消息的生产者负责产生消息，而消费者使用这些消息进行业务逻辑的处理。一般来说，对消息传递的模式分为如下两种：

（1）point-to-point 模式。也就是点对点的传递消息，一个消息生产者对应一个消息的消费者，如图 9.4 所示，就是一对一关系的消费者和生产者的 point-to-point 模式，消息一旦被某个消费者消费后就不能被其他消费者使用，所有的消息都在消息队列中等待特定的消费者进行消费。

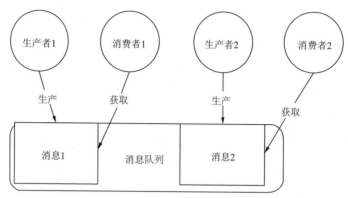

图 9.4　point-to-point 模式

（2）PUB/SUB 模式。即为发布 / 订阅模式。发布者将消息投放在一个主题里面，订阅了这个主题的消费者收到消息的投递。比如，发布者类似于公众号文章作者，订阅主题就类似关注了某个公众号，一旦该公众号的主人（发布者）发了新的义章（消息），那么关注了公众号的用户们（可以是多个订阅者）就会收到推送的图文消息（消息推送）。PUB/SUB 模式如图 9.5 所示，可以看出这种模式是一对多的关系，一条消息可以被多个消费者使用，有点类似于广播了。

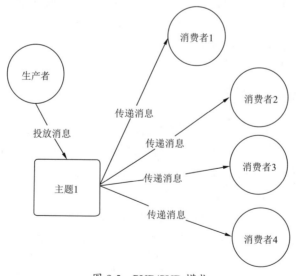

图 9.5　PUB/SUB 模式

这两种模式在 JMS 规范上都有实现，各有优劣。JMS 的编程模式有如下六个重要的对象：

1. ConnectionFactory

连接工厂，用于产生 JMS 连接。

2. Connection

Connection 是指 JMS 客户端和 JMS 系统之间的连接，一个 Connection 可以产生一个或者多个 Session。根据消息传递的模式不同，分为 QueueConnection 和 TopicConnection。

3. Destination

Destination 是指消息的生产者的发送目标，例如在 point-to-point 模式下就是某个消息队列，而在 PUB/SUB 模式下是某个主题。根据消息传递的模式不同，分为 Queue 和 Topic 两种对象。

4. Session

Session 用于产生发送或者接收消息的线程，可以用来产生消费者、生产者、消息等。Session 也是具有事务的，所以发送或者接收消息也可以是在事务提交下执行的。

5. Producer

Producer 即消息的生产者，由 Session 对象产生，用于产生消息，Producer 将消息发送到 Destination 完成消息传输。根据消息传递的模式不同，分为 QueueSender 和 TopicPublisher。

6. Comsumer

Comsumer 即消息的消费者，也是由 Session 产生，用于消费消息，Consumer 从 Destination 里面获取消息。根据消息传递的模式不同，分为 QueueReceiver 和 TopicSubscriber。

9.2.2 ActiveMQ 的安装

首先从官网下载安装压缩包，下载页面如图 9.6 所示。选择对应平台的压缩包即可，如果是 Windows 的用户，选择 Windows 版本的 zip 压缩包，Linux 用户选择 tar.gz 压缩包。

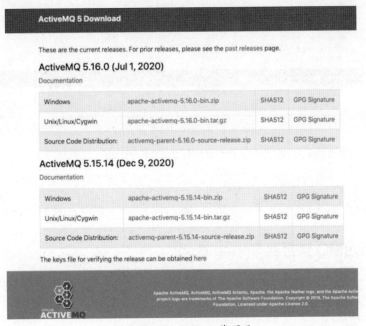

图 9.6　ActiveMQ 下载页面

如果是 Windows 用户，只需解压 apahe-activemq-5.16.0-bin.zip 包，然后双击解压好的目录下的 bin/activemq.bat 即可运行 ActiveMQ 程序。

如果是 Linux 用户（包括 Mac OS），则可以在解压好的文件夹的 bin 下执行下面的命令来运行 ActiveMQ 服务。

```
./activemq start
```

执行上面的命令，可以看到如下输出，则说明运行正常。

```
INFO: Loading '/Users/tony/Downloads/apache-activemq-5.16.0//bin/env'
INFO: Using java '/Library/Java/JavaVirtualMachines/jdk-10.0.1.jdk/Contents/
Home/bin/java'
INFO: Starting - inspect logfiles specified in logging.properties and log4j.
properties to get details
INFO: pidfile created : '/Users/tony/Downloads/apache-activemq-5.16.0//data/
activemq.pid' (pid '23273')
```

然后访问 http://localhost:8161/admin，输入账号 admin 和密码 admin，就可以看到 ActiveMQ 的管理界面如图 9.7 所示。

图 9.7　ActiveMQ 管理界面

登录的账号和密码的配置是在 conf/jetty-realm.properties，代码如下：

```
# Defines users that can access the web (console, demo, etc.)
# username: password [,rolename ...]
admin: admin, admin
user: user, user
```

9.2.3　ActiveMQ 整合到 Spring Boot

先创建一个名为 testactivemq 的 Spring Boot 项目，然后添加 ActiveMQ 的依赖到 pom.xml 文件中，代码如下：

```
<!--ActiveMq-->
<dependency>
    <groupId>org.springframework.boot</groupId>
    <artifactId>spring-boot-starter-activemq</artifactId>
</dependency>
<!-- 消息队列连接池 -->
<dependency>
```

```
        <groupId>org.apache.activemq</groupId>
        <artifactId>activemq-pool</artifactId>
</dependency>
```

这里同时也使用了连接池，所以在 application.yml 的配置中也需要对连接池进行配置。

JMS 规范有两种推送模式，ActiveMQ 默认使用点到点模式，代码如下：

```
server:
  port: 8080

spring:
  activemq:
    broker-url: tcp://127.0.0.1:61616
    user: admin
    password: admin
    pool:
      enabled: true
      max-connections: 20
    send-timeout: 0
    queue-name: active.queue
    topic-name: active.topic.name
  # 是否使用发布订阅模式，默认为 false，即默认使用的是点对点模式
#   jms:
#     pub-sub-domain: ture
```

然后编写一个 ActiveMQ 配置类，代码如下：

📖 **代码 9-1** /testactivemq/configuration/ActiveMQConfig.java

```
@Configuration
public class ActiveMQConfig {

    // ActiveMQ 代理地址，因为使用了连接池，所以需要一个代理地址
    @Value("${spring.activemq.broker-url}")
    private String brokerUrl;

    // 点对点模式下的队列名
    @Value("${spring.activemq.queue-name}")
    private String queueName;

    // 发布/订阅模式下的主题名称
    @Value("${spring.activemq.topic-name}")
    private String topicName;

    // 登录 ActiveMQ 后台的账号名
    @Value("${spring.activemq.user}")
    private String username;

    // 登录 ActiveMQ 后台的密码
    @Value("${spring.activemq.password}")
    private String password;

    @Bean
    public Topic topic() {
        return new ActiveMQTopic(this.topicName);
    }

    @Bean
    public Queue queue() {
        return new ActiveMQQueue(this.queueName);
    }

    @Bean
    public ConnectionFactory connectionFactory() {
```

```
                return new ActiveMQConnectionFactory(this.username, this.password,
this.brokerUrl);
        }

        @Bean
        public JmsMessagingTemplate jmsMessagingTemplate() {
            return new JmsMessagingTemplate(this.connectionFactory());
        }

        // 点对点模式的消息监听器
        @Bean("queueListener")
        public JmsListenerContainerFactory<?> queueJmsListenerContainerFactory(Conn
ectionFactory connectionFactory) {
            SimpleJmsListenerContainerFactory myfactory = new SimpleJmsListenerCont
ainerFactory();
            myfactory.setConnectionFactory(connectionFactory);
            myfactory.setPubSubDomain(false);
            return myfactory;
        }

        // 发布/订阅模式下的消息监听器
        @Bean("topicListener")
        public JmsListenerContainerFactory<?> topicJmsListenerContainerFactory(Conn
ectionFactory connectionFactory) {
            SimpleJmsListenerContainerFactory myfactory = new SimpleJmsListenerCont
ainerFactory();
            myfactory.setConnectionFactory(connectionFactory);
            myfactory.setPubSubDomain(true);
            return myfactory;
        }

    }
```

因为存在两种模式，所以对于消息的生产者也需要实现点到点和发布/订阅两种消息发送的接口，新建一个 MyProducerController.java 文件，用于编写消息发送的接口，具体代码如下：

📖 代码 9-2 /testactivemq/controller/MyProducerController.java

```
package com.freejava.testactivemq.controller;

import org.springframework.beans.factory.annotation.Autowired;
import org.springframework.jms.core.JmsMessagingTemplate;
import org.springframework.web.bind.annotation.PostMapping;
import org.springframework.web.bind.annotation.RequestBody;
import org.springframework.web.bind.annotation.RestController;

import javax.jms.Queue;
import javax.jms.Topic;

@RestController
public class MyProducerController {
    // 引入 JmsMessageTemplate 操作类
    @Autowired
    private JmsMessagingTemplate jmsMessagingTemplate;

    @Autowired
    private Topic topic;

    @Autowired
    private Queue queue;

    @PostMapping("/topic/send")
```

```
    public String sendTopic(@RequestBody String msg) {
        jmsMessagingTemplate.convertAndSend(this.topic, msg);
        return "send a messsge to a topic success!";
    }

    @PostMapping("/queue/send")
    public String sendQueue(@RequestBody String msg) {
        jmsMessagingTemplate.convertAndSend(this.queue, msg);
        return "send a message into a queue success!";
    }
}
```

生产者发送消息都比较简单，使用 JmsMessageTemplate 操作类来完成，调用 convertAndSend 方法发送消息即可。

对应的消费者也需要实现两种消息模式，分别编写两个类实现点对点消息模式和发布 / 订阅模式，具体代码如下：

📖 代码 9-3　/testactivemq/consumer/MyQueueConsumer.java

```
package com.freejava.testactivemq.consumer;

import org.springframework.jms.annotation.JmsListener;
import org.springframework.stereotype.Component;

@Component
public class MyQueueConsumer {

    // 点对点模式的消费者
    @JmsListener(destination = "${spring.activemq.queue-name}", containerFactory = "queueListener")
    public void getMessageFromActiveQueue(String message) {
        System.out.println("queue 接收到的消息是 " + message);
    }
}
```

而发布 / 订阅模式的消费者也是类似的，只是注解中 destination 的 spring.activemq.topic-name，具体代码如下：

📖 代码 9-4　/testactivemq/consumer/MyTopicConsumer.java

```
package com.freejava.testactivemq.consumer;

import org.springframework.jms.annotation.JmsListener;
import org.springframework.stereotype.Component;

@Component
public class MyTopicConsumer {

    // 发布 / 订阅模式的消费者
    @JmsListener(destination = "${spring.activemq.topic-name}", containerFactory = "topicListener")
    public void getMessageFromActiveQueue(String message) {
        System.out.println("topic 方式获取的消息是：" + message);
    }
}
```

最后还需要在项目的启动类增加开启消息队列的注解，具体代码如下：

```
@SpringBootApplication
// 启动消息队列
@EnableJms
public class TestactivemqApplication {

    public static void main(String[] args) {
```

```
        SpringApplication.run(TestactivemqApplication.class, args);
    }

}
```

然后用 PostMan 或者 curl 命令发起一个 post 请求 http://localhost:8080/queue/send，发送数据 {"skill"："java"}，可以在 ActiveMQ 的后台中看到如下的记录界面和队列请求记录，URL 地址为 http://localhost:8161//admin/queues.jsp，如图 9.8 所示。

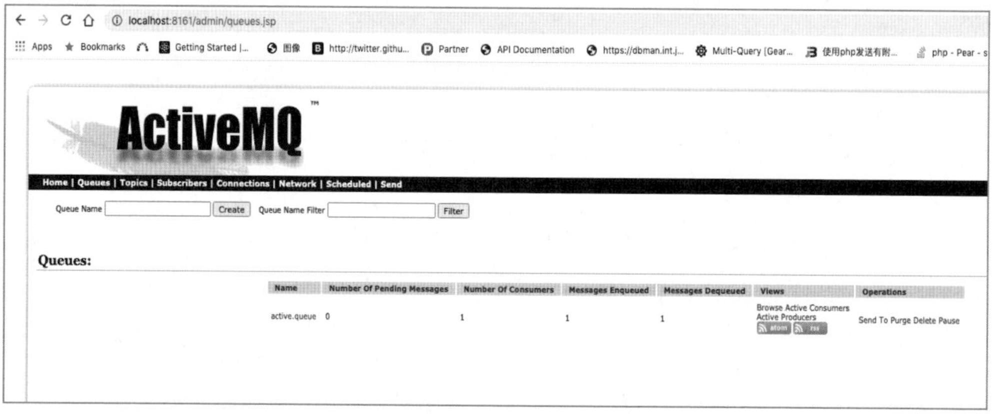

图 9.8　queue 请求记录界面

而在控制台中可以看到消费者收到了该条消息，代码如下：

```
queue 接收到的消息是 {"skill"："java"}
```

想测试发布 / 订阅模式的消息推送也很简单，用 PostMan 或者 curl 命令发起一个 post 请求 http://localhost:8080/topic/send，发送数据 {"toChina"："中华"}。同样可以在 ActiveMQ 后台中的 topic 页面看到主题消息的记录界面，如图 9.9 所示。

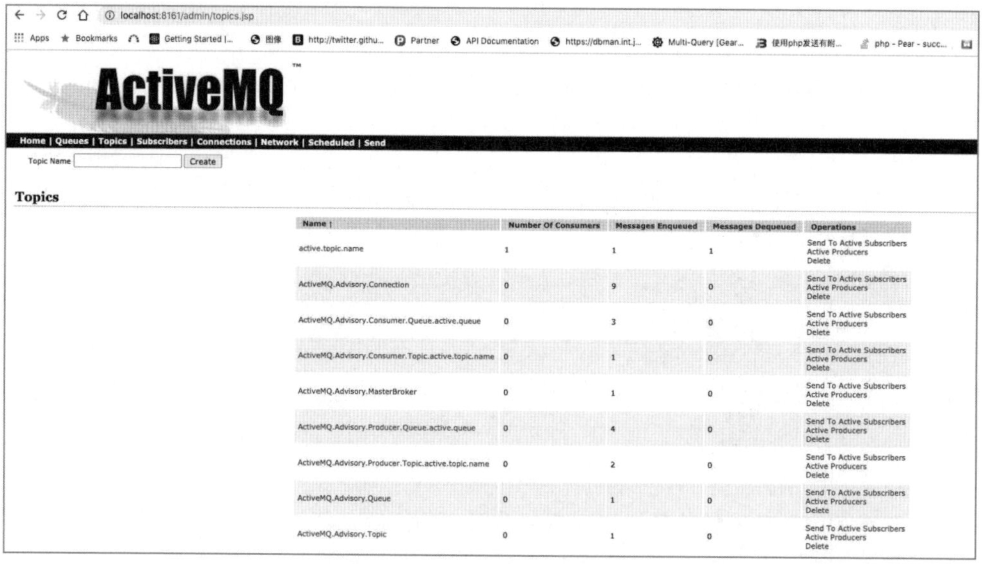

图 9.9　主题消息请求记录界面

与此同时，在控制台也可以看到如下输出，说明消费者成功获取了这条主题消息。

```
topic 方式获取的消息是：{"toChina"："中华"}
```

9.2.4 ActiveMQ 的持久化订阅

值得注意的是，如果是点对点模式，也就是在消息队列中的消息是被持久化存储，而发布 / 订阅模式的消息默认是非持久化的，是普通订阅。也就是说，在消费者启动之前发来的消息，消费者是无法去消费的。对于消费者启动前就存在于主题中的消息，必须是持久化的订阅才能被消费者消费。这就类似于你打开一台老式的电视，只能接着已经打开的电视节目继续往后看，而持久化订阅就相当于你有回放功能，在开机之前的节目也能收看到。

在 Spring Boot 下开启发布 / 订阅模式的持久化订阅也很方便，只需在之前 的 MyProducerController 调整代码，具体代码如下：

📖 代码 9-5 /testactivemq/configuration/MyTopicConsumer.java

```
// 发布 / 订阅模式下的消息监听器
@Bean("topicListener")
public JmsListenerContainerFactory<?> topicJmsListenerContainerFactory(ConnectionFactory connectionFactory) {
    SimpleJmsListenerContainerFactory myfactory = new SimpleJmsListenerContainerFactory();
    myfactory.setConnectionFactory(connectionFactory);
    myfactory.setPubSubDomain(true);
    // 开启持久化订阅
    myfactory.setSubscriptionDurable(true);
    // 设置一个特别的客户端 ID
    myfactory.setClientId("100011");
    return myfactory;
}
```

然后就能完成订阅持久化了，建议使用发布 / 订阅模式的开发者都要使用持久化订阅，保证消息可靠。如图 9.10 所示，在订阅者统计页面中可以看到有一个 Durable Topic Subscrubers，就是在上面那段代码中设置 ClientID 为 100011 的消费者客户端。

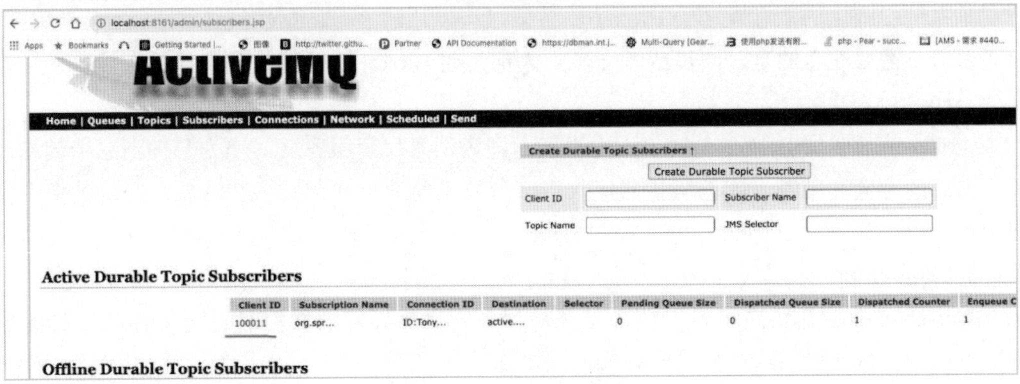

图 9.10 订阅者统计页面

如果不是使用 Spring Boot，则开启 ActiveMQ 的持久化订阅相对麻烦一些，需要单独编写一个消费者来开启持久化，并且这个用于持久化的消费者必须第一个被启动。

9.3 RocketMQ 整合

在一些高并发、大流量的网站应用中，如果单一使用 ActiveMQ 作为消息中间件会稍显不足，则可以考虑使用性能更好的消息队列服务，如 RocketMQ、ZeroMQ 等。

根据文档友好、社区活跃度来看，RocketMQ 更具有优势，值得学习。

9.3.1　RocketMQ 介绍

RocketMQ 是一款高性能、分布式的消息服务中间件，由阿里开源并已捐赠给 Apache 基金会进行运营。它具有如下优点：

（1）实时的消息订阅。

（2）处理上亿级消息的能力。

（3）高速水平扩展订阅者的能力。

（4）提供多种消息获取方式，满足各种业务场景需求。

RocketMQ 主要应用的场景在于异步通信服务，如电子商务、支付、社交、即时通信、手游、物联网等，只要需要进行高性能、高可靠的消息队列服务，那么 RocketMQ 都能最大限度地实现相关业务需求。RocketMQ 在阿里内部的各个系统之间广泛使用，强大的 RocketMQ 经历了数次"双十一"的大数据峰值考验，非常值得认真学习。

9.3.2　RocketMQ 中的基本概念

为了更好地使用 RocketMQ 和进行相关编程，需要对 RocketMQ 中的基本概念有一定了解。根据官方文档介绍，RocketMQ 主要由 Producer（生产者）、Broker（代理）、Consumer（消费者）三个部分构成。下面分别对这三个概念进行讲解：

1. Producer

Producer 即为消息生产者，主要负责生产消息，一般在业务系统中进行生产。生产者会把业务系统中产生的消息发送给 Broker 服务器，可以通过 RocketMQ 进行同步 / 异步 / 顺序 / 单向发送。需要注意的是，同步或者异步方式都需要 Broker 返回确认信息才能完成。

2. Broker

Broker 或者叫做 Broker Server 更为准确，即为消息代理服务器，作为一种消息中转站，负责消息的存储和转发。代理服务器接收生产者发来的消息并存储这些消息，等待消费者拉取消息。

3. Consumer

Consumer 是消息消费者，一般都是在后台系统进行异步消费消息。消费者从 Broker 服务器拉取消息，并提供给业务逻辑完成后续操作。

除此之外还有一些常用的概念，如 Name Server，即为姓名服务，它充当了消息中转的路由。还有 Message，也就是消息本身。每一个消息必须属于某一个主题，在 RocketMQ 中必须拥有一个唯一的 Message ID 作为标识。

更多的 RocketMQ 概念可以参考 RocketMQ 在 github 上的官方文档。

9.3.3　RocketMQ 的安装

可以在 Apache RocketMQ 官网的下载页面进行下载，如图 9.11 所示。

图 9.11　RocketMQ 下载页面

如果想编译安装的开发者，可以选择 Source 版本的压缩包进行下载并编译安装。而笔者选择下载 Binary 包，直接使用编译好的 RocketMQ 可执行命令。

运行 RocketMQ 需要分别启动 NameServer 和 Broker，首先启动 NameServer，具体命令如下：

```
cd /Users/tony/Downloads/rocketmq-all-4.8.0-bin-release/bin
./mqnameserv
```

Mac OS 的读者可能会遇到如下报错，需要设置环境变量 JAVA_HOME，代码如下：

```
ERROR: Please set the JAVA_HOME variable in your environment, We need
java(x64)! !!
```

然后需要在 ~/.bash_profile 文件中添加 JAVA_HOME 的配置，然后使用 source 命令让新的配置生效。

之后重新执行 ./mqnamesrv，很有可能会遇到如下的报错：

```
-Djava.ext.dirs=/Library/Java/JavaVirtualMachines/jdk-10.0.1.jdk/Contents/Home/
jre/lib/ext:/Users/tony/Downloads/rocketmq-all-4.8.0-source-release/distribution/
bin/../lib:/Library/Java/JavaVirtualMachines/jdk-10.0.1.jdk/Contents/Home/lib/ext
is not supported.  Use -classpath instead.
Error: Could not create the Java Virtual Machine.
```

由于 RocketMQ 的启动文件都是按照 JDK8 配置的，而前面笔者特意配置的 JDK 版本是 11，有很多命令参数不支持导致的，使用 JDK8，正常启动没有问题。

于是编辑 bin/runserver.sh 文件，将下面的命令注释掉，代码如下：

```
# 注释掉下面这行
#export CLASSPATH=.:${BASE_DIR}/conf:${CLASSPATH}
# 修改成下面这行
export CLASSPATH=.:${BASE_DIR}/lib/*:${BASE_DIR}/conf:${CLASSPATH}
```

然后还需要将 JAVA_OPT 的参数注释一部分，它们的位置在文件内容最后，代码如下：

```
# 注释下面这两行
#JAVA_OPT="${JAVA_OPT} -Djava.ext.dirs=${JAVA_HOME}/jre/lib/ext:${BASE_DIR}/
lib:${JAVA_HOME}/lib/ext"
#JAVA_OPT="${JAVA_OPT} -Xdebug -Xrunjdwp:transport=dt_socket,address=9555,serve
r=y,suspend=n"
```

保存好这些修改，然后重新运行 mqnamesrv 即可，以后台程序方式运行的命令代码如下：

```
nohup sh mqnamesrv &
```

查看运行的日志的命令及其输出如下：

```
tail -f ~/logs/rocketmqlogs/namesrv.log
2020-12-31 16:15:30 INFO main - tls.client.authServer = false
2020-12-31 16:15:30 INFO main - tls.client.trustCertPath = null
2020-12-31 16:15:30 INFO main - Using OpenSSL provider
2020-12-31 16:15:30 INFO main - SSLContext created for server
2020-12-31 16:15:30 INFO NettyEventExecutor - NettyEventExecutor service started
2020-12-31 16:15:30 INFO main - Try to start service thread:FileWatchService
started:false lastThread:null
2020-12-31 16:15:30 INFO FileWatchService - FileWatchService service started
2020-12-31 16:15:30 INFO main - The Name Server boot success. serializeType=JSON
2020-12-31 16:16:30 INFO NSScheduledThread1
- --------------------------------------------------------------
2020-12-31 16:16:30 INFO NSScheduledThread1 - configTable SIZE: 0
```

这样的输出说明 NameServer 已经正常启动了。

第二步运行 Broker Server，还是在 bin 目录下执行，代码如下：

```
./mqbroker
```

继续收获报错，错误日志输出如下：

```
[0.002s][warning][gc] -Xloggc is deprecated. Will use -Xlog:gc:/Volumes/RAMDisk/
rmq_broker_gc_%p_%t.log instead.
Unrecognized VM option 'PrintGCDateStamps'
Error: Could not create the Java Virtual Machine.
Error: A fatal exception has occurred. Program will exit.
```

其本质还是无法创建 Java 虚拟机，推测还是出在 GC 的一些参数在 Java 10.0 上无法兼容。查看 mqbroker 脚本中的内容，可以看到最后一行执行如下命令：

```
sh ${ROCKETMQ_HOME}/bin/runbroker.sh org.apache.rocketmq.broker.BrokerStartup $@
```

说明执行了 runbroker.sh 脚本，于是在 runbroker.sh 文件中找到如下代码：

```
# 注释掉下面这行
#export CLASSPATH=.:${BASE_DIR}/conf:${CLASSPATH}
# 修改成下面这行
export CLASSPATH=.:${BASE_DIR}/lib/*:${BASE_DIR}/conf:${CLASSPATH}
```

这段修改和 mqnamesrv 的类似，还有下面这段也需要调整，代码如下：

```
JAVA_OPT="${JAVA_OPT} -server -Xms8g -Xmx8g -Xmn4g"
JAVA_OPT="${JAVA_OPT} -XX:+UseG1GC -XX:G1HeapRegionSize=16m
-XX:G1ReservePercent=25 -XX:InitiatingHeapOccupancyPercent=30
-XX:SoftRefLRUPolicyMSPerMB=0"
JAVA_OPT="${JAVA_OPT} -verbose:gc -Xloggc:${GC_LOG_DIR}/rmq_broker_gc_%p_%t.
log -XX:+PrintGCDetails -XX:+PrintGCDateStamps -XX:+PrintGCApplicationStoppedTime
-XX:+PrintAdaptiveSizePolicy"
```

```
    JAVA_OPT="${JAVA_OPT} -XX:+UseGCLogFileRotation -XX:NumberOfGCLogFiles=5
-XX:GCLogFileSize=30m"
    JAVA_OPT="${JAVA_OPT} -XX:-OmitStackTraceInFastThrow"
    JAVA_OPT="${JAVA_OPT} -XX:+AlwaysPreTouch"
    JAVA_OPT="${JAVA_OPT} -XX:MaxDirectMemorySize=15g"
    JAVA_OPT="${JAVA_OPT} -XX:-UseLargePages -XX:-UseBiasedLocking"
    JAVA_OPT="${JAVA_OPT} -Djava.ext.dirs=${JAVA_HOME}/jre/lib/ext:${BASE_DIR}/
lib:${JAVA_HOME}/lib/ext"
    #JAVA_OPT="${JAVA_OPT} -Xdebug -Xrunjdwp:transport=dt_socket,address=9555,serve
r=y,suspend=n"
```

注释掉一些无效的命令，改后如下：

```
    JAVA_OPT="${JAVA_OPT} -server -Xms8g -Xmx8g -Xmn4g"
    #JAVA_OPT="${JAVA_OPT}  -XX:+UseG1GC  -XX:G1HeapRegionSize=16m
-XX:G1ReservePercent=25  -XX:InitiatingHeapOccupancyPercent=30
-XX:SoftRefLRUPolicyMSPerMB=0"
    #JAVA_OPT="${JAVA_OPT} -verbose:gc -Xloggc:${GC_LOG_DIR}/rmq_broker_gc_%p_%t.
log -XX:+PrintGCDetails -XX:+PrintGCDateStamps -XX:+PrintGCApplicationStoppedTime
-XX:+PrintAdaptiveSizePolicy"
    #JAVA_OPT="${JAVA_OPT} -XX:+UseGCLogFileRotation -XX:NumberOfGCLogFiles=5
-XX:GCLogFileSize=30m"
    JAVA_OPT="${JAVA_OPT} -XX:-OmitStackTraceInFastThrow"
    JAVA_OPT="${JAVA_OPT} -XX:+AlwaysPreTouch"
    #JAVA_OPT="${JAVA_OPT} -XX:MaxDirectMemorySize=15g"
    JAVA_OPT="${JAVA_OPT} -XX:-UseLargePages -XX:-UseBiasedLocking"
    JAVA_OPT="${JAVA_OPT} #
-Djava.ext.dirs=${JAVA_HOME}/jre/lib/ext:${BASE_DIR}/lib:${JAVA_HOME}/lib/ext"
    #JAVA_OPT="${JAVA_OPT} -Xdebug -Xrunjdwp:transport=dt_socket,address=9555,serve
r=y,suspend=n"
```

保存上述修改，然后就可以正常启动 Broker Server 了，执行如下命令：

```
nohup sh bin/mqbroker -n localhost:9876 &
```

然后就完成了 Broker Server 的启动，可以通过查看运行日志看到代码如下：

```
tail -f ~/logs/rocketmqlogs/broker.log
 2021-01-04 16:36:25 INFO brokerOutApi_thread_4 - register broker[0]to name
server localhost:9876 OK
 2021-01-04 16:36:55 INFO brokerOutApi_thread_1 - register broker[0]to name
server localhost:9876 OK
 2021-01-04 16:37:25 INFO BrokerControllerScheduledThread1 - dispatch behind
commit log 0 bytes
 2021-01-04 16:37:25 INFO BrokerControllerScheduledThread1 - Slave fall behind
master: 202890 bytes
 2021-01-04 16:37:25 INFO brokerOutApi_thread_2 - register broker[0]to name
server localhost:9876 OK
 2021-01-04 16:37:55 INFO brokerOutApi_thread_3 - register broker[0]to name
server localhost:9876 OK
 2021-01-04 16:38:25 INFO BrokerControllerScheduledThread1 - dispatch behind
commit log 0 bytes
 2021-01-04 16:38:25 INFO BrokerControllerScheduledThread1 - Slave fall behind
master: 202890 bytes
 2021-01-04 16:38:25 INFO brokerOutApi_thread_4 - register broker[0]to name
server localhost:9876 OK
 2021-01-04 16:38:55 INFO brokerOutApi_thread_1 - register broker[0]to name
server localhost:9876 OK
```

9.3.4　编写一个 RocketMQ 示例

为了更好地了解如何使用 RocketMQ，编写一个简单的 maven 测试项目，命名为
simpleRocket。需要增加 RocketMQ 客户端依赖，代码如下：

```
<dependency>
    <groupId>org.apache.rocketmq</groupId>
    <artifactId>rocketmq-client</artifactId>
    <version>4.3.0</version>
</dependency>
```

编写一个同步方式的消息生产者的测试类，用于测试消息发送功能。

📖 代码 9-6 /testRocket/SyncProducer.java

```java
package com.freejava.testRocket;

import org.apache.rocketmq.client.producer.DefaultMQProducer;
import org.apache.rocketmq.client.producer.SendResult;
import org.apache.rocketmq.common.message.Message;
import org.apache.rocketmq.remoting.common.RemotingHelper;

/**
 * 同步方式的生产者
 */
public class SyncProducer {

    public static void main(String[] args) throws Exception {
        // 创建一个消息队列生产者，并设置一个独一无二的 group 名称
        DefaultMQProducer producer = new DefaultMQProducer("unique_group_name_
for_this");
        // 设置 name server 的地址
        producer.setNamesrvAddr("localhost:9876");
        // 启动这个实例
        producer.start();

        for (int i = 0; i < 100; i++) {
            // 创建一个消息实例然后设置主题、标签和消息主体
            Message msg = new Message("TopicTest", "TagOne", ("Hello MQ" +
i).getBytes(RemotingHelper.DEFAULT_CHARSET));
            // 生产者发送消息
            SendResult sendResult = producer.send(msg);
            System.out.printf("%s%n", sendResult);
        }
        // 关闭生产者
        producer.shutdown();

    }
}
```

然后再编写一个异步方式的生产者测试类，代码如下：

```java
package com.freejava.testRocket;

import org.apache.rocketmq.client.producer.DefaultMQProducer;
import org.apache.rocketmq.client.producer.SendCallback;
import org.apache.rocketmq.client.producer.SendResult;
import org.apache.rocketmq.common.message.Message;
import org.apache.rocketmq.remoting.common.RemotingHelper;

import java.util.concurrent.CountDownLatch;
import java.util.concurrent.TimeUnit;

/**
 * 异步方式的生产者
 */
public class AsyncProducer {

    public static void main(String[] args) throws Exception {
        // 创建一个消息队列生产者，并设置一个独一无二的 group 名称
```

```
        DefaultMQProducer producer = new DefaultMQProducer("unique_group_name_
for_this");
        // 设置 name server 的地址
        producer.setNamesrvAddr("localhost:9876");
        // 启动这个实例
        producer.start();
        producer.setRetryTimesWhenSendAsyncFailed(0);

        int count = 100;

        final CountDownLatch countDownLatch = new CountDownLatch(count);

        for (int i = 0; i < count; i++) {
            try {
                final int index = i;
                    Message msg = new Message("test_topic_1212", "TagTwo",
"Order12343", "Hi all".getBytes(RemotingHelper.DEFAULT_CHARSET));
                    producer.send(msg, new SendCallback() {
                        @Override
                        public void onSuccess(SendResult sendResult) {
                            countDownLatch.countDown();

                                        System.out.println(index + " OK " + sendResult.
getMsgId());
                        }

                        @Override
                        public void onException(Throwable e) {
                            countDownLatch.countDown();
                            System.out.printf("%-10d Exception %s %n", index, e);
                            e.printStackTrace();
                        }
                });
            } catch (Exception e) {
                e.printStackTrace();
            }
        }
        // 间隔 3 秒
        countDownLatch.await(3, TimeUnit.SECONDS);
        producer.shutdown();

    }
}
```

正确地运行 SyncProducer，可以看到如下输出：

```
// 省略若干行 ...
sageQueue [topic=TopicTest, brokerName=broker-a, queueId=4], queueOffset=11]
SendResult [sendStatus=SEND_OK, msgId=C0A8FF0616104459EB141E6B23470060, offsetM
sgId=7F00000100002A9F00000000000049D6, messageQueue=MessageQueue [topic=TopicTest,
brokerName=broker-a, queueId=5], queueOffset=12]
SendResult [sendStatus=SEND_OK, msgId=C0A8FF0616104459EB141E6B23480061, offsetM
sgId=7F00000100002A9F0000000000004A9B, messageQueue=MessageQueue [topic=TopicTest,
brokerName=broker-a, queueId=6], queueOffset=12]
SendResult [sendStatus=SEND_OK, msgId=C0A8FF0616104459EB141E6B234A0062, offsetM
sgId=7F00000100002A9F0000000000004B60, messageQueue=MessageQueue [topic=TopicTest,
brokerName=broker-a, queueId=7], queueOffset=12]
SendResult [sendStatus=SEND_OK, msgId=C0A8FF0616104459EB141E6B234E0063, offsetM
sgId=7F00000100002A9F0000000000004C25, messageQueue=MessageQueue [topic=TopicTest,
brokerName=broker-a, queueId=0], queueOffset=12]
```

9.3.5　RocketMQ 在 Spring Boot 中的使用

RocketMQ 可以非常便捷地和 Spring Boot 进行整合，还是以一个项目的形式进行讲解。
安装相关依赖，代码如下：

```
<dependency>
    <groupId>org.apache.rocketmq</groupId>
    <artifactId>rocketmq-spring-boot-starter</artifactId>
    <version>2.1.1</version>
</dependency>
```

在 yml 配置文件中添加 RocketMQ 的配置，代码如下：

```
rocketmq:
  name-server: 127.0.0.1:9876
  producer:
    group: test-group
```

先定义好一个消息实体类，至少需要包含 topic（主题）、tags（标签）、content（内容）属性，代码如下：

📖 代码 9-7　/test_rocketmq/entity/MyMessage.java

```
package com.freejava.test_rocketmq.entity;

import lombok.AllArgsConstructor;
import lombok.Data;
import lombok.NoArgsConstructor;

/**
 * 消息实体类
 */
@Data
@NoArgsConstructor
@AllArgsConstructor
public class MyMessage {

    // 消息的主题
    private String topic;

    // 消息的标签
    private String tags;

    // 消息的内容
    private String content;
}
```

可以考虑代码复用性，编写一个 RocketMQ 工具类。将常规的操作都封装在这个类中，代码如下：

📖 代码 9-8　/test_rocketmq/service/BaseRocketMQTool.java

```
package com.freejava.test_rocketmq.service;

import com.freejava.test_rocketmq.entity.MyMessage;

/**
 * RocketMQ 的工具接口
 *
 */
public interface BaseRocketMQTool {
    /**
     * 同步方式发送消息
     *
```

```
 * @param myMessage 消息实体类
 */
void sendMsg(MyMessage myMessage);

/**
 * 异步方式发送消息
 *
 * @param myMessage 消息实体类
 */
void asyncSendMsg(MyMessage myMessage);
}
```

之后可以考虑编写一个 Service 类去实现上面这个 BaseRocketMQTool 接口的方法，代码如下：

📖 代码 9-9 /test_rocketmq/service/RocketMQService.java

```java
package com.freejava.test_rocketmq.service;

import com.freejava.test_rocketmq.entity.MyMessage;
import org.apache.rocketmq.client.producer.SendCallback;
import org.apache.rocketmq.client.producer.SendResult;
import org.apache.rocketmq.spring.core.RocketMQTemplate;
import org.slf4j.Logger;
import org.slf4j.LoggerFactory;
import org.springframework.beans.factory.annotation.Autowired;
import org.springframework.messaging.support.MessageBuilder;

public class RocketMQService implements BaseRocketMQTool {
    // 引入日志类
    private static final Logger logger = LoggerFactory.getLogger(RocketMQService.
class);

    @Autowired
    private RocketMQTemplate rocketMQTemplate;

    @Override
    public void sendMsg(MyMessage myMessage) {
        // 记录日志信息
        logger.info("同步方式发送消息到MQ里面，消息是：{}", myMessage);
        // 发送消息
        rocketMQTemplate.send(myMessage.getTopic() + "->" + myMessage.getTags(),
                MessageBuilder.withPayload(myMessage.getContent()).build());
    }

    @Override
    public void asyncSendMsg(MyMessage myMessage) {
        // 记录日志信息
        logger.info("异步方式发送消息到MQ里面，消息是：{}", myMessage);
        // 发送消息
        rocketMQTemplate.asyncSend(myMessage.getTopic() + "->" + myMessage.
getTags(), myMessage.getContent(),
                new SendCallback() {
                    @Override
                    public void onSuccess(SendResult sendResult) {
                        // 成功不做日志记录或处理
                    }

                    @Override
                    public void onException(Throwable throwable) {
                        logger.info("myMessage is {}，消息发送失败啦", myMessage);
                    }
                });
    }
}
```

消费者的实现就更简单，可以直接去实现 RocketMQListener 接口，然后使用 @RocketMQMessageListener 注解来触发消息的接收，和 ActiveMQ 的整合类似。

创建一个简单的消费者类，重载 onMessage 方法去消费消息，代码如下：

📖 代码 9-10 /test_rocketmq/service/SimpleMessageListener .java

```java
package com.freejava.test_rocketmq.service;

import org.apache.rocketmq.spring.annotation.RocketMQMessageListener;
import org.apache.rocketmq.spring.core.RocketMQListener;
import org.slf4j.Logger;
import org.slf4j.LoggerFactory;
import org.springframework.stereotype.Service;

/**
 * 一个简单的消费者
 */
@Service
@RocketMQMessageListener(topic="testOneTopic1", consumerGroup = "comsumer_
group_registeredOne", selectorExpression = "register")
public class SimpleMessageListener implements RocketMQListener<String> {
    // 引入日志类
        private static final Logger logger = LoggerFactory.
getLogger(SimpleMessageListener.class);

        @Override
    public void onMessage(String msg) {
        logger.info(" 获取到消息了，消息是 : {}", msg);
        // 其他业务代码
    }
}
```

9.4 小结

本章主要围绕消息队列技术进行讲解，先介绍了 JMS 规范和相关基础概念，然后分别讲解了 ActiveMQ 整合以及 RocketMQ 整合。

其中 RocketMQ 难度比较大，官方文档讲解比较粗略，如果想深入，需要去实际项目中搭建一下复杂的集群环境，由于本书主要面向的是开发人员，所以对于多集群的部署就不展开讲解了。重点是掌握生产者和消费者的基本额实现，因为再复杂的业务都能被简化为生产消息、消费消息两种操作，管中窥豹，也是足够了。

## 第 10 章

前端 Vue.js 技术

最近 10 年，随着 JavaScript 的飞速发展以及 Google 力推的 V8 引擎的加持下，前端框架如同雨后春笋一般爆发式发展。各大头部公司的前端团队开源出许多优秀的框架，如 Facebook 的 React，Twitter 旗下的 Angular，国内开源的流行框架是 Vue。

三者在设计模式方面互相借鉴，各有擅长，但是由于 Vue 是国人维护的，文档健全且是中文，在三大流行框架中学习曲线比较平滑，适合开发者快速上手。所以后来者居上，逐渐被广大开发者接受。

本章将具体介绍 Vue 的常规用法和进阶知识技能，要涉及如下知识点：

- Vue.js 基础知识，从变量到逻辑判断，计算属性事件侦听等。
- Vue.js 组件编程。
- Vue.js 进阶技术，Vuex 和自定义指令等。
- CSS 预编译。
- Vue.js 路由。
- Vue.js 调试工具。

10.1 Vue.js 环境准备

Vue.js 通常需要通过 npm 安装，而 npm 命令来自 NodeJS，所以首先要在本机确认已经安装了 Nodejs。除此之外，还涉及 npm 或者其他包管理工具的选择。

10.1.1 Vue.js 简介

Vue.js 是一款对开发者友好、高性能的渐进式 JavaScript 框架，其核心库只关心视图层，通过 Vue.js 可以更好并且更灵活地渲染页面，提供更加优秀的前端体验。它既可以作为页面上的组件帮助提高前端响应，也可以在丰富的生态系统上让前端处理更多业务逻辑。

Vue.js 已成为国内外科技公司的首选，除了学习成本相对于 React 和 Angular 更低之外，它的开源社区和生态也做得很好，如 Vuex、vue-router 之类的第三方类库为开发者的工作如虎添翼。

通过 Vue.js 的官网可以看到健全的文档和 API 资料，目前 Vue.js 已经进入第三个版本，Vue 3.x 使用 TypeScript 进行重写大部分底层架构，相对于之前的 Vue 2.x 已经有一些使用上的不同。笔者使用目前的 Vue 3.x 作为实践版本。

10.1.2 Node.js 和 Webpack

本地化安装 Vue.js 之前，需要先安装 Node.js 和 Webpack。Nodejs 的安装可以前往官网下载对应的安装包，如图 10.1 所示。

图 10.1 下载页面

Windows 环境下载对应的 32 位或者 64 位 msi 安装包，可以一键式完成安装。如果是 Mac Os 用户也可以下载对应的 pkg 安装包。

Linux 的用户可以下载对应的压缩包，解压完成后配置好环境变量即可。当所有安装和配置都处理好后，在终端（Windows 下的 cmd）中输入下面命令：

```
~ node -v
v10.1.0
```

可以看出笔者安装的版本是 10.1.0，不算最新版本，但也是比较高的版本。

在安装好 node 之后，就得到一个新的可执行命令 npm。npm 是 nodejs 的包管理工具命令，类似于 PHP 的 composer，对安装和管理包依赖非常好用，是非官方的官配选择，除此之外还有 Facebook 推出的 Yarn。

Webpack 也可以通过 npm 命令进行安装，代码如下：

```
npm install webpack webpack-cli -g
```

这里推荐使用 5.x 版本进行打包编译的工作。

单独创建一个项目目录 testapp，创建一个 run1.js 文件，代码如下：

```
document.write("first js file");
```

在创建一个使用 run1.js 的 html 文件，代码如下：

```html
<html>
    <head>
        <meta charset="utf-8">
    </head>
    <body>
        <script type="text/javascript" src="run1.js" charset="utf-8"></script>
    </body>
</html>
```

然后编写一个打包的配置文件 webpack.config.js，代码如下：

```
const path = require('path');
```

```
module.exports = {
  entry: './src/run1.js',
  output: {
    path: path.resolve(__dirname, 'dist'),
    filename: 'bundle1.js'
  },
  mode: 'development'
};
```

对上面这段代码简单讲解，entry 是需要被打包的主体 js 文件，通过这个主体 js 文件来引入所有需要被打包的资源文件（包括 js、css、less、图片资源等）。output 部分是设置输出的结果文件的位置和名称。mode 是指明使用打包的工作模式，有两种选择：一种是开发环境模式，另一种是生产环境模式。两者的区别在于，生产环境模式会对打包后生成的文件进行压缩。

编写好打包的配置文件 webpack.config.js 后，可以直接使用 webpack 命令进行打包，代码如下：

```
webpack
```

这个命令会将 run1.js 编译成 bundle1.js 到 dist 文件夹下，输出如下则说明是成功的。

```
asset bundle1.js 552 KiB [emitted] (name: main)
runtime modules 1.25 KiB 6 modules
cacheable modules 530 KiB
  ./src/run1.js 59 bytes [built] [code generated]
  ./node_modules/_lodash@4.17.20@lodash/lodash.js 530 KiB [built] [code
generated]
webpack 5.12.2 compiled successfully in 330 ms
```

10.1.3　Vue 安装

Vue 的安装有两种方式，一种是通过 cdn 连接资源的方式引入 Vue，另一种是使用 npm 安装到本地。

cdn 的方式非常简单，只需在使用 Vue 的 html 页面，添加 <script> 代码块，代码如下：

```
<script src="https://cdn.jsdelivr.net/npm/vue/dist/vue.js"></script>
```

使用 npm 安装最新稳定版，可以直接运行以下命令：

```
npm install vue
```

除此之外，Vue 官方还为了快速开发单页面应用提供了脚手架，就是 vue-cli。CLI（@ vue / cli）是全局安装的 npm 软件包，并在终端中提供 vue 命令。它提供了通过 vue 创建快速搭建新项目的能力，或通过 vue 服务立即为新创意制作原型的功能。安装方式依然是使用 npm 命令，代码如下：

```
npm install -g vue-cli
```

10.1.4　淘宝镜像

由于 npm 是国外的镜像，所以在国内访问速度会很慢，甚至慢到无法下载到资源。可以考虑替换成国内的源，推荐使用淘宝前端团队提供的 npm 淘宝源。

有两种选择，第一种是安装 cnpm，一个和 npm 全量复制同步的国内源，其安装命令如下：

```
npm install -g cnpm --registry=https://registry.npm.taobao.org
```

第二种是在每次安装库时手动设置源为淘宝源，例如想安装 webpack，可以使用如下命令：

```
npm --registry https://registry.npm.taobao.org i express
```

使用 cnpm 可以完全替换原 cnpm 来使用，因为是在国内的源，所以下载资源的速度非常快。cnpm 可以手动同步 npm 原站，命令如下：

```
cnpm sync connect
```

10.1.5 另一种选择：Yarn 包管理工具

Yarn 是 Facebook 团队提供的一个更为稳定的包管理工具，用于替换 npm。Yarn 相比 npm 有如下优势：

（1）安装任何一个包之前会检查其完整性。

（2）安装时是并行下载和安装，效率更高。

（3）安装过的包会被缓存在本地目录，再次安装时可以离线安装。

可以实现版本固定，能确从本地开发环境到线上的生产环境，所有服务器上都有相同并且精准的依赖版本。

yarn 的安装方式很简单，也是通过 npm 命令进行安装，代码如下：

```
npm install -g yarn
```

如果想升级 yarn 到新版本，那么就指定安装版本即可，代码如下：

```
npm install yarn@1.19.2 -g
```

yarn 的命令和 npm 比较类似，见表 10.1。

表 10.1　npm 和 yarn 命令对照

npm 命令	yarn 命令
npm install	yarn
npm install vue-cli --save	yarn add vue-cli
npm uninstall vue-cli --save	yarn remoe vue-cli
npm update --save	yarn upgrade

yarn 命令可以完全替换 npm 命令，平稳过度也非常流畅。由于大部分项目还是使用 npm 命令进行软件包管理，所以本书还是采用 npm（cnpm）命令做包管理，yarn 命令可以作为第二选择。

10.1.6 生成项目和部署

在 10.1.3 节中以全局模式安装了脚手架 vue-cli，可以利用这个脚手架生成一个简单项目。

首先生成一个名为 firstone 的项目，代码如下：

```
vue init webpack firstone
```

随后根据提示完成一些简单的配置，代码如下：

```
? Project name firstone
? Project description A Vue.js project
? Author WenTang <wen.tang@internetbrands.com>
```

```
? Vue build standalone
? Install vue-router? No
? Use ESLint to lint your code? No
? Set up unit tests No
? Setup e2e tests with Nightwatch? No
? Should we run `npm install` for you after the project has been created?
(recommended) npm

    vue-cli · Generated "firstone".
```

然后能自动生成一个名为 firstone 的项目文件夹，运行项目，代码如下：

```
cd firstone
npm run dev
```

然后会看到如下的输出，则证明一切准备就绪且服务已经正常运行。

```
> webpack-dev-server --inline --progress --config build/webpack.dev.conf.js

 13% building modules 25/29 modules 4 active ...study_springboot/firstone/src/
App.vue{ parser: "babylon" } is deprecated; we now treat it as { parser: "babel" }.
 95% emitting

 DONE  Compiled successfully in 2403ms 6:51:34 PM
```

在浏览器中访问 http://localhost:8081，可以看到图 10.2 所示的 Vue 默认的展示页面，由此说明一个简单的 Vue 项目已经初步完成了。

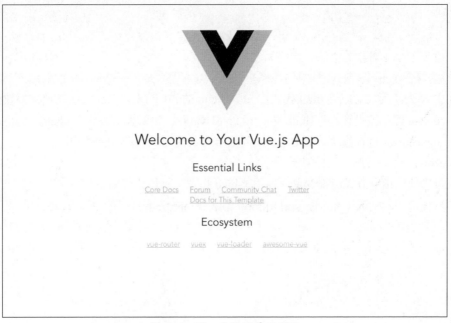

图 10.2　Vue 默认的展示页面

10.2　Vue.js 基础

Vue.js 有一套自己的语法和编程规范，想要基于 Vue.js 进行开发必须掌握基础的语法和时间处理。

10.2.1　Vue.js 声明变量和渲染

Vue.js 想要渲染页面就必须传递数据，例如商品页面，需要在页面上显示商品的基础信息，包括名称、分类、单价、库存数量等。这时就需要在 Vue.js 定义变量和渲染变量，下面以一个例子来讲解如何声明变量和渲染变量。

编写一个页面，并声明一个 Vue 对象和属性 content，代码如下：

📖 代码 10-1　/vue_study_springboot/10.2.1/test.html

```
<head>
    // 省略其他代码
    <script src="https://cdn.jsdelivr.net/npm/vue/dist/vue.js"></script>
    <title>Test Vue</title>
</head>
<body>
<div id="hello">
{{content}}
</div>
    <script>
        var app = new Vue(
            {
                el: "#hello",
                data: {
                    content: "Hello Vue by FreeJava!"
                }
            }
        );
    </script>
```

生成一个 Vue 对象的语法，代码如下：

```
Var app = new Vue({...})
```

其中 el 为元素，对应到 html 代码中 id 为 hello 的 div 元素，data 属性设置需要被渲染的数据，content 的值被设置为"Hello Vue by FreeJava!"。如果想动态修改 content 的值，可以直接对 app.content 进行修改，在 Chrome 浏览器的 console 中添加代码如下：

```
app.content = "Hello Vue by freePHP!"
```

还可以使用指令方式渲染变量，使用 v-bind 指令，具体代码如下：

📖 代码 10-2　/vue_study_springboot/10.2.1/vbind.html

```
<div id="hi">
  <span v-bind:title="content">
    鼠标悬停几秒钟查看此处动态绑定的提示信息效果！
  </span>
</div>

<script src="https://cdn.jsdelivr.net/npm/vue@2.6.11"></script>
<script>
  var vm = new Vue({
      el: "#hi",
      data:{
        content: '页面加载于 ' + new Date().toLocaleString()
      }
  })
</script>
```

在浏览器中访问这个 html 文件，可以看到图 10.3 所示的效果。

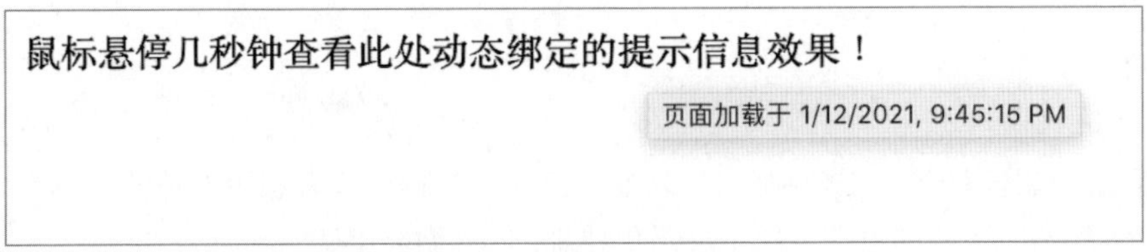

鼠标悬停几秒钟查看此处动态绑定的提示信息效果！

页面加载于 1/12/2021, 9:45:15 PM

图 10.3 v-bind 效果页面

10.2.2 逻辑判断和循环

逻辑判断和其他编程语言类似，也有 if、else 判断，需要使用 v-if 和 v-else-if 来完成。
编写一个演示页面，代码如下：

📖 代码 10-3 /vue_study_springboot/10.2.2/if.html

```
<div id="app">
    <span v-if="isAdmin">
        你好，我是管理员
    </span>
    <span v-else-if="isPublisher">
        你好，我是发布者
    </span>
</div>
<script>
    var app = new Vue({
        el:"#app",
        data: {
            isAdmin: true,
            isPublisher: false
        }
    });
</script>
```

根据在 Vue 对象中设置的值来看，只会显示"你好，我是管理员"。

然后循环语句和 Java 的语法类似，语法代码如下：

```
v-for=v-for="object in objects"
```

for 循环的语法和 Java 中的 for 循环类似，如上面的语句所示，objects 就是被循环的对象，
object 是每次循环的游标对象。

下面编写一个循环学习目标的例子，关键代码如下：

📖 代码 10-4 /vue_study_springboot/10.2.2/for.html

```
<div id="appfirst">
    <ol>
        <li v-for="lesson in classes">
            {{lesson.name}}
        </li>
    </ol>
</div>
    <script>
        var app = new Vue({
            el: '#appfirst',
            data: {
                classes: [
                    {name: '学习 VueJs'},
                    {name: '学习 Spring Boot'},
                    {name: '学习 Swoole'}
                ]
```

```
        }
    });
</script>
```

还可以在循环时增加一些限制，如只显示前 *n* 个数据，或者利用循环的角标做一些业务逻辑。笔者编写一个商品页面，用于展示更精细的 for 循环用法。

📖 **代码 10-5 /vue_study_springboot/10.2.2/formore.html**

```
<div id="myapp">
    <ol>
        <!-- 显示 index -->
        <li v-for="(product, index) in products" :key="product.id">
            {{index}}: {{product.id}}: {{product.name}}
        </li>
    </ol>
    <span>只展示前 3 条</span>
    <ol>
        <!-- 显示 index -->
        <li v-for="index in 3">
            {{products[index]}}
        </li>
    </ol>
</div>
<script>
    var app = new Vue({
        el: "#myapp",
        data() {
            return {
                products: [
                    {id: 1003, name: "MacPro", price: "12000.00"},
                    {id: 1004, name: "Ipad", price: "6700.00"},
                    {id: 1005, name: "Xbox", price: "3400.00"},
                    {id: 1006, name: "Ipad", price: "6700.00"},
                    {id: 1007, name: "Tesla", price: "166700.00"}
                ]
            }
        }
    });
</script>
```

在浏览器中访问该页面，如图 10.4 所示，可以看到第一个循环中显示了数据项在循环中的额角标值，第二个循环中只显示了前三条数据。

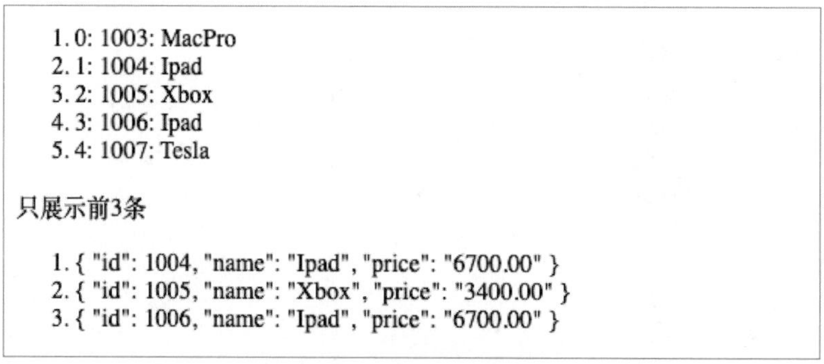

```
1. 0: 1003: MacPro
2. 1: 1004: Ipad
3. 2: 1005: Xbox
4. 3: 1006: Ipad
5. 4: 1007: Tesla

只展示前3条

1. { "id": 1004, "name": "Ipad", "price": "6700.00" }
2. { "id": 1005, "name": "Xbox", "price": "3400.00" }
3. { "id": 1006, "name": "Ipad", "price": "6700.00" }
```

图 10.4　for 循环页面

建议不要把 v-if 判断加在 v-for 附近，如果需要业务逻辑判断，可以创建方法和计算属性来实现，后面会讲解这些方法。

10.2.3　click 事件处理和其他事件处理

和 JavaScript 的 click 事件类似，Vue.js 也提供了对 click 事件的处理，例如单击某个按钮后对某个 div 中的内容进行改变。

举一个具体的例子，比如取款的功能，你可以存钱或者取钱，你的余额就会随之变化，代码如下：

📖 **代码 10-6 /vue_study_springboot/10.2.3/changemoney.html**

```html
<div id="app">
        <span> 你的余额是：{{account_money}}</span><br/>
        <input type="button" value=" 存款增加 1000" v-on:click="saveMoney"/><br/>
        <input type="button" value=" 取款钱少 1000" v-on:click="extractMoney" />
    </div>

    <script>
    var app = new Vue({
        el: "#app",
        data() {
            return {
                account_money: 10000.00
            }
        },
        methods: {
            saveMoney: function(event){
                this.account_money += 1000;
            },
            extractMoney: function(event){
                if(this.account_money >= 1000) {
                    this.account_money -= 1000;
                }

            }
        }
    });
    </script>
```

由于上面的代码可以总结出 Vue 定义方法的标准语法，代码如下：

```
methods: {
functionName1: function(event) {
  // .....
},
functionName2: function(event) {
    // .....
}
}
```

event 是被绑定该事件方法的 dom 对象，而 dom 对象通过 v-on:click 绑定了两个方法，即为 saveMoney 和 extractMoney 方法。每次触发 saveMoney 方法，可以给余额增加 1 000。而 extractMoney 每次会给余额减少 1 000，在减少的过程中会保证余额最低为 0。使用浏览器访问这个 html 文件，如图 10.5 所示。

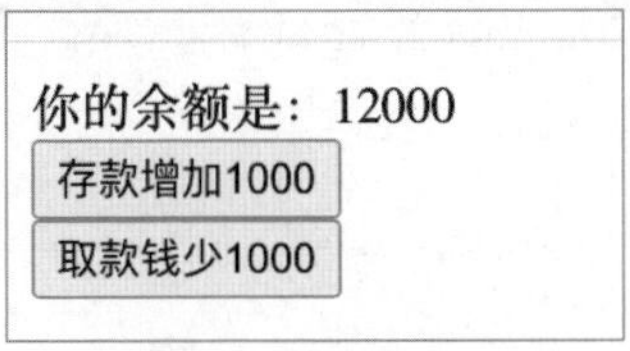

你的余额是：12000
存款增加1000
取款钱少1000

图 10.5　存取款页面

除此之外，还可以通过 v-on:click 方法传递参数给绑定的方法，代码如下：

📖 代码 10-7 /vue_study_springboot/10.2.3/test_method.html

```
<div id="app">
        <button v-on:click="play('football')">踢足球</button>
        <button v-on:click="play('basketball')">打篮球</button>
    </div>
    <script>
        var app = new Vue({
            el: "#app",
            methods: {
                play: function(game) {
                    alert("特别喜欢玩" + game + "这种运动！");
                }
            }
        });
    </script>
```

上面的例子通过传递不同的 game 名称弹出不同的文案提示框，这个和普通的 JavaScript 的 function 一样，可以传递参数。

关于事件，Vue.js 还提供了一系列的事件修饰符，见表 10.2。

表 10.2　事件修饰符总结

事件修饰符	用　　法	含　　义
.stop	<a v-on:click.stop="doThis"></a>	阻止单击事件继续传播
.prevent	<form v-on:submit.prevent="onSubmit"></form>	提交事件不再重载页面
.self	<div v-on:click.self="doThat">...</div>	事件不是从元素内部
.once	<a v-on:click.once="doThis"></a>	只单击一次
.capture	<div v-on:click.capture="doThis">...</div>	—
.passive	<div v-on:scroll.passive="onScroll">...</div>	滚动事件会被立即发出，特别用于提升移动端性能

10.2.4　数据双向绑定

所谓数据双向绑定，是指通过 v-model 指令，让被绑定的元素上的值跟随另外一个元素的值的改变而改变。例如一个输入框中输入的内容，会动态显示在页面的展示部分。v-model 本质上不过是语法糖，一般用于表单上的输入元素。它负责监听用户的输入事件以更新数据，并对一些极端场景进行一些特殊处理。

例如一个文本输入框，代码如下：

```
<span>Multiline message is:</span>
<p style="white-space: pre-line;">{{ message }}</p>
<br>
<textarea v-model="message" placeholder="add multiple lines"></textarea>
```

针对复选框，也可以使用 v-model，代码如下：

```
<input type="checkbox" id="checkbox" v-model="checked">
<label for="checkbox">{{ checked }}</label>
```

针对单元框也可以处理，方法类似，代码如下：

```
<div id="example-4">
  <input type="radio" id="one" value="One" v-model="picked">
  <label for="one">One</label>
```

```
<br>
<input type="radio" id="two" value="Two" v-model="picked">
<label for="two">Two</label>
<br>
<span>Picked: {{ picked }}</span>
</div>
<script>
new Vue({
  el: '#example-4',
  data: {
    picked: ''
  }
});
</script>
```

10.2.5　计算属性

很多时候，不是把某个变量直接输出到页面上，而是需要进行一些逻辑处理和计算，如果在模板字符串上进行修改显得非常烦琐，例如下面这个对 message 的处理，代码如下：

```
<div id="example">
  {{ message.split('').reverse().join('') }}



</div>
```

我们可以考虑编写一个计算属性，用于存储处理好的结果，例如把上面对 message 的处理，改写成代码如下：

```
<div id="app2">
  <p>Original message: "{{ message }}"</p>
  <p>Computed reversed message: "{{ reverseMessage }}"</p>
</div>

var vm = new Vue({
  el: '#app2',
  data: {
    message: 'Hello'
  },
  computed: {
    // 计算属性的 getter 方式
    ReverseMessage: function () {
      // this 指向 vm 实例
      return this.message.split('').reverse().join('')
    }
  }
});
```

细心的读者已经发现了，这个翻转字符串的功能也可以使用方法来实现，改写代码如下：

```
<div id="app3">
  <p>Original message: "{{ message }}"</p>
  <p>Computed reversed message: "{{ reverseMessage() }}"</p>
</div>
<script>
var vm = new Vue({
  el: '#app3',
  data: {
    message: 'Hello'
  },
```

```
methods: {
   // 翻转消息的方法
   ReverseMessage: function () {
     return this.message.split('').reverse().join('')
   }
}
});
</script>
```

计算属性和方法都可以实现一样的效果，但是计算属性有一些特别之处。计算属性具有缓存效果，如果响应式依赖不发生变化，技术属性只会计算一次，每次都直接从缓存中读取到并返回计算好的结果。以上面这个例子来讲，如果 message（响应式依赖）的值没有发生变化，多次访问 reverseMessage 计算属性会立即返回之前已经算好的计算结果，而不必再次执行方法（函数）。而使用方法（函数）则每次都需要执行业务逻辑，不会有任何缓存。

10.2.6　侦听器

Vue.js 还提供了一种侦听属性，可以动态地监听到一些数据的改变，不用重新刷新单页面就能更新数据。使用 watch 回调来实现，但是容易被滥用，要小心使用。

例如要显示一个游戏的信息，分成三个部分：中文名 + 英文名 + 代号。使用 watch 回调来实现，具体代码如下：

📖 代码 10-8　/vue_study_springboot/10.2.6/test_method.html

```
<div id="demo">{{ fullGameInfo }}</div>
<script>
    var vm = new Vue({
  el: '#demo',
  data: {
    fullGameInfo: '微微一笑很倾城 smile to be great',
    chineseName: '微微一笑很倾城c',
    englishName: 'smile to be great',
  },
  watch: {
    chineseName: function (val) {
      this.fullGameInfo = val + ' ' + this.englishName
    },
    englishName: function (val) {
      this.fullGameInfo = this.chineseName + ' ' + val
    }
  }
});
</script>
```

代码上有所重复，其实可以用计算属性来代替，改成代码如下：

```
<div id="show">
      {{ fullGameInfo }}
   </div>

   <script>
       var app = new Vue({
           el: '#show',
           data: {
               chineseName: '微微一笑很倾城',
               englishName: 'smile to be great'
           },
```

```
        computed: {
            fullGameInfo: function() {
                return this.chineseName + " " + this.englishName;
            }
        }
    });
</script>
```

这样的代码简洁，可读性强。推荐尽量多用计算属性实现业务逻辑计算，而不要采用侦听器。

10.3　Vue.js 组件

Vue.js 提供了一种组件化的方式来编写代码，更加高效、复用。在实际工作中也多采用编写组件来构成一个复杂的页面应用，本章将介绍原生的写法和基于 Webpack 的写法。

10.3.1　组件定义

所谓组件，就是一个通过自定义的标签，用于编写一个特殊功能和样式结构。Vue.js 扩展了原生的 HTML 标签，封装了可被复用的代码。组件有点像乐高积木的搭建，一个提交表单的组件化结构如图 10.6 所示。

编写组件的方法有多种，可以使用原生的 componet 方法来定义组件，也可以 Webpack 脚手架去编写父子组件。复杂的组件也是由嵌套的简单组件构成。

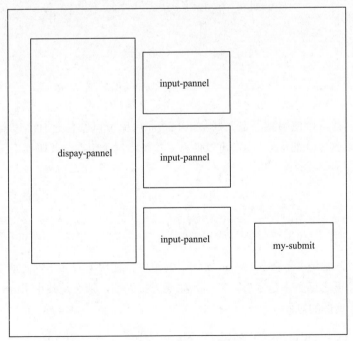

图 10.6　组件化示意图

10.3.2 原生写法

Vue.js 提供了 component 方法来创建组件，根据组件的作用域不同，分为全局注册和局部注册两种方式。

首先介绍一下全局注册方式，例如笔者想编写一个显示名称的按钮，代码如下：

📖 代码 10-9 /vue_study_springboot/10.3.2/componet.html

```
<div id="component-test">
        <h1>{{ message }}</h1>
        <visit-button></visit-button>
    </div>

    <script>
        // 定义 visit-button 组件
        Vue.component('visit-button', {
            data: function () {
                return {
                    clickNum: 0
                }
            },
            // 模板定义
            template: '<button v-on:click="clickNum++">你点了我 {{ clickNum }}
次！</button>'
        });
        // 创建 Vue 对象
        var app = new Vue(
            {
                el: '#component-test',
                data: {
                    message: '组件也是一种哲学！'
                }
            }
        );

    </script>
```

组件的定义在 Vue 对象生成之前，这种方式是全局形式的，因为它被挂载在 Vue 类上，所有后面的实例都可以使用到。定义好 visit-button 后就可以像普通 HTML 标签那样使用，如 \<visit-button>\</visit-button>。我们可以任意多次使用这个组件，代码如下：

```
<div id="component-test">
        <h1>{{ message }}</h1>
        <visit-button></visit-button>
        <visit-button></visit-button>
        <visit-button></visit-button>
        <visit-button></visit-button>
</div>
```

而局部注册，就是绑定在单一 Vue 实例上的组件，使用方式如下。之所以 component 中的 data 需要一个匿名函数来返回值，是因为如果直接返回，那么是共享了同一个对象，会影响所有使用这个组件的对象。

```
/**
 *  局部注册，定义和注册一气呵成。
 * */
        var app2 = new Vue(
            {
                el: '#component-test2',
                template: "<new-button></new-button>",
```

```
        components: {
            "new-button": {
                template: "<button>一个新的按钮{{name}}</button>",
                data: function () {
                    return {name: "superme"}
                }
            }
        }
    }
);
```

10.3.3　Webpack 的写法

在 10.1.6 节时已经使用 vue-cli 脚手架生成过 Vue 项目，现在要在这个基础上去开发组件。首先生成一个导航类的项目 testmenu，代码如下：

```
vue init webpack testmenu
```

它会默认生成一系列的文件夹和文件，项目主要的目录在 src 文件夹下，组件是单独文件进行编写，被存放在 components 文件夹下。参考默认生成的 HelloWorld.vue 的写法，可以看出编写组件的格式具体如下：

```
<template>
    <!-- html 代码 -->
</template>

<script>
export default {
    name: "TemplateName",
    data() {
        return {
            varName: "xxxxxxx"
        }
    }

}
</script>
<style scoped>
<!-- css 代码-->
</style>
```

从这段代码中可以发现，在 webpack 下的写法不再是 new Vue({...})，而是使用 export default 来传递 Vue 对象。然后在 style 标签上加上 scoped 属性，它表示这些样式只会作用于这个 vue 文件。

假设想写一个自己的顶部导航，那么在 src/components 文件夹下创建 TopNav.vue 文件，其代码如下：

📖 代码 10-10　/vue_study_springboot/10.3.3/testmenu/src/component/TopNav.vue

```
<template>
    <div id="top_menu">
        <ul>
            <li>文学小说</li>
            <li>热门电影</li>
            <li>流行爱豆</li>
        </ul>
        <h2>今日推荐</h2>
        <span>推荐小说:{{ fictionName }}</span> | <span>推荐电影:{{ movieName }}</span> | <span>优质爱豆:{{ actorName }}</span>
    </div>
```

```
</template>
<script>
export default {
    name: 'TopNavigation',
    data() {
        return {
            fictionName: '百年孤独',
            movieName: '一出好戏',
            actorName: '杨洋'
        }
    }
}
</script>

<style scoped>
h1, h2 {
  font-weight: normal;
}
ul {
  list-style-type: none;
  padding: 0;
}
li {
  display: inline-block;
  margin: 0 10px;
}
</style>
```

然后在 App.vue 文件中引入这个 组件，相关代码如下：

📖 **代码 10-11** /vue_study_springboot/10.3.3/testmenu/src/App.vue

```
import TopNavigation from './components/TopNav'

export default {
  name: 'App',
  components: {
    TopNavigation
  }
}
```

使用 npm run dev 命令运行本项目，然后在浏览器中访问 http://localhost:8080，可以看到导航页面如图 10.7 所示。

图 10.7　导航页面

单个组件的写法已经知道了，如果是多个组件嵌套，也可以在父组件中加子组件，代码如下：

```
<div id="test_one">
      <my-main>
      </my-main>
  </div>

  <script>

      var myTop = Vue.extend({
          template: '<div id="top_div">Top part</div>'
      });
      var myMid = Vue.extend({
          template: '<div id="mid_div">Mid part</div>'
      });
      var myFooter = Vue.extend({
          template: '<div id="footer_div">Div part</div>'
      });
      var myMain = Vue.extend({
           template: '<div id="main_div">Main part<my-top></my-top><my-mid></my-mid><my-footer></my-footer></div>',
          components: {
              'my-top': myTop,
              'my-mid': myMid,
              'my-footer': myFooter
          }
      });

      var app = new Vue({
          el: '#test_one',
          components: {
              'my-main': myMain,

          }
      });
  </script>
  <style scoped>
      // 省略 css 代码
```

在需要被添加的父组件中添加 components，语法代码如下：

```
var myMain = Vue.extend({
          template: 'xxxx<组件命名的名字></组件命名的名字>',
          components: {
              组件命名的名字 : 组件对象
          }
      });
```

这个嵌套的布局组件分为顶部、中间区域以及底部区域，通过浏览器访问如图 10.8 所示。所以组件完全可以像 div 一样，在页面布局上广泛使用。

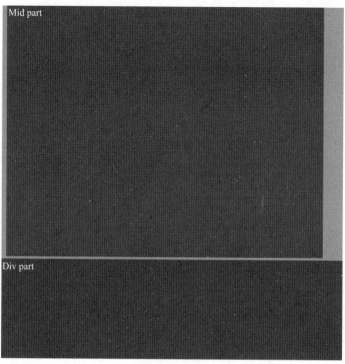

图 10.8　组件布局

10.3.4　组件中传递参数

在组件中也可以传递参数，比如一个子组件想获取父组件的信息，那么就需要用到 Props 来实现。

Props 可以让开发者在组件上注册 attribute，当传递一个 prop attribute 时，这个 attribute 就会变成那个组件实例的属性，从而就可以像使用一般属性的方法去使用 attribute。

例如一个博客列表，代码如下：

```
Vue.component('blog-post', {
  props: ['title'],
  template: '<h3>{{ title }}</h3>'
})
```

可通过书信的形式把数据传递到 template 中，代码如下：

```
<blog-post title="My journey with Vue"></blog-post> <blog-post title="Blogging
with Vue"></blog-post> <blog-post title="Why Vue is so fun"></blog-post>
```

10.3.5　使用插槽 Slot

有时候需要在组件中传递内容，具体代码如下：

📖 代码 10-12　/vue_study_springboot/10.3.5/wrong_tips.vue

```
<div id="testapp">
    <child> 我要提醒你一下，slot 内容，也就是 child 块里面的内容哦 </child>
  </div>
  <script>
      var app = new Vue({
```

```
        el: '#testapp',
        data: {
            title: '简单测试一下 slot'
        },
        components: {
            child: {
                template: "<button>嘿嘿，不是 slot 的内容哦</button>"
            }
        }
    });
</script>
```

实际访问该文件，只会显示"嘿嘿，不是 slot 的内容哦"，这是因为直接在 <child></child> 之间的内容无法被 Vue.js 直接解析。

需要改用 slot 来代替，只需在 template 部分增加 slot 块，代码如下：

```
        var app = new Vue({
            el: '#testapp',
            data: {
                title: '简单测试一下 slot'
            },
            components: {
                child: {
                    template: "<button><slot></slot>嘿嘿，不是 slot 的内容哦</button>"
                }
            }
        });
```

还可以对 slot 进行命名，方便使用，例如笔者新建了两个 slot，一个命名为 tony，另一个命名为 frank，代码如下：

```
<div class="" id="app">
    <children>
      <span slot="tony">show tony</span>
      <span slot="frank">show frank</span>
    </children>
</div>
<script type="text/javascript">
    new Vue({
        el: "#app",
        data: {
        },
        components: {
          children: { //这个无返回值，不会继续派发
                template: "<button><slot name='tony'></slot>这是测试<slot name='frank'></slot>显示不是 slot 的内容</button>"
            }
        }
    })
</script>
```

10.4 Vue.js 进阶

Vue.js 除了基本用法外，还可以自定义一些指令。在数据变化监听方面也有状态管理器的概念，本节将分别介绍如何编写自定义指令以及 Vuex 的使用。

10.4.1 自定义指令

在之前的小节中已经学习了 v-bind、v-on、v-model 等内置指令，Vue.js 也允许开发者自定义指令。

创建一个自定义指令，也就是注册一个指令。和组件的注册一样，分为两种：全局注册和局部注册。

1. 全局注册

使用 directive 方法注册命令，指令的定义方式会在后面具体介绍。

```
Vue.directive(' 命令名 ', function() {
        // 指令定义
});
```

2. 局部注册

directives 属性跟随 Vue 实例被绑定在具体的实例上，所以也是局部注册自定义指令。

```
new Vue({
    directives: {
        指令名 : {

        }
    }
});
```

指令定义是使用官方提供的五个钩子函数来实现业务逻辑，具体如下：

（1）bind：只被调用一次，在被绑定的元素上执行一次初始化。

（2）inserted：被绑定的元素插入父节点时调用（只要父节点存在就可以使用）。

（3）update：当被绑定的元素所在的模板发生变化时调用，通过比较更新前后的绑定值，可以忽略不必要的模板更新。

（4）componentUpdated：被绑定的元素所在的模板完成一次更新周期时被调用。

（5）unbind：当指令和元素解绑时调用，只会调用一次。

先举一个 bind 的例子，代码如下：

📖 代码 10-13 /vue_study_springboot/10.4.1/test-bind.vue

```
    <div id="testapp">
        <button v-bindparam="{author: 'freejava', stillname: 'freephp'}">我是一
个按钮</button>
    </div>

    <script>

        // 全局方式注册指令
        Vue.directive('bindparam', {
            bind: function(el, binding) {
                console.log(binding.value.author);
                console.log(binding.value.stillname);

            }
        });
    var app = new Vue({
            el: '#testapp'
        });

    </script>
```

bind 钩子函数绑定的命令，只会执行一次，所以在浏览器中访问这个文件，只会在控制台打印 freejava 和 freephp 两行文本。

而 inserted 的用法有所不同，以一个聚焦文本框的小功能为例，代码如下：

📖 代码 10-14 /vue_study_springboot/10.4.1/test-focus.vue

```
<div id="app2">
        <form action="/" method="POST">
            <input type="text" v-focus />
        </form>
    </div>
    <script>
        var app = new Vue({
            el: '#app2',
            data: {
                description: "简单实现一个聚焦功能"
            },
            directives: {
                focus: {
                    inserted: function(el) {
                        el.focus();
                        el.setAttribute('placeholder', "focus me");
                    }
                }
            }
        });
    </script>
```

这段代码实现了当单击文本框就会自动聚焦，并且在没有输入任何内容时显示 focus me 的提示文案。

再编写一个实现拖动效果的例子，下面的代码可以把一个粉色的球用鼠标拖动，整个实现也是靠纯 JavaScript 来实现的。

📖 代码 10-15 /vue_study_springboot/10.4.1/test-drag.vue

```
<script>
        var app = new Vue({
            el: '#app3',
            directives: {
                drag: {
                    inserted: function(el) {
                        let moveDiv = el; // 被移动的 Dom 对象
                        moveDiv.style.position = 'relative'; // 相对定位
                        moveDiv.onmousedown = function(element) {
                            let left = element.clientX - moveDiv.offsetLeft;
                            let top = element.clientY - moveDiv.offsetTop;
                            document.onmousemove = function(element) {
                              moveDiv.style.left = element.clientX - left + 'px';
                                moveDiv.style.top = element.clientY - top + 'px';
                            };

                            moveDiv.onmouseup = function() {
                                // 把 onmousemove 和 onmouseup 的函数清空
                                document.onmousemove = moveDiv.onmouseup = null;
                            }
                        }
                    }
                }
            }
```

```
        });
    </script>
```

至于 updated 钩子函数和 bind 的使用类似，有时候 updated 函数还会伴随 bind 一起被触发，这里不再赘述。

10.4.2　Vuex 管理器

Vuex 是一个管理组件状态的管理器，采用集中式存储的方式管理组件状态，并且按照一定的规则保证状态的发生和顺序。同时 Vuex 还集成了 Vue 官方推荐的调试工具 devtools extenstion.

Vuex 一般用于开发比较复杂的单页面应用，多个组件依赖同一种状态时需要管理。Vuex 借鉴了 Flux、Redux 的设计思想，利用 Vue.js 响应机制对状态进行了高效更新。整个交互的原理如图 10.9 所示。

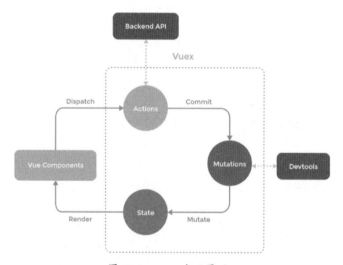

图 10.9　Vuex 交互原理

安装 Vuex 的方式有多种，可以像之前一样引入 js 资源，引入方式的代码如下：

```
<script src="https://unpkg.com/vuex@3.6.2/dist/vuex.js"></script>
<script src="https://unpkg.com/vue@2.6.12/dist/vue.js"></script>
```

也可以使用 npm 进行安装，代码如下：

```
npm install vuex --save
```

而 Vuex 的常用语法代码如下：

```
const store = new Vuex.Store(
    {
        state: {} | func,    // 根 state 对象，初始数据或状态赋值
        mutations: {},       // 纯函数修改数据的方法，处理函数总是接受 state 作为第一个，
payload 作为第二个参数（可选）
        actions: {},          // 事件，动作，处理函数总是接受 context 作为第一个参数，
payload 作为第二个参数（可选）。
        getters: {},         // store 的计算属性，返回值会根据它的依赖被缓存起来，且只有
当它的依赖值发生改变才会被重新计算
        modules: {},         // 包含子模块的对象，会被合并到 store
```

```
        plugins: [],              // 包含应用在 store 上的插件方法，这些插件接受 store 作为唯一
参数，可以监听 mutation（用于外部地数据持久化、记录或调试）或者提交 mutation（用于内部数据，例如
websocket 或 某些观察者）
        strict: Boolean,          // 默认值：false，使 Vuex store 进入严格模式，任何
mutation 处理函数以外修改 Vuex state 都会抛出错误。
    }
);
```

一个简单的例子，代码如下：

```
import Vue from 'vue'
import Vuex from 'vuex'

Vue.use(Vuex)

const store = new Vuex.Store({
  state: {
    count: 0
  },
  mutations: {
    increment (state) {
      state.count += 1
    }
  }
})

store.commit('increment')
console.log(store.state.count)
```

使用脚手架生成一个名为 test_vuex 的项目，代码如下：

```
vue init w。ebpack test_vuex
```

由于要使用到 axios 和 vue-router，所以需要单独安装这两个模块，代码如下：

```
npm install vue-router axios --save
```

编写 store.js，来获取股票相关数据以及记录状态数据，代码如下：

📖 代码 10-16　/vue_study_springboot/10.4.2/test_vuex/src/store/store.js

```
import Vue from "vue"
import Vuex from "vuex"

Vue.use(Vuex)

export default new Vuex.Store(
  {
    state: {
      users: [],
      selectedStockId: null,
      toFetch: false
    },
    // 设置状态变化
    mutations: {
      setStocks (state, {stocks}) {
        state.stocks = stocks
      },
      setSelectedStock (state, id) {
        state.selectedStockId = id;
      },
      seToFetch (state, bool) {
        state.toFetch = bool
      }
    },
    // 获取数据
```

```
        gtters: {
            setSelectedStock: (state) {
                state.stocks.find(stock => stock.id === state.selectedStockId)
            }
        },
        actions: {
            getStocks({commit}) {
                commit("setToFetch", true)
                // 本案例中出现的股票代码均为展示功能之用，本人不持有任何相关股票，也不推荐盲目
投资，不负任何投资责任。
                return axios.get("http://hq.sinajs.cn/list=sh601006,sz000333,
sz002475")
                .then(res => {
                    console.log(res)
                    commit("setToFetch", false)
                    commit("setStocks", {stocks: res})
                })
                .catch(error => {
                    commit("setToFetch", false)
                    console.error(error| error.message)
                })
                // http://hq.sinajs.cn/list=sh601006,sz000333,sz002475
            }
        }
    }
);
```

编写页面组件 Home.vue，代码如下：

📖 代码 10-17 /vue_study_springboot/10.4.2/test_vuex/src/components/Home.vue

```
<template>
  <div class="ui main text container">
    <h1 class="ui header">Vuex 的小案例 </h1>
    <p> 就是玩玩 Vuex 技术 </p>
    <p>Go to <router-link to="/stocks">Stocks</router-link></p>
  </div>
</template>
<script>
export default {
  name: 'Home'
}
</script>
```

然后编写 Stocks.vue 文件，用于展示股票列表，代码如下：

📖 代码 10-18 /vue_study_springboot/10.4.2/test_vuex/src/components/Stocks.vue

```
<template>
    <div class="my_container">
        <span> 股票 </span>
        <div v-if="toFetch">
            <div id="loading"> 正在加载 ing</div>
        </div>
        <ul v-else>
            <li v-for="(stock, index) in stocks" :key="index">
                <router-link :to="{name: 'stock', params:{id: stock.id}}">
                    {{stock.name}} {{stock.code}}
                </router-link>
            </li>
        </ul>
    </div>
</template>
<script>
import { mapState } from 'vuex'
```

```
export default {
  name: 'Stocks',
  computed: {
    ...mapState([
      'toFetch',
      'stocks'
    ])
  }
}
</script>
```

该列表页的每一项指向对应的股票详情页面，通过 mapState 获取 toFetch 和 stocks 的数据状态。

股票详情页就展示股票名称、代码以及现价，代码如下：

📖 代码 10-19　/vue_study_springboot/10.4.2/test_vuex/src/components/Stock.vue

```
<template>
    <div class="container">
        <div id="list-group-item">
            <span>{{StockName}}</span>
        </div>
        <div id="list-group-item">
            <span>{{StockCode}}</span>
        </div>
        <div id="list-group-item">
            <span>{{CurrentPrice}}</span>
        </div>
    </div>
</template>
<script>
import {mapGetters, mapMutations} from 'vuex'
export default {
  name: 'Users',
  computed: {
    ...mapGetters(['selectedStock']),
    StockName () {
      return '股票名称为:' + `${this.selectedStock.name}`
    },
    StockCode () {
      return '股票代码为:' + `${this.selectedStock.code}`
    },
    CurrentPrice () {
      return '今日收盘现价为: ' + `${this.selectedStock.price}`
    }
  },
  methods: {
    ...mapMutations(['setSelectedStock'])
  },
  created () {
    const stockid = this.$route.params.id
    this.selectedStock(stockid)
  }
}
</script>
```

完成页面组件开发后，需要编写路由，这里只做简单演示，具体用法将在 10.6.2 节详细介绍。

📖 代码 10-20　/vue_study_springboot/10.4.2/test_vuex/src/router.js

```
import Vue from 'vue'
import Router from 'vue-router'
```

```
// 引入页面组件
import Home from './components/Home.vue'
import Stocks from './components/Stocks.vue'
import Stock from './components/Stock.vue'

// 路由注册
Vue.use(Router)

export default new Router({
  linkActiveClass: 'active',
  routes: [
    {
      path: '/',
      name: 'home',
      component: Home
    },
    {
      path: '/stocks',
      name: 'stocks',
      component: Stocks
    },
    {
      path: '/stock/:id',
      name: 'stock',
      component: Stock
    }
  ]
})
```

运行项目就能看到股票列表和详情页面。

10.4.3 事件处理

Vue.js 中的时间处理是使用 v-on 指令来实现的，如 v-on:click。在前面已经介绍过，事件可以直接写在被绑定的元素上，也可以在 Vue 的实例中定义。

例如，每单击一次按钮，增加一个金币，代码如下：

```
<button v-on:click='coin++' >Add a coin</button>
```

v-on:click 也有简写方式，上面的代码可以改写为如下代码：

```
<button @click='coin++'>Add a coin</button>
```

还可以单独定义方法，编写在 Vue 实例中的 methods 中。举一个简单的例子，代码如下：

📖 代码 10-21 /vue_study_springboot/10.4.3/test_function.html

```
<div id="app2">
    <button @click="notice()">增加一个金币 </button>
</div>

<script>
    var app = new Vue({
        el: '#app2',
        data: {
            title: "在 Vue 实例中的 methods 里面编写事件处理 ",
            coinnum: 0
        },
        methods: {
            notice: function() {
                this.coinnum++;
                alert("我们得到了 " + this.coinnum + "个金币 ");
            }
```

```
        }
    });
    </script>
```

在浏览器中访问这个文件，看到的事件处理演示页面如图 10.10 所示。

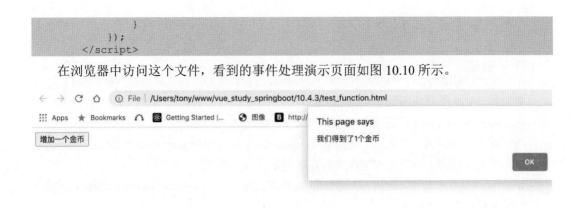

图 10.10　事件处理演示页面

10.5　CSS 预编译

随着互联网项目对前端的要求越来越复杂，对 CSS 的要求也随之改变，越来越多的开发者认为 CSS 需要一些扩展的功能。一些互联网公司基于业务需求，开发了一些 CSS 预编译语言，如 LESS、Sass 等。这些预编译语言的语法和 CSS 语法类似，但是提供了更加强大和丰富的功能。

本小节将分别介绍 CSS 预编译的选择、SASS、LESS 的常规使用。

10.5.1　预编译的选择

CSS 预编译的语言非常丰富，最开始是 Ruby 技术圈发明了 SASS。由于 SASS 依赖于 Ruby 技术栈所以只在小范围进行流行，但是由于它出现时间早、发展周期相对较长，所以功能健全，文档丰富，比较容易使用。

第二种是 LESS，它是 Twitter 团队开发和维护的，和 bootstrap 一起绑定使用更加流行。

最后一种是 Stylus，这是 Node JS 圈中流行的预编译语言，在 Vue.js 中是默认的预编译语言，相比前两者的写法更加简洁，更像是一种完备的编程语言。

关于预编译的选择主要看技术栈和团队的情况，建议是优先考虑 LESS，因为最为流行，社区也足够活跃，遇到任何问题都能很容易地获取到帮助文档和相关资料。而 Node JS 是必然安装的，其次可以选择 Stylus。当然如果是 Ruby 技术栈的团队，肯定优先考虑使用 SASS。

10.5.2　SASS 使用

之前也介绍了，SASS 是基于 Ruby 开发的，必须先安装 Ruby 才能安装使用 SASS。由于笔者使用的是 Mac OS，系统默认自带了 Ruby，就不用再单独安装 Ruby。如果是 Windows 的用户，可以前往 Ruby 官网下载对应的安装包安装即可。

当安装成功后，可以在命令行（Windows 下是 CMD，Linux 下是终端）输入下面的命令并得到输出。

```
ruby -v
ruby 2.3.7p456 (2018-03-28 revision 63024) [universal.x86_64-darwin18]
```

而安装 SASS 需要使用到 gem 命令，gem 是 Ruby 的包安装管理工具，类似于 Java 中的 maven、NodeJS 中的 npm。建议升级 gem 版本，保持在版本 2.6.x 以上。

由于防火墙的原因，如果直接使用 gem update --system 更新 gem 可能会很慢甚至无法完成下载，所以可以考虑使用国内的源代替默认的源，代码如下：

```
gem sources --add https://gems.ruby-china.com/ --remove https://rubygems.org/
```

安装 SASS 的方式如下：

```
gem install sass
gem install compass
```

如果遇到报错说权限不足，可以使用如下命令来解决：

```
 sudo gem install sass -n /usr/local/bin
```

还可以更新 SASS 版本，命令如下：

```
// 更新 sass
gem update sass

// 查看 sass 版本
sass -v

// 查看 sass 帮助
sass -h
```

SASS 的语法和原生的 CSS 比较类似，常用的方式如下：

1. 使用变量

SASS 中可以声明变量，语法是以 $ 符合开头的字符串来命名变量名，一般是小写字母加下画线的组合（命名规则并未强制），具体代码如下：

```
$notice_color:yellow;
#wrapper_error { color: $notice_color; }
```

如果变量和字符串还要嵌套，例如声明了一个变量为某 div 的长度，后面还需要接上一个 px 单位，那么就需要使用 #{$ 变量名 }px 的方式来编写，SASS 代码如下：

```
$side:6;
$cm_width:300;
    .sitebar  {
        width:#{$cm_width}px;
        border: solid 1px red;
        border-radius:#{$side}px;
        padding:#{$side}px;
    }
```

2. 进行计算

SASS 让开发者可以在代码中进行计算，可以是数值计算，也可以是变量之间的计算。

📖 代码 10-22 /vue_study_springboot/10.5/10.5.2/caculate.scss

```
$number: 7;
$offset: 5;
.topbar {
   margin: (27px/3);  // 数值相除
```

```
      padding-right:200px+14px; // 数值相加
padding-top: $number*3px; // 变量相乘
padding-bottom: #{$number+$offset}px; // 变量相加
}
```

对编写好的文件保存为 scss 扩展名的文件，然后将 .scss 文件编译成 .css 文件，代码如下：

```
sass caculate.scss caculate.css
```

执行命令后，在同级目录下会生成 caculate.css 文件，代码如下：

```
.topbar {
  margin: 9px;
  padding-right: 214px;
  padding-top: 21px;
  padding-bottom: 12px; }

/*# sourceMappingURL=caculate.css.map */
```

3. 继承

使用 @extend 进行样式继承，举例代码如下：

📖 代码 10-23 /vue_study_springboot/10.5/10.5.2/extend1.scss

```
$number:8;
.test1 {
    color: yellowgreen;
}

.test2 {
    @extend .test1;
    font-size: $number+px;
}
```

4.Mixin

Vue.js 还提供了一种类似 php 的 trait，也就是可以被复用的代码块，可通过定义一个
Mixin 来实现多个样式的复用。例如下面的代码，.mytry 使用了 moreshow 函数中设置的样式。

📖 代码 10-24 /vue_study_springboot/10.5/10.5.2/mixin1.scss

```
@mixin moreshow($color, $margin_top) {
    margin-top: $margin_top+px;
    backgroup-color: $color;
}


.mytry {
    @include moreshow("read", 20);
}
```

该文件编译后的内容如下：

```
.mytry {
  margin-top: 20px;
  backgroup-color: "read"; }
```

5. 函数

在 SASS 中还可以自定义函数，该函数必须有返回值，代码如下：

```
@function getlength($width) {
    @return $width * 4;
}
// 调用函数 getlength
.squre {
    width: #{getlength(3)}px;
```

```
}
```

SASS 还提供了条件语句（if-else）、循环语句等功能，感兴趣的读者可以参考官网文档进一步学习。

10.5.3　Less 的使用

Less 是一种 CSS 预处理语言，和 SASS 类似，Less 提供了如变量、混合（Mixin）、函数等功能，丰富了 CSS 的语言特性，让 CSS 更容易被扩展和进行相关编程。

Less 的安装方式有多种，可以使用 npm 命令，代码如下：

```
npm install -g less
```

还是按照变量、混合、函数的顺序来分别介绍写法。

1. 变量

首先是变量。变量的声明语法如下，变量可以是由字母、数字、短横线、下画线组成的。

```
@变量名 : 值
```

变量可以进行嵌套和赋值，代码如下：

📖　代码 10-25　/vue_study_springboot/10.5/10.5.3/test1.scss

```
// 设置颜色变量
@base: #f938ab;
.box {
  color: saturate(@base, 5%);
  border-color: lighten(@base, 30%);
}
```

运行 less 命令进行编译，具体命令如下：

```
lessc test1.less > test1.css
```

编译后生成的 test.css 就是普通的 css 文件，其代码如下：

```
.box {
  color: #fe33ac;
  border-color: #fdcdea;
}
```

变量还可以用于选择器、属性名、URL 等属性的替换，代码如下：

📖　代码 10-26　/vue_study_springboot/10.5/10.5.3/var_test2.less

```
// 设置选择器名变量
@icmp-selector: icmpbar;
// 设置图片资源路径
@picture-path: "../css/iamges/static";
// 设置属性名变量
@skin: color;

// 替换选择器名
.@{icmp-selector} {
    font-size: 30px;
    line-height: 30px;
    text-align: center;
}

.banner {
    background-color: gainsboro;
```

```less
    // 替换资源 URL 地址
    background: url("@{picture-path}/bearlogo.png") no-repeat;
}

.highline {
    // 替换属性
    @{skin}: rgb(71, 71, 168);
}
```

编译后生成的文件内容如下，所有变量被替换了。

```css
.icmpbar {
  font-size: 30px;
  line-height: 30px;
  text-align: center;
}
.banner {
  background-color: gainsboro;
  background: url("../css/iamges/static/bearlogo.png") no-repeat;
}
.highline {
  color: #4747a8;
}
```

变量除了在一个文件中定义，还可以通过引入其他的 less 文件来使用到需要的变量。例如在 common.less 中定义了常用的样式变量，然后在 usage.less 中使用 common.less 中的变量，代码如下：

📖 代码 10-27　/vue_study_springboot/10.5/10.5.3/common.less

```less
// 设置颜色
@normal-status-color: lightgreen;
@error-color: darkred;
@need-notice-color: yellow;
```

然后编写一个 warning.less 文件，引用 common.less，使用 yellow 这个颜色。

📖 代码 10-28 /vue_study_springboot/10.5/10.5.3/warning.less

```less
// 引入 common.less 文件
@import "./common.less";
.warning-tool {
    background-color: @need-notice-color;
}
```

2. Mixins 函数

Mixins 函数的用法更加丰富，写一个简单例子。

```less
.mixin() {
  @bgcolor: #FFFF;
}
.myclass{
  .mixin();
  background-color: @bgcolor;
}
```

Mixins 还涉及合并操作，可以使用 "+" 符号实现两个类相同属性合并到同一个类属性中。

```less
.mixin() {
    box-shadow+: inset 0 0 10px red;
}
.myclass {
  .mixin();
```

```
     box-shadow+: 0 0 20px blueviolet;
   }
```

Less 还有更多复杂的用法，可以参考官网文档和相关技术博客。

10.6　Vue.js 路由

Vue.js 编写的单页面应用可以有多个页面，如果要每个页面都需要一个独立的 URI，这里就需要产生对应的路由。

Vue.js 的路由分为原生路由和插件生成的路由，本小节将分别介绍原生路由的写法和Vue-router 库以及 page.js 处理路由的方式。

10.6.1　原生路由

官网上给出了一个比较完整的例子，可以利用 HTML 5 的 history API 来实现路由的获取，项目代码请见 vue-2.0-simple-routing-example，这里只展示 main.js 中的代码和 routes.js。

```
import Vue from 'vue'
import routes from './routes'

const app = new Vue({
  el: '#app',
  data: {
    currentRoute: window.location.pathname
  },
  computed: {
    ViewComponent () {
      // 根据当前路由获取对应视图
      const matchingView = routes[this.currentRoute]
      return matchingView
        ? require('./pages/' + matchingView + '.vue')
        : require('./pages/404.vue')
    }
  },
  render (h) {
    return h(this.ViewComponent)
  }
})

window.addEventListener('popstate', () => {
  app.currentRoute = window.location.pathname
})
```

routes.js 的代码如下：

```
export default {
  '/': 'Home',
  '/about': 'About'
}
```

实现的逻辑就是利用路由匹配去加载对应的 Vue 组件，从而实现真实的路由效果。这种方式非常简单直接，也是不借用第三方库实现了路由处理功能。

10.6.2　Vue-router 库

Vue-router 库是官方推荐的一种实现路由库，Vue-router 可以和 Vue.js 进行深度集成，从而让 Vue.js 开发出丰富的单页面应用，其优点如下：

- 嵌套路由 / 渲染视图。
- 模块化，基于组件的路由器配置，
- 支持路由参数、查询、通配符编写。
- 查看由 Vue.js 过渡系统提供动力的过渡效果。
- 对导航进行细粒度程序的控制。
- 支持 HTML 5 history 和 hash 模式，也支持 IE 9。
- 自定义的滚动页面效果。

Vue-router 的常规安装方式有两种：一种方式是使用 cdn 链接；另一种是下载安装到本地。

如果使用第一种方式，那么可用的 cdn 链接直接添加到需要的页面文件上即可，代码如下：

```
<script src="https://unpkg.com/vue-router@2.0.0/dist/vue-router.js"></script>
```

推荐使用 npm 进行本地安装，代码如下：

```
npm install vue-router
```

使用 Vue-router 非常方便，只需引入 Vue 实例中即可，代码如下：

```
import Vue from 'vue'
import VueRouter from 'vue-router'

Vue.use(VueRouter)
```

Vue-router 用法非常丰富，为了更好地演示，笔者创建一个名为 test-vue-router 的项目。

```
<template>
    <div class="container">
        <h1>Coding is a great thing!</h1>
        <h2>{{ msg }}</h2>
        <nav class="navbar navbar-default" role="navigation">
            <div>
                <ul class="nav nav-tabs">
                    <li class="active"><a href="/">Home</a></li>
                    <li><router-link to="/java">Java learning</router-link></li>
                    <li><router-link to="/php">PHP learning</router-link></li>
                    <li><router-link to="/nodejs">NodeJS learning</router-link></li>
                </ul>
            </div>
        </nav>
    </div>
</template>
<script>
export default {
  name: 'Home',
  data () {
    return {
      msg: 'Welcome to Study App'
    }
  }
}
</script>
```

在浏览器中访问，首页的页面如图 10.11 所示。

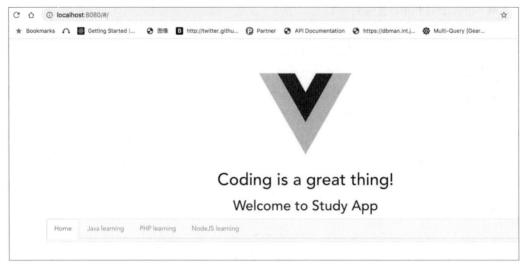

图 10.11　首页

然后编写一个 routes/index.js 文件，用于定义路由，代码如下：

```
import Vue from 'vue'
import Router from 'vue-router'
import Home from '@/components/Home'
import Java from '@/components/Java'
import JavaArticle from '@/components/JavaArticle'
Vue.use(Router)

export default new Router({
  routes: [
    {
      path: '/',
      name: 'Home',
      component: Home
    },
    {
      path: '/java',
      name: 'Java',
      component: Java,
      children: [{
        path: 'article/:id',
        component: JavaArticle
      }]
    }
  ]
})
```

以 Java 分类为例，需要编写一个文章详情子组件（JavaArticle.vue），和 Java.vue 形成父子组件嵌套，JavaArticle.vue 代码如下：

```
<template>
    <div class="container-fluid">
        <div class="row">
            <h1>{{getArticleTitle}}</h1>
        </div>
        <div class="row">
            {{getArticleShortContent}}
        </div>
```

```
            <div class="row">
                {{getArticleLink}}
            </div>
        </div>
    </template>
    <script>
    export default {
      name: 'JavaArticle',
      data () {
        return {
          articles: {
            10010: {
              id: 10010,
              title: 'Druid',
              short_content: 'Druid 是阿里团队开源的数据库连接池, 在 Spring Boot 开发中经常
使用 ....',
              detail_link: 'https://www.cnblogs.com/freephp/p/13674500.html'
            },
            10011: {
              id: 10011,
              title: 'RocketMQ 搭建 ',
              short_content: 'RocketMQ 是阿里开源的高性能消息中间件服务, 提供了丰富的消息拉取
方式, 可以处理上亿级别的 ......',
              detail_link: 'https://www.cnblogs.com/freephp/p/14227065.html'
            }
          }
        }
      },
      computed: {
        // 获取文章的标题
        getArticleTitle () {
        //   console.log(this.$route.params.id)
          if (this.articles[this.$route.params.id]) {
            return this.articles[this.$route.params.id].title
          } else {
            return '不存在文章'
          }
        },
        // 获取文章的简明内容
        getArticleShortContent () {
          if (this.articles[this.$route.params.id]) {
            return this.articles[this.$route.params.id].short_content
          } else {
            return 'nothing'
          }
        },
        // 获取文章的简明内容
        getArticleLink () {
          if (this.articles[this.$route.params.id]) {
            return '详情请见: ' + this.articles[this.$route.params.id].detail_link
          } else {
            return ''
          }
        }
      }
    }
    </script>
```

而在 Java.vue 中使用 router-view 标签进行当前页面展示, 相关代码如下:

```
<template>
    <div class="container-fluid">
        <h1>{{msg}}</h1>
        <p>
```

```
            Java 是一门优秀的工业级编程语言，web 方面可以使用 Spring Boot 去搭建强大的 Web
    应用。
            </p>
            <div>
                <div><router-link to="/java/article/10010">Druid 配 置 </router-
link></div>
                <div><router-link to="/java/article/10011">RocketMQ 搭建 </router-
link></div>
            </div>
            <router-view/>
        </div>
</template>
```

10.6.3 page.js 处理路由

page.js 是在 Vue.js 官网中提到的第三方路由库，据作者描述灵感来自 Tiny Express 框架。

1. 安装方式

可以使用 npm 进行安装，代码如下：

```
npm install page
```

也可以使用 cdn 资源链接，引用方法代码如下：

```
<script src="https://unpkg.com/page/page.js"></script>
<script>
  page('/about', function(){
    // Do stuff
  });
</script>
```

2. 简单使用

page.js 作者提供了一个官方案例，运行方式如下：

```
git clone git://github.com/visionmedia/page.js
cd page.js
npm install
node examples
open http://localhost:4000
```

在浏览器中访问 http://localhost:4000，可以看到如图 10.12 所示的页面。

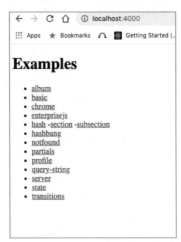

图 10.12 Example 列表页面

列出来的每一行都是一个样例项目，以 album 项目为例分析，这是一个利用 page.js 实现相册的路由项目。其中最重要的部分就是使用 page.js 设置路由，关键代码如下：

```
// 设置路由
page.base('/album');
page('/', '/photos/0');
page('/photos/:page', photos)
page('*', notfound);
page();
```

从上面这段代码可以看出 page.js 提供了强大的 API，语法如下：

```
page(path, callback[, callback ...])
```

对上面的参数简单解释一下，path 是路由匹配的路径，如 /user。第二个参数 callback 是回调函数。每一个回调函数可以有两个参数，一个是 context 对象，另一个是 next。这种设计和 Express 框架非常类似，next 会使用下一个给定的匹配路径使用的回调函数。

page 函数的使用方法还有很多，如跳转到另外一个路由，代码如下：

```
page('/default', function(){
// 一些逻辑来决定哪个路由可以被跳转
  if(admin) {
    page.redirect('/admin');
  } else {
    page.redirect('/guest');
  }
});

page( '/default' );
```

page 函数还可以设置前缀路由，例如很多接口都是以 "/myapi" 作为第一级路由，那么可以写如下的代码：

```
page.base('/myapi');
```

除此之外，page 函数还有更多的用法，如 page.strict,page.exit 等，可以参考官方文档进行学习。

10.7　小结

本章从 NodeJs 环境搭建开始讲起，介绍了 Vue 的常规语法和组件编程。对于 Vuex 和 CSS 预编译也进行了讲解，在路由方面介绍了三款常用的路由，其中 vue-router 需要重点掌握。

Vue 作为前端框架非常值得认真学习，后续的项目实战也会用到 Vue 来开发前端页面应用。

## 第 11 章

页面模板技术

页面模板技术也就是 MVC 结构中视图层的模板语言，最开始都是原生的 Jsp 技术，Jsp 模板语言和 HTML 混合在一起编写。后面发展出专门的模板语言，如 Thymeleaf 和 FreeMarker。

本章主要涉及的知识点如下：

- JSP 之后衍生出的模板技术发展的介绍。
- Thymeleaf 的基本使用。
- FreeMarker 的基本使用。

11.1　JSP 衍生出的模板技术

JSP 技术在最开始的 Web 1.0 时代非常流行，但是对于复杂项目来说，将 JSP 代码和前端 HTML 代码混合编写的方式也带有如下很多缺点：

（1）一旦修改页面也需要改动到 JSP 代码部分。

（2）不利于前后端分离。

（3）Servlet 引擎并没有提供标准版。

（4）表现层和逻辑层没有分开，导致修改成本非常高。

（5）使用 jar 包运行项目时不支持 JSP。

所以更多的开发者开始开发更适合 Java Web 的模板引擎技术，目前 Spring Boot 没有官方默认的目标技术，最流行的是 Thymeleaf 和 FreeMarker 两款模板引擎，下面将会分别具体介绍。

11.2　Thymeleaf 的基本使用

根据官网介绍，Thymeleaf 是一个用于 Web 和独立环境的现代服务器端 Java 模板引擎。Thymeleaf 主要目标是将自然又优雅的模板引入开发流程中，让 HTML 代码可以正确地显示在浏览器中，因为它本身也是纯 HTML 代码。所以 Thymeladf 不需要服务端的支持，可以用 HTML 的方式直接打开。

Spring Boot 整合 Thymeleaf 非常简单，笔者创建了一个 test_thymeleaf 项目来演示 Thymeleaf 的基本用法。

安装 Thymeleaf 的方法也是在 pom.xml 增加依赖，代码如下：

📖 代码 11-1　test_thymeleaf/pom.xml

```xml
<!--        引入 Thymeleaf        -->
        <dependency>
            <groupId>org.springframework.boot</groupId>
            <artifactId>spring-boot-starter-thymeleaf</artifactId>
        </dependency>
```

编写一个 Controller 文件，代码如下：

📖 代码 11-2　test_thymeleaf/controller/PoloCarController.java

```java
package com.freejava.test_thymeleaf.controller;

import org.springframework.stereotype.Controller;
import org.springframework.ui.Model;
import org.springframework.web.bind.annotation.RequestMapping;

// 这里使用 Controller 注解而不是 RestController
@Controller
public class PoloCarController {

    @RequestMapping("/car/detail")
    public String detail(Model m) {
        m.addAttribute("carName", "Tesla");
        m.addAttribute("descr", "Tesla is great！");
        return "detail";
    }
}
```

然后创建对应的 detail.html 前端页面文件，在 resources 目录下新建 templates 文件夹，然后新建并编写 detail.html，代码如下：

📖 代码 11-3　test_thymeleaf/resources/templates/detail.html

```html
<!DOCTYPE html>
<!-- 表示使用 Thymeleaf 模板 -->
<html xmlns:th="http://www.thymeleaf.org">
<head>
    <meta charset="UTF-8">
    <title>Title</title>
</head>
<body>
<h1 th:text="${carName}"></h1>
<p th:text="${descr}"></p>
</body>
</html>
```

th:text 语句就是赋值语句，意思是把标签之间的文字替换成变量值。还需要对 thymeleaf 进行默认配置，将配置编写在 application.yml 中，代码如下：

📖 代码 11-4　test_thymeleaf/application.yml

```yaml
# 设置 thymeleaf
spring:
  thymeleaf:
    mode: HTML5
    encoding: UTF-8
    servlet:
      content-type: text/html
    cache: true
server:
  servlet:
    context-path: /mythymeleaf
```

然后重启项目，在浏览器中访问 http://127.0.01:8080/mythymeleaf/car/detail，可以看到图 11.1 所示的汽车详情页面。

图 11.1　汽车详情页

从图中可以看到，carName 和 descr 两个变量都被正确赋值和显示，这就是 thymeleaf 的渲染效果。

Thymeleaf 的语法比较丰富灵活，首先介绍变量的使用。

1. 变量

总结一下使用变量的语法，模板语句以"th:"开头，读取对象变量可通过 ${} 来获取，例如创建一个实体类 Pet，内容如下：

📖 **代码 11-5 test_thymeleaf/entity/Pet.java**

```java
package com.freejava.test_thymeleaf.entity;

import lombok.AllArgsConstructor;
import lombok.Data;
import lombok.NoArgsConstructor;

@AllArgsConstructor
@NoArgsConstructor
@Data
public class Pet {
    // 宠物学名
    String name;
    // 昵称
    String nickname;
    // 年龄
    int age;
    // 头发颜色
    String hairColor;
}
```

为了使用这个宠物实体类，编写一个新的 Controller 文件，文件命名为 PetController.java，内容如下：

```java
package com.freejava.test_thymeleaf.controller;

import com.freejava.test_thymeleaf.entity.Pet;
import org.springframework.stereotype.Controller;
import org.springframework.ui.Model;
import org.springframework.web.bind.annotation.GetMapping;

@Controller
```

```
public class PetController {

    // 获取宠物团团的信息
    @GetMapping("/tuantuan")
    public String showTuan(Model model) {
        Pet pet = new Pet();
        pet.setName(" 泰迪 ");
        pet.setNickname(" 团团 ");
        pet.setAge(2);
        pet.setHairColor(" 棕色 ");

        model.addAttribute("pet", pet);

        return "dog_details";
    }
}
```

然后创建 dog_details.html，编写模板内容。

📖 代码 11-6　test_thymeleaf/resources/templates/dg_details.html

```
<!DOCTYPE html>
<!-- 表示使用 Thymeleaf 模板 -->
<html xmlns:th="http://www.thymeleaf.org">
<head>
    <meta charset="UTF-8">
    <title>My Pet</title>
</head>
<body>
<span th:text="${pet.nickname}"></span>是我最喜欢的宠物！
<span>它今年已经 </span><p th:text="${pet.age}"></p>岁啦！
</body>
</html>
```

重新运行项目，在浏览器中访问 http://127.0.0.1:8080/mythymeleaf/tuantuan，进入图 11.2 所示的宠物详情页面。

图 11.2　宠物详情页

2. 逻辑判断

Thymeleaf 提供了 if、else 功能，如根据上面的宠物颜色进行逻辑判断，如果是灰色，则说明是稀有品种的泰迪，否则就表示是普通品种，前端的判断代码如下：

```
<p th:if="${pet.hairColor} == ' 灰色 '">稀有品种 </p>
<p th:if="${pet.hairColor} == '棕色'">普通品种 </p>
```

和 if 语句相反的语句是 unless，意思是 not if。例如宠物的年龄小于 8 岁，那么就是年轻的宠物狗，实现代码如下：

```
<span th:unless="${pet.age} > 7">年轻的宠物狗</span>
```

3. 循环控制

同样地，Thymeleaf 也提供了循环控制的指令 th:each，例如有多个宠物的集合，可以编写如下代码进完成循环展示。路由的代码不在这里展示，可以查看 test_thymeleaf 项目中对应 Controller 文件的内容。

📖 代码 11-7 test_thymeleaf/resources/templates/pet_family.html

```
<table>
    <tr th:each="pet : ${pets}">
        <td th:text="${pet.name}">Unknown</td>
        <td th:text="${pet.nickname}">Bigger</td>
        <td th:text="${pet.age}">crypt age</td>
        <td th:text="${pet.hairColor}">wine red</td>
    </tr>
</table>
```

在浏览器中访问 http://127.0.0.1:8080/mythymeleaf/pet/family，进入图 11.3 所示的宠物列表页面。

图 11.3　宠物列表页面

4. 内置对象和全局对象

Thymeleaf 还提供了一些内置对象，例如 HttpServletReponse 对象、Context 对象等，方便开发者通过 # 对象名称来调用。常用的内置对象的使用见表 11.1。

表 11.1　内置对象

内 置 对 象	含 义
#ctx	Context 对象
#request	Web 程序中的 HttpServletRequest 对象
#response	Web 程序中的 HttpServletResponse 对象
#servletContext	Web 程序中的 HttpServletContext 对象
#session	Web 程序中的 HttpSession 对象

于是编写一个展示内置对象的页面，代码如下：

📖 代码 11-8　test_thymeleaf/resources/templates/builtin_params.html

```html
<div>
    Ctx Object part <br/>
    request in ctx: <span th:text="${#ctx.#request}"></span><br/>
    response in ctx: <span th:text="${#ctx.#response}"></span><br/>
    session in ctx: <span th:text="${#ctx.session}"></span><br/>
    servletContext in ctx: <span th:text="${#ctx.#servletContext}"></span><br/>
    locale: <span th:text="${#ctx.#locale}"></span><br/>
</div>
    Web Context Object
    Context path: <span th:text="${#request.getContextPath()}"></span><br/>
    Request URL: <span th:text="${#request.getRequestURL()}"></span><br/>
    Get user param: <span th:text="${#request.getParameter('user')}"></span>
<div>
```

可以发现在上段代码中 #ctx 后面拼接的属性，除了 session 外，都是 "#" 开头的，这一点和官网文档有所不同，这是因为我们使用的依赖是 Spring Boot 封装好的 Thymeleaf（spring-boot-starter-thymeleaf），而不是官网提供的版本。

在浏览器中访问 http://127.0.0.1:8080/mythymeleaf/builtin_objects?user=tony，进入如图 11.4 所示的内置对象展示页面，其中"Get user param"一列显示了 URL 中的对应值 tony。

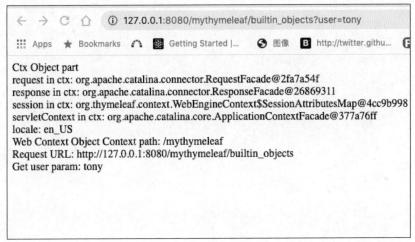

图 11.4　内置对象展示页

5. 全局工具对象

全局工具对象也不用单独定义或者引入包，Thymeleaf 直接允许开发者使用这些工具对象，见表 11.2。

表 11.2　全局工具对象

全局工具对象	含　义
#numbers	处理数字格式化的系列方法
#calendars	处理 java.util.calendar 的工具对象
#dates	处理 java.util.date 的工具对象
#strings	处理字符串的方法
#arrays	处理数组的方法
#bools	处理布尔值的方法
#sets	处理 set 数据的方法

全局工具对象	含　义
#lists	处理 list 类型数据的方法
#maps	处理 map 类型数据的方法

在 Controller 中编写一个新的接口，代码如下：

📖 代码 11-9 test_thymeleaf/controller/BuiltinParamController.java

```
@GetMapping("/tool_objects")
    public String displayToolObjects(Model m) {
        // 日期类型数据
        Date today = new Date();
        m.addAttribute("today", today);
        // calendars 类型
        Calendar calendar = Calendar.getInstance();

        calendar.set(Calendar.YEAR, 2021);
        calendar.set(Calendar.MONTH, 3);
        calendar.set(Calendar.DAY_OF_MONTH, 16);

        m.addAttribute("great_day", calendar);
        // 字符串
        String cannonWord = "Spring Boot like a silver bomb";
        m.addAttribute("chill_word", cannonWord);
        // 数组
        String[] heroArr = new String[3]; // 定义一个字符串类型的数组
        heroArr[0] = "诸葛亮";
        heroArr[1] = "曹操";
        heroArr[2] = "刘备";

        m.addAttribute("hero_array", heroArr);

        // List 类型
          List<Integer> goodYears = new ArrayList<>(Arrays.asList(2020, 2021,
2022));

        m.addAttribute("good_years", goodYears);
        // Map 类型
        HashMap<String, String> cityMap = new HashMap<>();
        cityMap.put("Sichuan", "Chengdu");
        cityMap.put("hehan", "Zhenzhou");

        m.addAttribute("city_map", cityMap);

        return "tool_objects";
    }
```

再编写 tool_objects.html 文件，其代码如下。然后重启项目后，在浏览器中访问 http://127.0.0.1:8080/mythymeleaf/tool_objects，如图 11.5 所示。

📖 代码 11-10 test_thymeleaf/resources/templates/tool_objects.html

```
<h1> 全局工具对象使用方法展示 </h1>
指定日期: <span th:text="${#dates.format(today, 'yyyy-MM-dd')}"></span><br/>
我的感慨: <span th:text="${#strings.contains(chill_word, 'silver')}"></span> <br/>
<span th:if="${#arrays.length(hero_array) == 3}">三国演义的英雄 </span> <br/>
最好的一年 : <span th:if="${#lists.contains(good_years, 2021)}">2021</span> <br/>
我喜欢的城市 :<span th:if="${#maps.containsKey(city_map, 'Sichuan')}"> 成都 </span>
```

图 11.5　全局工具对象页面

总体来说，Thymeleaf 使用还是非常方便简洁的，提供的功能丰富，能满足绝对多数模板渲染的业务需求。

11.3　FreeMarker 的基本使用

FreeMarker 是一款使用 Java 编写的模板引擎，非常的轻量级，不需要 Servlet 环境就可以使用。在语法方面，和 Java 非常类似，所以学习成本很低。

创建名为 test_freemarker 的项目，FreeMarker 安装方式也是在 pom.xml 中增加依赖，也是使用 Spring Boot starter 系列的包，代码如下：

📖　代码 11-11　test_freemarker/pom.xml

```xml
<!--     freemarker    -->
<dependency>
        <groupId>crg.springframework.boot</groupId>
        <artifactId>spring-boot-starter-freemarker</artifactId>
</dependency>
```

和 Thymeleaf 类似，FreeMarker 也需要配置，在 application.yml 中增加如下配置：

📖　代码 11-12　test_freemarker/application.yml

```yaml
spring:
  freemarker:
    # 设置模板加载路径
    template-loader-path: classpath:/templates/
    # 是否开启缓存
    cache: false
    # 字符集设置
    charset: UTF-8
    # 内容格式
    content-type: text/html
    # 是否检查模板路径
    check-template-location: true
    expose-request-attributes: true
    expose-session-attributes: true
    request-context-attribute: request
    # 模板后缀
    suffix: .ftl
```

编写模板页面文件，内容如下：

📖 代码 11-13 test_freemarker/resources/templates/country.ftl

```
<!DOCTYPE html>
<html lang="en">
<head>
    <meta charset="UTF-8">
    <title>国家演示</title>
</head>
<body>
<table border="1" align="center" width="50%">
    <tr>
        <th>国家名称</th>
        <th>国家英文名</th>
        <th>人口数</th>
        <#list countries as country>
    <tr>
        <td>${country.name}</td>
        <td>${country.englishName}</td>
        <td>${country.population}</td>
    </tr>
    </#list>
</table>
</body>
</html>
```

上面的代码展示了 FreeMarker 使用循环语句的方法，从它的语法上和 Thymeleaf 类似，都是 ${ 对象 } 的方式进行变量渲染，然后指令的通用格式如下：

```
<#directionName>
// 其他代码
</#directionName>
```

同样地，FreeMarker 也支持运算、逻辑判断、循环等模板语法。下面以一个消息看板的例子，来展示赋值、运算、逻辑判断的使用方法。

📖 代码 11-14 test_freemarker/resources/templates/popular_messages.ftl

```
<#assign subtitle='消息都是来自于民间'/>
${subtitle?string}
<#list messages as message>
<div>
    <#if message.type == 1>
        ${message.title} | ${message.content}
    </#if>
<#-- 由于 > 和 < 符号会干扰模板解析，所以不能使用，而采用 gt 和 lt 来代替大于和小于符号 -->
    <#if message.type gt 3>
        可以链接看详情 <a href="${message.content}">${message.title}</a>
    </#if>
</div>
</#list>
```

11.4 小结

模板引擎技术在一些前后端没有分离的项目中经常用到，无论是 Thymeleaf 还是 FreeMarker 都是值得学习和使用的模板技术。它们大致的语法都比较接近，只要掌握其他一种，另一种模板引擎的语法也能很快上手。

相比而言 Thymeleaf 更加流行，建议读者优先掌握。

第 12 章

优秀的 UI 框架——Element

关于前端技术方面，前面已经介绍了 Vue.js，但是仅仅使用这种框架还不足以实现漂亮的 UI 界面。Spring Boot 可以编写强大的 API 接口，但是页面 UI 的美观同样重要。而凭借 UI 框架可以帮助开发者快速开发出漂亮的 Web 应用，让不擅长设计的开发者可以使用到市场审美水平的 UI。在国内外众多 UI 框架中，Element 是非常优秀的 UI 框架，本书主要介绍和使用的就是这个框架。

本章主要涉及的知识点如下：

- Element UI 引入和常用组件基本使用。
- Element 路由配置。
- axios 的基本使用和封装。
- Mock.js 模拟接口。

12.1 Element 简介和安装

Element—UI 是饿了么团队基于 Vue.js 开发的一套 UI 框架，是桌面端的 UI 框架。手机端也有对应版本的框架 Mint UI，这里重点学习桌面端的 Element 框架（以下简称 Element-UI 为 Element 框架）

Element 的安装也非常简单，大致有以下两种方式：

（1）使用 cdn 资源链接，具体代码如下：

```
<!-- 引入样式 -->
<link rel="stylesheet" href="https://unpkg.com/element-ui/lib/theme-chalk/index.css">
<!-- 引入组件库 -->
<script src="https://unpkg.com/element-ui/lib/index.js"></script>
```

（2）使用 npm 安装，具体代码如下：

```
npm i element-ui -S
```

由于 Element 是基于 Vue.js 开发的，所以建议使用 npm 方式安装，这样 Element 框架和 webpack 打包工具可以更好地配合使用。

下面在 Vue.js 的项目中使用 Element 框架，使用 vue 脚手架生成一个名为 test-element 的项目，并使用 npm 命令安装 element-ui，需要用到的命令如下：

```
vue init webpack test-element
cd test-element
npm i element-ui -S
```

然后在项目根目录下的 mian.js 中增加引入 element-ui 的代码，具体如下：

📖 代码 12-1 12.1/test-element/src/main.js

```
import Vue from 'vue'
import App from './App'
import router from './router'
// 引入 Element-UI
import ElementUI from 'element-ui'
Vue.config.productionTip = false
// 加载 Element-UI 到 Vue 中
Vue.use(ElementUI)

/* eslint-disable no-new */
new Vue({
  el: '#app',
  router,
  components: { App },
  template: '<App/>'
})
```

作为简单演示，在 HelloWorld.vue 中使用 Element 框架封装好的组件，代码如下。其中还使用到 ELement 的布局组件，可以轻松完成和 Bootstrap 类似的 flex 布局。

📖 代码 12-2 12.1/test-element/src/components/HelloWorld.vue

```
<template>
<div>
    <el-row :gutter="20">
      <el-col :span="12"><div class="grid-content bg-purple"><el-button
type="primary">测试按钮 </el-button></div></el-col>
      <el-col :span="12"><div class="grid-content bg-purple-light">Show some
banner</div></el-col>
    </el-row>
    <el-row :gutter="60">
      <el-col :span="24"><div class="grid-content bg-purple">main part</div></el-col>
    </el-row>
    <el-row :gutter="20">
      <el-col :span="24"><div class="grid-content bg-purple">footer</div></el-col>
    </el-row>
</div>
</template>

<script>
export default {
  name: 'HelloWorld',
  data () {
    return {
      msg: 'Welcome to Your Vue.js App'
    }
  }
}
</script>
```

运行该项目，然后在浏览器中访问 http://localhost:8080/#/，如图 12.1 所示。

图 12.1　element 样式页面

12.2　配置路由

Element 框架结合 Vue-router 可以实现漂亮的路由切换页面效果，还是新建一个名为 test-element-router 项目，初始化过程和 test-element 大致相同。因为用到了 SCSS，需要单独安装依赖，如下所示：

- npm install sass-loader --save。
- npm install node-sass --save。

编写一个用于登录的页面组件，命名为 Login.vue，代码如下：

📖 **代码 12-3　12.2/test-element-router/src/components/Login.vue**

```
<template>
  <div class="login">
    <h1>{{ msg }}</h1>
    <p>This is Login page</p>
<el-form ref="form" :model="form" label-width="80px" input-width="100px">
      <el-form-item label=" 账号 ">
            <el-input v-model="input_username" type="text" name="username"
placeholder=" 请输入账号 "></el-input>
      </el-form-item>
      <el-form-item label=" 密码 ">
                    <el-input placeholder=" 请输入密码 " v-model="input_password"
show-password></el-input>
      </el-form-item>
      <el-button type="primary" @click="onSubmit">submit</el-button>
      <el-button plain>取消 </el-button>
</el-form>
  </div>
</template>

<script>
export default {
  name: 'Login',
  data () {
    return {
      msg: 'Login Page',
      input_username: '',
      input_password: ''
    }
  },
  methods: {
```

```
    onSubmit () {
      console.log('submit')
    }
  }
}
</script>

<!-- Add "scoped" attribute to limit CSS to this component only -->
<style scoped>
// 省略 CSS 部分代码
</style>
```

Element 框架提供了丰富的按钮组件和 input 组件，上面的代码使用到 el-input 和 el-button。

常用的 input 样式分为默认样式，禁用样式、可清除样式、密码框类型、文本域等。

默认样式最简单，代码如下：

```
<el-input
  placeholder=" 请输入内容 "
  v-model="input"
>
</el-input>
```

而禁用样式，就是说这个 input 被禁止编辑，只需在 el-input 的标签上增加 :disabled=true，代码如下：

```
<el-input
  placeholder=" 请输入内容 "
  v-model="input"
  :disabled="true">
</el-input>
```

可清除样式，就是这个输入框的内容可通过单击框末的小叉号来清除，代码如下：

```
<el-input
  placeholder=" 请输入内容 "
  v-model="input"
  clearable>
</el-input>
```

密码框样式，也就是输入框为密码保密样式，全用 "*" 号代替，代码如下：

```
<el-input placeholder=" 请输入密码 " v-model="input" show-password></el-input>
```

Element 还提供了文本域的样式，代码如下。

```
<el-input
  type="textarea"
  :rows="2"
  placeholder=" 请输入内容 "
  v-model="textarea">
</el-input>
```

编写好 Login.vue 后，再修改 routers/index.js 文件中对应的路由，修改部分代码如下：

📖 代码 12-4 12.2/test-element-router/src/router/index.js

```
import Login from '@/components/Login'
// 省略部分代码
routes: [
    {
      path: '/login',
      name: 'Login',
```

```
        component: Login
    }
]
```

在浏览器中访问 http://localhost:80:0/#/login，进入如图 12.2 所示的登录页面。

图 12.2　登录页面

在编写一个后台管理页面，路由为 /admin，分为两个组件，一个是主体页面组件 Main.
vue，另一个是显示板组件 Dashboard.vue。

Main.vue 包含页面整体框架结构，代码如下。使用了布局组件 el-container、el-aside、el-
main 等。

📖 代码 12-5　12.2/test-element-router/src/components/Main.vue

```
<template>
<el-container>
<el-aside style="width:420px;">
<el-row class="tac">
  <el-col :span="12">
    <h5>后台导航</h5>
    <el-menu
      default-active="2"
      class="el-menu-vertical-demo"
      @open="handleOpen"
      @close="handleClose"
      background-color="#545c64"
      text-color="#fff"
      active-text-color="#ffd04b">
      <el-submenu index="1">
        <template slot="title">
          <i class="el-icon-location"></i>
          <span>系统参数管理</span>
        </template>
        <el-menu-item-group>
```

```
        <template slot="title"> 查看参数 </template>
        <el-menu-item index="1-1"> 参数一 </el-menu-item>
        <el-menu-item index="1-2"> 参数二 </el-menu-item>
      </el-menu-item-group>
      <el-menu-item-group title=" 分组 2">
        <el-menu-item index="1-3"> 选项 3</el-menu-item>
      </el-menu-item-group>
      <el-submenu index="1-4">
        <template slot="title"> 选项 4</template>
        <el-menu-item index="1-4-1"> 选项 1</el-menu-item>
      </el-submenu>
    </el-submenu>
    <el-menu-item index="2">
      <i class="el-icon-menu"></i>
      <span slot="title"> 导航二 </span>
    </el-menu-item>
    <el-menu-item index="3" disabled>
      <i class="el-icon-document"></i>
      <span slot="title"> 导航三 </span>
    </el-menu-item>
    <el-menu-item index="4">
      <i class="el-icon-setting"></i>
      <span slot="title"> 导航四 </span>
    </el-menu-item>
  </el-menu>
</el-col>
</el-row>
</el-aside>
<el-main>
  <router-view></router-view>
</el-main>
</el-container>

</template>
<script>
export default {
  name: 'Main',
  methods: {
    handleOpen (key, keyPath) {
      console.log(key, keyPath)
    },
    handleClose (key, keyPath) {
      console.log(key, keyPath)
    }
  }
}
</script>
<style scoped>
#app {
    width: 800px;
}
</style>
```

运行项目，在浏览器中访问 http://localhost:8080/#/admin，进入如图 12.3 所示的后台管理页面，左侧是导航栏，右侧是 dashboard 页面。

Element UI 提供了很多不同的布局方式，大大减轻了布局代码的编写难度，也统一的 UI 样式。同一种组件也提供了多种样式进行选择，在这个案例中就是使用了 el-menu 相关组件完成了一个灵活的左侧导航栏。

图 12.3　后台管理页面

除此之外，Element 框架还封装了其他常用的页面元素组件，如单选／多选框、layout 布局、时间选择器、上传控件等，可以在需要使用时去查阅官方文档即可，这里不再一一展示。

12.3　axios 库

axios 是一个用于发起 HTTP 的库，基于 Promise 实现。axios 可以在浏览器中运行，也可以在 NodeJS 服务中运行。

12.3.1　axios 安装

创建一个 test_axios 项目，这次使用新版本的 Vue CLI 包，安装方式如下：

```
npm install @vue/cli
```

如果已经全局安装了旧版本的 vue-cli，那么需要先全局卸载，然后再全局安装，命令如下：

```
npm uninstall vue-cli -g
npm install @vue/cli -g
```

还需安装一个方便初始化的包，也就是 @vue/cli-init，然后再创建项目，命令如下：

```
npm install -g @vue/cli-init
vue init webpack test_axios
```

然后安装 axios 依赖，命令如下：

```
npm install axios
```

编写一个测试代码，创建 First.vue，命令如下：

📖 代码 12-6　12.3/test_axios/src/components/First.vue

```
<template>
  <div class="home">
    <h2> 首页 </h2>
    <el-button type="primary" @click="testMe();"> 测试一下，请点击 </el-button>
```

```
      <p>{{ msg }}</p>
    </div>
</template>
<script>
import axios from 'axios'

export default {
  name: 'First',
  data () {
    return {
      msg: 'Test me Test me by axios'
    }
  },
  methods: {
    testMe () {
      axios.get('http://localhost:8080').then(res => {
        alert('返回值为 ' + res.data)
      })
    }
  }
}
</script>

<!-- Add "scoped" attribute to limit CSS to this component only -->
<style scoped>
h1, h2 {
  font-weight: normal;
}
ul {
  list-style-type: none;
  padding: 0;
}
li {
  display: inline-block;
  margin: 0 10px;
}
a {
  color: #42b983;
}
</style>
```

在代码中使用 axios 发起 GET 请求，然后弹出对话框显示请求返回结果。运行该项目，在浏览器中访问 http://localhost:8080，进入如图 12.4 所示的首页。

图 12.4 首页

12.3.2　axios 封装使用

为了更方便地使用 axios 发起 HTTP 请求，笔者打算对 axios 进行封装。在封装的过程中还使用到 qs 库和 js-cookie，qs 库可以处理 post 请求中的数据，而 js-cooke 用于处理会话数据（cookie）。

首先要安装 axios、js-cookie、qs 库，npm 命令如下：

```
cnpm install --save-dev axios js-cookie qs
```

一个常规的完整封装的例子命令如下：

📖 **代码 12-7　12.3/12.3.2/myaxios/src/axios.js**

```
// 封装 axios 常规操作
import axios from 'axios'
import Cookie from 'js-cookie'
// 设置默认 URL
axios.defaults.baseURL = 'http://localhost:8080/'
// 设置超时时间
axios.defaults.timeout = 5000
// 设置 header 头
axios.defaults.headers = {'Content-Type': 'application/json;charset=UTF-8'}
axios.defaults.responseType = 'json'

// 设置请求拦截器
axios.interceptors.request.use(
config => {
let token = Cookie.get('token')
if (token) {
// 获取 token
config.params = token
}
return config
},
error => {
return Promise.reject(error)
}
)
// 设置返回对象拦截器
axios.interceptors.response.use(
response => {
console.log(response)
if (response.data) {
console.log(response.data)
}
}
)

// GET 方法封装
export const $get = function (url, params) {
return new Promise((resolve, reject) => {
axios({
method: 'get',
url: url,
headers: axios.defaults.headers,
params,
baseURL: 'http://localhost:8093'
}).then(res => {
console.log(res)
return resolve(res)
}).catch(error => {
console.error(error)
```

```
return reject(error)
})
})
}

// POST 请求
export const $post = function (url, params) {
return new Promise((resolve, reject) => {
axios({
method: 'post',
url: url,
headers: axios.defaults.headers,
data: params || '', // post 数据
baseURL: 'http://localhost:8080/peachpie'
}).then(res => {
resolve(res)
}).catch(error => {
console.error(error)
reject(error)
})
})
}

// PUT 请求
export const $put = function (url, params) {
return new Promise((resolve, reject) => {
axios({
method: 'put',
url: url,
headers: axios.defaults.headers,
data: params || '', // post 数据
baseURL: 'http://localhost:8080/peachpie'
}).then(res => {
resolve(res)
}).catch(error => {
console.error(error)
reject(error)
})
})
}

// DELETE 请求封装
export const $delete = function (url, params) {
return new Promise((resolve, reject) => {
axios({
method: 'delete',
url: url,
headers: axios.defaults.headers,
params,
baseURL: 'http://localhost:8080'
}).then(res => {
resolve(res)
}).catch(error => {
console.error(error)
reject(error)
})
})
```

axios 的使用也非常方便，如果想在全局使用，则在 main.js 中增加如下代码：

📖 代码 12-8 12.3/12.3.2/myaxios/src/main.js

```
import {$post, $get, $put, $delete} from './axios'
```

```
Vue.prototype.$post = $post
Vue.prototype.$get = $get
Vue.prototype.$put = $put
Vue.prototype.$delete = $delete
Vue.config.productionTip = false
```

然后在 components/HelloWorld.vue 中编写调用如下代码：

📖 **代码 12-9　12.3/12.3.2/myaxios/src/components/HelloWorld.vue**

```
<template>
  <div class="hello">
  <button @click="test_get()">Click to see something</button>
  </div>
</template>

<script>
export default {
  name: 'HelloWorld',
  data () {
    return {
      msg: 'Welcome to Your Vue.js App'
    }
  },
  methods: {
    test_get () {
      let res = this.$get('/')
      console.log(res)
    }
  }
}
</script>
```

其他方法的使用类似，如 this.$post(...)，封装后只用传入 URL 和请求参数即可，非常简便。

12.4　Mock.js 使用

Mock.js 用于模拟测试数据，让前端可以独立于后端服务进行模拟数据的测试。

安装方法是使用 npm 命令，代码如下：

```
npm install mockjs --save
```

为了简单演示，复制了一份 myaxios 到新创建的文件夹下，重命名为 myaxios_mock，然后继续基于这个来开发，编写一个 myMock.js 文件，代码如下：

```
import Mock from 'mockjs'

// 模拟数据接口，返回数据
Mock.mock('http://localhost:8093/girl', {
  'name': '@name', // 随机生成姓名
  'age|20-30': 22,
  'birthday': '@date("yyyy-MM-dd")', // 日期
  'city': '@city(false)' // 城市
})

Mock.mock('http://localhost:8093/flowers', {
  'object|2': {
    '1101': '桃花',
    '1102': '牡丹',
    '1103': '兰花',
    '1104': '曼陀罗',
    '1105': '君子',
```

```
    }
  })
```

对上面代码进行解析，Mock.mock 可以创建一个模拟的接口，返回值的形式就是第二个参数的 json 数据，更多的用法可以参考相关技术文档介绍。

改写 HelloWord.vue 组件，内容如下，使用链式方式调用封装好的 axios 方法。

```
<template>
  <div class="hello">
  <button @click="test_seek_girl()">Click to find a girl</button>

  <div id="show_girl" v-if="girl" >
     <p>{{girl.name + ', age is ' + girl.age + ' and birthday is ' + girl.
birthday}}</p>
  </div>
  </div>
</template>

<script>
// eslint-disable-next-line no-unused-vars
import mock from '@/mocks/myMock.js'
export default {
  name: 'HelloWorld',
  data () {
    return {
      msg: 'Welcome to Your Vue.js App',
      girl: null
    }
  },
  methods: {
    test_seek_girl () {
      this.$get('http://localhost:8093/girl').then((response) => {
        this.girl = response
        console.log(response)
      }).catch(err => {
        console.error(err)
      })
    }
  }
}
</script>

// 省略 css 代码
```

有时候 8080 容易被其他服务占用，所以笔者考虑采用和之前的项目使用不同的端口号来运行项目，做法是在 config/index.js 文件中修改 port 的值，笔者把 Vue 项目的端口号改为 8093，代码如下：

```
host: 'localhost', // can be overwritten by process.env.HOST
port: 8093, // 修改这行值就行，例如 8093
```

然后重新运行项目，通过访问 http://8093/#/，进入如图 12.5 所示的 mock 测试首页。单击" Click to find a girl" 按钮，在下方出现一个随机的信息，这些数据都是在 myMock.js 中编写的代码生成的模拟数据。

图 12.5　mock 测试首页

12.5　小结

　　Element UI 是非常优秀的 UI 开源框架，特别是和 Vue 无缝使用，能增加组件化开发的开发效率。对于 UI 框架的学习可以采用手册的方式，在需要编写某种类型的页面时再去学习相关组件的使用方法即可。

　　另外，Axios 还可以采用更面向对象的方式去封装，笔者采用的是封装常用 HTTP 请求的方式，各有千秋，有兴趣的读者可以考虑使用纯面向对象的方式重新封装 Axios。

　　最后谈谈 Mock.js，这是一个功能强大的模拟库。在实际的工作中经常会遇到前后端联调的任务，但是由于后端和前端的开发频率不能总是保持一致，一旦后端提供接口慢于前端开发进度，很多时候 Mock.js 就可以代替真实的后端接口，让前端开发人员可以顺利地继续进行开发工作，不至于因为联调不及时而延误交付时间。

第 13 章

实战：权限管理系统

权限管理几乎是所有安全健全的网站的必备模块，一个权限管理系统包含了最基本的后台管理功能，例如对各种不同的角色或者权限组开放不同的模块操作权限等，这是一种非常典型的开发应用。

本章主要涉及的知识点如下：

- 权限管理系统的数据库设计；
- 权限管理系统的架构设计；
- 基于 Novel 框架的基本使用；
- 基于 Novel 框架的二次开发。

13.1 项目简介

笔者打算基于开源的 Novel 框架开发一套适合中小型公司使用的后台权限管理系统，采用前后台分离的原则，后端 API 是一个独立的项目，前端是一个独立项目。前端项目通过 restful api 来调用后端 API 接口，完成页面渲染和功能展示。

项目内置了功能很多，最主要的功能如下：

（1）用户管理：系统用户的相关配置。

（2）部门管理：可以对系统组织架构进行配置，以公司、部门、小组为层级，通过树状结构进行展示。

（3）岗位管理：系统用户可以担任某个职位。

（4）菜单管理：可以配置后台系统菜单，对操作权限和按钮进行限制。

（5）角色管理：不同的角色分配不同的徐安全，可以看到的数据范围不同。

（6）操作日志：正常情况下的后台操作的日志记录和查询，也包括异常信息日志记录和相关查询。

（7）登录日志：登录日志记录和查询，也包括异常登录记录。

（8）服务监控：监控当前后台系统 CPU、内存、磁盘等相关信息。

（9）连接池监控：监控后台系统的数据库连接池状态，可以分析 SQL 找到性能瓶颈。

（10）代码生成：前后端代码生成功能。

我们主要关注的是前五个和权限管理密切相关的功能，从最基础的、最实战的部分出发，逐渐完善这个项目。

13.2　业务场景

假设有一家 500 人左右的中型公司需要搭建一个管理后台来做日常 OA 系统的后台，那么就需要一个根据部门、小组为层级的权限管理。大概的公司组织架构如图 13.1 所示，分为总经办、行政部、研发部、产品部、营销部。

图 13.1　公司组织架构

除此之外，权限系统可以应用于会员中心、CRM 等网站应用。我们可以针对 Novel 框架进行深度定制化，来满足多种多样的业务需求。

13.3　数据分析和建模

要符合 RABC 原则，则需要建立五个表，用户表（user）、角色表（role）、栏目模块表（menu）、用户和角色关系表（user_role）、角色和栏目模块关系表（role_menu）。

除此之外，还需要创建和组织关系有关的部门表（dept），还有登录表和操作记录表。

先在本地创建一个名为 novel 的数据库，创建语句如下：

```
create database novel default character set utf8mb4
```

然后导入 sql/novel.sql 文件到这个新创建的 novel 数据库，执行后可以看到如图 13.2 所示的数据表集合。

Name	Ro...	Data Length	Engine	Created Date	Modified Date	Collation	Comment
sys_config	2	16.00 KB	InnoDB	2021-03-30 08:29:44	2021-03-30 08:29:44	utf8mb4_0900_ai_ci	参数配置表
sys_dept	10	16.00 KB	InnoDB	2021-03-30 08:29:43	2021-03-30 08:29:44	utf8_general_ci	部门表
sys_logininfor	0	16.00 KB	InnoDB	2021-03-30 08:29:44		utf8_general_ci	系统访问记录
sys_menu	62	16.00 KB	InnoDB	2021-03-30 08:29:44	2021-03-30 08:29:44	utf8_general_ci	菜单权限表
sys_oper_log	0	16.00 KB	InnoDB	2021-03-30 08:29:44		utf8_general_ci	操作日志记录
sys_post	4	16.00 KB	InnoDB	2021-03-30 08:29:44	2021-03-30 08:29:44	utf8_general_ci	岗位信息表
sys_role	2	16.00 KB	InnoDB	2021-03-30 08:29:44	2021-03-30 08:29:44	utf8_general_ci	角色信息表
sys_role_menu	82	16.00 KB	InnoDB	2021-03-30 08:29:44	2021-03-30 08:29:44	utf8_general_ci	角色和菜单关联表
sys_user	2	16.00 KB	InnoDB	2021-03-30 08:29:44	2021-03-30 08:29:44	utf8_unicode_ci	用户
sys_user_post	1	16.00 KB	InnoDB	2021-03-30 08:29:44	2021-03-30 08:29:44	utf8_general_ci	用户与岗位关联表
sys_user_role	2	16.00 KB	InnoDB	2021-03-30 08:29:44	2021-03-30 08:29:44	utf8_general_ci	用户和角色关联表

图 13.2　数据表集合

具体的数据模型图如图 13.3 所示，基本符合 RABC 原则。三个关系表将用户、角色、栏目模块关联起来。

图 13.3 数据模型

其中以 sys_user 表为例，表结构如图 13.4 所示。sys_user 表中的 password 字段是存储加密后的字符串。

Name	Type		Length	Decimals	Not Null	Virtual	Key	Comment
id	int	↕	0	0	☑	☐	🔑	用户ID
dept_id	int	↕	0	0	☐	☐		部门ID
user_name	varchar	↕	30	0	☑	☐		登录账号
password	varchar	↕	50	0	☐	☐		密码
name	varchar	↕	30	0	☑	☐		姓名
avatar	varchar	↕	100	0	☐	☐		头像路径
sex	char	↕	1	0	☐	☐		用户性别（0男1女2未知）
email	varchar	↕	50	0	☐	☐		用户邮箱
phone_number	varchar	↕	12	0	☐	☐		手机号码
age	int	↕	0	0	☐	☐		年龄
salt	varchar	↕	20	0	☐	☐		盐加密
status	char	↕	1	0	☐	☐		帐号状态（0正常1停用）
del_flag	char	↕	1	0	☐	☐		删除标志（0代表存在1代表删除）
login_ip	varchar	↕	50	0	☐	☐		最后登陆IP
login_date	datetime	↕	0	0	☐	☐		最后登陆时间
create_by	varchar	↕	64	0	☐	☐		创建者
create_time	datetime	↕	0	0	☐	☐		创建时间
update_by	varchar	↕	64	0	☐	☐		更新者
update_time	datetime	↕	0	0	☐	☐		更新时间
remark	varchar	↕	500	0	☐	☐		备注

图 13.4 sys_user 表结构

13.4　架构分析

这个权限管理系统是基于 B/S 架构，采用前后端分离方式进行开发。

后端部分，使用 Spring Boot 作为主要框架，数据库使用 MySQL，缓存服务采用 Redis。数据库连接池使用 Druid，后端的架构如图 13.5 所示。接入层也就是使用者的部分，可能是直接通过前端应用发起请求，也可能是通过浏览器或者 CURL 发起命令。Web 服务层一般都是 Tomcat，在 Spring Boot 项目中都是内置的 Web 服务器。

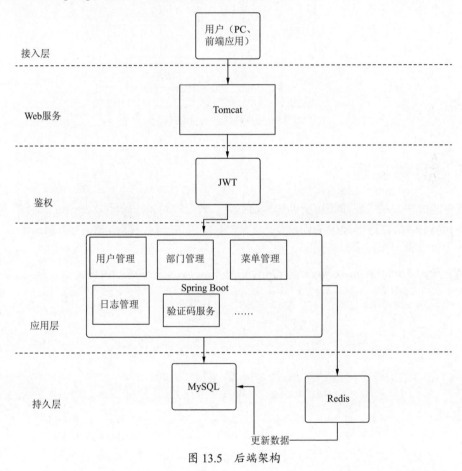

图 13.5　后端架构

对于每一个接口都做了相应的鉴权判断，必须拥有对应的权限，才能获取资源或者操作资源。对于一些不需要鉴权的接口，可以使用路由白名单的方式来放行。也就是说，在白名单中的接口路由不需要通过 JWT 验证，而没在名单中的路由都需要进行鉴权。

相比后端架构，前端使用到的技术就比较简单，前端技术业务流程如图 13.6 所示。

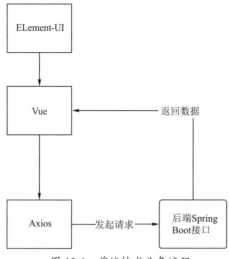

图 13.6　前端技术业务流程

13.5　具体实现

笔者先介绍后端实现，然后在讲解前端部分。后端项目采用的还是 Spring Boot 的常规开发流程，基于 MVC 进行分层编程。使用 JWT 集合 Shiro 进行权限判断，同时使用 md5hash 加密方式存储密码，相关代码如下：

📖 代码 13-1　src/main/java/com/novel/framework/shiro/utils/MD5Utils.java

```
/**
     * 生成加密密码
     *
     * @param username 用户名
     * @param password 密码
     * @param salt        盐
     * @return 加密后的密码
     */
    public static String encryptPassword(String username, String password,
String salt) {
        return new Md5Hash(username + password + salt).toHex();
    }
```

为了监控项目运行情况，还专门编写了 AppStartListener 类作为组件来进行监听，具体实现如下：

📖 代码 13-2　/com/novel/framework/listener/AppStartListener.java

```
public class AppStartListener {
    private final RedisTemplate<Object, Object> redisTemplate;
    private final ProjectConfig projectConfig;

    public AppStartListener(RedisTemplate<Object, Object> redisTemplate,
ProjectConfig projectConfig) {
        this.redisTemplate = redisTemplate;
        this.projectConfig = projectConfig;
    }


    @EventListener
```

```
        @Async
        public void onApplicationEvent(ApplicationReadyEvent event) {
    //        FastJson2JsonRedisSerializer<Object> serializer = new FastJson2JsonRe
disSerializer<>(Object.class);
    //        redisTemplate.setValueSerializer(serializer);
            redisTemplate.setKeySerializer(new StringRedisSerializer());
            redisTemplate.afterPropertiesSet();

            printJVMMemoryStat();
            printProjectInfo();
        }

        /**
         * 打印项目基本信息
         */
        private void printProjectInfo() {
            log.info("project info:{}", projectConfig.getProjectInfo());
        }

        /**
         * 打印内存信息
         */
        private void printJVMMemoryStat() {
            Runtime runtime = Runtime.getRuntime();
            float maxMemory = runtime.maxMemory() / (1024 * 1024);
            float usedMemory = (runtime.totalMemory() - runtime.freeMemory()) / 1024
/ 1024;
                log.info(String.format("JVM memory (used/max): %.2fMB / %.2fMB",
usedMemory, maxMemory));
        }
    }
```

同样的，为了监听 Redis 中的 key 是否过期，也编写了对应的监听器类 KeyExpiredListener，
代码如下：

📖 代码 13-3 /com/novel/framework/listener/KeyExpiredListener.java

```
    /**
     * redis key 过期监听
     *
     * @author novel
     * @date 2019/12/10
     */
    public class KeyExpiredListener extends KeyExpirationEventMessageListener {

            private static final Logger LOGGER = LoggerFactory.
getLogger(KeyExpiredListener.class);

        public KeyExpiredListener(RedisMessageListenerContainer listenerContainer) {
            super(listenerContainer);
        }

        @Override
        public void onMessage(Message message, byte[] pattern) {
            String channel = new String(message.getChannel(), StandardCharsets.UTF_8);
            // 过期的 key
            String key = new String(message.getBody(), StandardCharsets.UTF_8);
                LOGGER.info("redis key   过 期: pattern={},channel={},key={}", new
String(pattern), channel, key);
        }
    }
```

所有内置的控制器都位于 framework/src/main/java/com/novel/system 文件夹下面，所有控

制器都继承于 BaseController，在 BaseController 中定义了一系列常用的方法，例如分页、获取用户信息等。

笔者以一个简单的例子讲解如何新建一个不需要鉴权的控制器，在 system 目录下创建一个名为 TestController.java 的文件，内容如下：

📖 代码 13-4 src/main/java/com/novel/system/controller/TestController.java

```java
package com.novel.system.controller;

import com.novel.framework.base.BaseController;
import com.novel.framework.result.Result;
import org.springframework.web.bind.annotation.GetMapping;
import org.springframework.web.bind.annotation.RequestMapping;
import org.springframework.web.bind.annotation.RestController;

@RestController
@RequestMapping("/test")
public class TestController {
    @GetMapping("/show")
    public String display() {
        return "ok me";
    }
}
```

为了让这个接口可以不被鉴权，则需要在配置文件中增加白名单项，内容如下：

📖 代码 13-5 /framework/shiro/autoconfigure/ShiroConfiguration.java

```java
    /**
     * url 拦截规则
     */
    private Map<String, String> definitionMap() {
        Map<String, String> definitionMap = new HashMap<>(7);
        definitionMap.put("/login/**", "anon");
        definitionMap.put("/common/**", "anon");
        definitionMap.put("/test/**", "anon"); // 增加白名单
//        definitionMap.put("/images/**", "anon");
        definitionMap.put("/resources/**", "anon");
        definitionMap.put("/websocket/**", "anon");
//        definitionMap.put("/static/**", "anon");
        definitionMap.put("/druid/**", "anon");
        definitionMap.put("/swagger**/**", "anon");
        definitionMap.put("/**", JWT_FILTER_NAME);
        return definitionMap;
    }
```

然后重启项目，即可生效。项目主要依靠 shiro 的强大权限控制，在需要添加权限判断的地方添加对应注解，使用 @RequirePermissions，内容如下：

📖 代码 13-6 system/controller/SysConfigController.java

```java
    /**
     * 查询参数配置列表
     *
     * @param config 查询参数
     * @return 查询结果
     */
    @RequiresPermissions("system:config:list")
    @GetMapping("/list")
    public TableDataInfo list(SysConfig config) {
        startPage();
        return getDataTable(sysConfigService.selectConfigList(config));
    }
```

　　分别将前端 Vue 项目和后端项目运行起来，然后访问 http://localhost:8080，浏览器中显示的后台登录页面如图 13.7 所示。

图 13.7　后台登录页面

默认账号为 admin，初始化密码为 admin，登录成功后可以看到如图 13.8 所示的后台首页。

图 13.8　后台首页

　　后台内置了用户管理、角色管理、岗位管理、部门管理、参数管理、操作日志等功能模块，以角色管理为例，添加角色的页面如图 13.9 所示，可以手动增加新的权限角色。

图 13.9　角色管理—添加角色

Novel 框架还提供了代码生成功能，只需创建需要处理的数据表，即可生成对应的 Dao、Service、Controller 等文件。

访问 http://localhost:8080/tool/gen，可以看到如图 13.10 所示的数据表列表页面，可以在这个页面查询数据表，并生成对应的代码。

图 13.10　数据表列表页

例如笔者想做一个打卡管理功能，记录每个员工的打卡时间，那么先设计一个打卡表，SQL 语句如下所示：

```
CREATE TABLE 'sys_clockin' (
  'id' int unsigned NOT NULL AUTO_INCREMENT,
  'user_id' int NOT NULL COMMENT '用户 ID',
  'clock_in_time' int DEFAULT NULL COMMENT '打卡时间, 时间戳',
  'date' char(8) NOT NULL COMMENT '打卡日期 如20210812',
  'created' int NOT NULL COMMENT '创建时间, 时间戳',
  'modified' int DEFAULT NULL COMMENT '修改时间, 时间戳',
  PRIMARY KEY ('id')
) ENGINE=InnoDB DEFAULT CHARSET=utf8mb4 COLLATE=utf8mb4_0900_ai_ci
```

在数据列表页面上找不到这个新的表 sys_clockin，通过表名查询也无法查询到。然后笔者在控制台发现了这个页面查询 SQL 语句，代码如下：

```
select table_name, table_comment, create_time, update_time from information_schema.
tables where table_comment <> '' and table_schema = (select database()) LIMIT ?, ?
2021-04-07 11:21:34.780 [http-nio-8880-exec-4] DEBUG com.novel.mapper.GenMapper.
selectTableList - ==> Parameters: 10(Long), 10(Integer)
```

值得注意的是，这个查询语句中有个查询条件是 "table_comment <> """，所以必须给新建的表一个表的描述，执行以下的更新 SQL 即可。

```
ALTER TABLE `novel`.`sys_clockin` COMMENT = '员工考勤打卡表';
```

再次刷新 /tool/gen 页面，就可以看到第一列数据显示的是 sys_clockin 表，然后单击最右侧的生成代码按钮就能生成基于 clockin 表的相关代码。

下载后解压出来的文件夹里面，包含了前后台的代码，如图 13.11 所示。

图 13.11 解压文件夹

clockinMenu.sql 是在 menu 表中增加考勤打卡的栏目记录，这样在后台管理系统页面的左侧导航栏中就能显示出考勤打卡。SQL 内容如下：

```sql
-- 菜单 SQL
INSERT INTO `sys_menu` (menu_name, parent_id, order_num, url, menu_type,
visible, perms, component, redirect, icon, create_by, create_time, update_by,
update_time, remark)
    VALUES ('员工考勤打卡', '3' , 1, '/project/clockin', 'C', '0',
'project:clockin:list', 'Clockin', NULL, '', 'admin', '2020-03-25 17:22:06', '',
NULL, '员工考勤打卡菜单');

-- 按钮父菜单ID
SELECT @parentId := LAST_INSERT_ID();

-- 按钮 SQL
INSERT INTO `sys_menu` (menu_name, parent_id, order_num, url, menu_type,
visible, perms, component, redirect, icon, create_by, create_time, update_by,
update_time, remark)
    VALUES ('员工考勤打卡查询', @parentId, 1, '#', 'F', '', 'project:clockin:query',
NULL, NULL, '', 'admin', '2018-03-16 11:33:00', 'admin', '2019-12-20 07:09:10', '员
工考勤打卡查询');

INSERT INTO `sys_menu` (menu_name, parent_id, order_num, url, menu_type,
visible, perms, component, redirect, icon, create_by, create_time, update_by,
update_time, remark)
    VALUES ('员工考勤打卡新增', @parentId, 2, '#', 'F', '', 'project:clockin:add',
NULL, NULL, '', 'admin', '2018-03-16 11:33:00', 'admin', '2019-12-20 07:09:10', '员
工考勤打卡新增');

INSERT INTO `sys_menu` (menu_name, parent_id, order_num, url, menu_type,
visible, perms, component, redirect, icon, create_by, create_time, update_by,
update_time, remark)
    VALUES ('员工考勤打卡修改', @parentId, 2, '#', 'F', '', 'project:clockin:edit',
NULL, NULL, '','admin', '2018-03-16 11:33:00', 'admin', '2019-12-20 07:09:10', '员工
考勤打卡修改');

INSERT INTO `sys_menu` (menu_name, parent_id, order_num, url, menu_type,
visible, perms, component, redirect, icon, create_by, create_time, update_by,
update_time, remark)
    VALUES ('员工考勤打卡删除', @parentId, 2, '#', 'F', '', 'project:clockin:remove',
NULL, NULL, '', 'admin', '2018-03-16 11:33:00', 'admin', '2019-12-20 07:09:10', '员
工考勤打卡删除');
```

要真正显示在左侧导航栏中，还需要将 sys_menu 中该记录的 parent_id 更新为某个分类 id，这样才能显示在父栏目下。笔者通过页面新增了一个顶级栏目"自定义功能"，然后将"员工考勤打卡"栏目挂靠在"自定义功能"下面即可。

重新刷新页面，就可以在右侧看到"员工考勤打卡"模块，单击后弹出员工考勤打卡页面如图 13.12 所示。

图 13.12　员工考勤打卡页面

13.6　小结

通过本章，学习了如何设计一个权限管理系统。以 Novel 框架为基础进行开发，非常方便地进行了前后端分离开发。业务上比较简单，设计上可以完全参考普通 Spring Boot 项目进行开发。

在数据表建表中，也要注意 RABC 的中心思想，可以借鉴框架中的设计，对工程师单独进行数据库设计会有一定帮助。整个框架结合使用了 Shiro 做权限控制，在之前的章节中有介绍，可以参考 5.2 节。